高职高专精品资源共享课程"工程制图与CAD"系列

CATIA 基础教程

主　编　曾令慧　孙冬丽
副主编　陈丽华　刘新灵　李云平

ZHEJIANG UNIVERSITY PRESS
浙江大学出版社

图书在版编目（CIP）数据

CATIA 基础教程 / 曾令慧，孙冬丽主编 . —杭州：
浙江大学出版社，2015.5(2020.1 重印)
ISBN 978-7-308-14702-6

Ⅰ.①C⋯　Ⅱ.①曾⋯②孙⋯　Ⅲ.①机械设计—
计算机辅助设计—应用软件—高等职业教育—教材
Ⅳ.①TH122

中国版本图书馆 CIP 数据核字（2015）第 100553 号

内容提要

　　本书打破传统教材编写模式，以项目导向、任务驱动为主线，通过典型案例的介绍逐步引入 CATIA 基本概念、草图设计、零件 3D 建模、工程图设计、装配设计、电子样机、曲面设计、参数化设计、钣金设计等相关知识的学习，实践性、实用性强，可满足高等职业院校对高端技能型人才培养的需要。本书可作为大、中专及高等职业院校汽车、机械设计与制造等相关专业教材。也可供从事相关工作的工程技术人员、有志 3D 产品造型设计的初学者参考使用。

　　随书配套光盘内容包括本书案例素材、精选 CATIA 案例源文件和视频资料，可供使用者学习研究之用。

CATIA 基础教程

主编　曾令慧　孙冬丽

责任编辑　吴昌雷
封面设计　林　智
出版发行　浙江大学出版社
　　　　　（杭州市天目山路 148 号　邮政编码 310007）
　　　　　（网址：http://www.zjupress.com）
排　　版　杭州立飞图文制作有限公司
印　　刷　嘉兴华源印刷厂
开　　本　787mm×1092mm　1/16
印　　张　19.5
字　　数　474 千
版 印 次　2015 年 5 月第 1 版　2020 年 1 月第 2 次印刷
书　　号　ISBN 978-7-308-14702-6
定　　价　49.00 元（含光盘）

前　言

　　CATIA 是全球著名的一款高端三维设计软件，由法国著名的飞机制造公司——Dassault System 公司开发。该软件自面世以来，凭借其强大的功能、易学及易用性受到设计师广泛的青睐。它起源于航空业，在全球汽车、航空航天领域具有统治地位，近年来，正逐步向通用机械、电子电器、其他消费品的设计与制造领域拓展。CATIA 是目前主流的 CAD/CAE/CAM/PLM 集成度最高的产品开发系统之一，位居全球 3D CAD 软件销售榜首，是技术创新领域的先驱。据不完全统计，全球销量已达几百万套。随着我国制造业水平的提高，CATIA 将会被越来越多的企业采用。

　　CATIA 可为数字化企业建立一个针对整个产品开发过程的工作环境。这个环境可以对产品开发过程的各个方面进行仿真，并能够实现工程技术人员和非工程人员之间的电子通信。它覆盖了产品开发的全过程，包括概念设计、详细设计、工程分析、成品定义和制造、宣传推广，以及产品整个生命周期中的管理和维护。

　　本书打破传统教材编写模式，以项目导向、任务驱动为主线。通过典型案例的介绍逐步引入 CATIA V5 中文版基本概念、草图设计、零件设计、工程制图、装配设计、电子样机、曲面设计、参数化设计、钣金设计 9 个项目知识的学习。以通用机具"机用虎钳"为案例贯穿全书，内容详实，在产品三维设计中阐述 CATIA 软件的应用，避免了软件命令讲述和实践应用脱节。每个项目后附有思考与练习题，便于读者加深对知识点的理解和运用。

　　本书内容安排和实例选取循序渐进、结构清晰，实践性、实用性强，让初学者做到学用结合、即学即用，能满足高等职业院校对高端技能型人才培养的需要。为了方便读者使用和学习，附录中还列出了 CATIA 快捷键、CATIA 模块中英文对照表、CATIA 应用工程师认证考试大纲和模拟试题等内容。

　　本书由一批具有丰富教学经验及企业实践经历的教师编著，武汉软件工程职业学院曾令慧、孙冬丽、刘新灵、石金发、李云平、盖超会，常州机电职业技术学院陈丽华和中国舰船研究设计中心曾晨参与了本书的编写。王梦时、胡巍巍等绘制了部分插图。全书由曾令慧副教授统稿。

　　本书的编写得到了武汉软件工程职业学院的大力支持，王中林教授对本书的编写提出了宝贵的建议。武汉奔腾楚天激光设备有限公司总经理、教授级高工吴让大先生参与并指导了本书的编写。北京广联智兴科技有限公司金锋、深圳茂和兴精密机械有限公司万罂等工程技术人员对本书的编写提供了技术支持，在此谨表示衷心的感谢。

　　由于 CATIA 软件功能强大且复杂，本书定位于 CATIA 基础应用，未能包含 CATIA 全部模块，加之编者的局限，书中的错误和不足在所难免，欢迎广大读者、专家批评指正。

编　者

2015 年 2 月于武汉

目　　录

项目 1

CATIA 入门

学习目标

1. 了解 CATIA 的相关知识及基本操作、环境设置。
2. 熟悉 CATIA 工作界面及各组成部分功能。
3. 掌握 CATIA 文件管理的基本方法。

任务 1 CATIA 的启用

任务要求

1. 启动 CATIA，新建文件。
2. 按规则命名文件并保存文件到目标路径 D：\CATIA 练习。
3. 退出 CATIA。

相关知识

1. 了解 CATIA

CATIA 是英文 Computer Aided Tri-Dimensional Interface Application 的缩写。它是全球主流的 CAD/CAE/CAM 一体化软件，为法国著名达索（Dassault System）飞机制造公司开发并由 IBM 公司负责销售的 CAD/CAM/CAE/PDM 集成化应用系统，处于世界领先地位，是技术创新领域的先驱。从 1982 年到 1993 年，CATIA 相继发布了 1、2、3、4 版本。现在的 CATIA 软件分为 V4 版本和 V5 版本两个系列。V4 版本应用于 UNIX 平台，V5 版本应用于 UNIX 和 Windows 两种平台。新的 V5 版本界面更加友好，功能日趋强大，并且开创了 CAD/CAE/CAM 软件的一种全新风格。作为世界领先的 CAD/CAM 软件，CATIA 在过去 20 多年中一直保持着先进的业绩，并继续保持其强劲的发展趋势。本书主要介绍中文版 CATIA 在三维设计方面的基本应用。

CATIA 具有如下显著特点：

（1）先进的混合建模技术；

（2）拥有整个产品周期内方便的修改能力；

（3）所有模块具有相关性；

（4）并行工程的设计环境，大大缩短设计周期；

（5）覆盖产品开发的全过程。

CATIA 的典型应用：

（1）CATIA 起源于航空业，其在航空、航天领域统治地位不断巩固的同时，较广泛地应用于汽车、摩托车、机车、通用机械、建筑、轮船、军工、电气管道、仪器仪表、家电、通信等其他行业。CATIA 最大的标志客户是波音公司，波音公司通过它建立起了一套无纸化飞机生产系统并取得巨大成功。波音 777 除了发动机以外 100% 的零件，包括零件预装配都是由 CATIA 软件完成。波音公司称，与传统设计和装配流程相比，应用 CATIA 可节省 50% 重复工作和修改错误的时间。我国 10 多家大的飞机研究所和飞机制造厂选用了 CATIA。

（2）CATIA 应用于汽车工业，是欧洲、北美和亚洲顶尖汽车制造商的核心系统。它在造型风格、车身及引擎设计方面具有独特的长处：宝马、克莱斯勒等汽车制造公司都将 CATIA 作为其主流软件；国内如一汽大众、二汽、上海大众等 10 多家汽车制造厂也都选用 CATIA 作为新车型的开发平台。诺基亚手机生产商采用 CATIA 软件进行手机设计生产；国内各场所电子样机大多由 CATIA 软件设计制作。2008 北京奥运会"鸟巢"运动模型亦采用 CATIA 软件构建。

2. CATIA 的启动与退出

CATIA 启动方式有四种：

（1）在 Windows 环境下，双击电脑桌面上的 CATIA 快捷启动图标 。

（2）单击任务栏"开始"→"程序"→"CATIA"→"CATIA V5R20"。

（3）单击任务栏"开始"→"运行"→键入"cnext"→"确定"。

（4）在 CATIA 安装目录 *\Program Files\Dassault Systemes\B20\intel_a\code\bin 下找到 CATSTART.exe 文件并双击（此为桌面快捷启动图标的源文件）。

> 📢 **特别提示**：CATIA 启动较慢，双击后需耐心等待 10 秒左右（依系统配置不同，时间长短不等），其间不要反复双击鼠标。

CATIA 退出方式有三种：

（1）单击标题栏右上角的"关闭"按钮 。

（2）单击主菜单栏左上角"开始"→"退出"命令。

（3）单击主菜单栏"文件"→"退出"命令。

3. CATIA 工作界面及工具命令

由于 CATIA 功能强大，完成的任务多，相对于其他软件而言，其界面自然更加复杂。熟悉 CATIA 工作界面，了解各部分的位置分布和基本功能，做到快速准确地调用各种工具命令是 CATIA 应用的基础。在上手前/后反复研习这部分知识对于初学者至关重要。

CATIA 工作界面如图 1-1 所示。主要由标题栏、菜单栏、特征树、标准工具栏、命令提示行、工作窗口、命令输入行、坐标系、常用工具栏、罗盘等组成。

图 1-1　CATIA 工作界面

各组成部分的基本功能如下：

标题栏　位于窗口顶部，左边显示 CATIA 版本及当前文件的名称及类型，右边则为最小化、最大化和关闭程序按钮。

菜单栏　主要由开始、VPM、文件、编辑、视图、插入、工具、窗口、帮助等组成，其中包含了 CATIA 的所有命令。

标准工具栏　位于窗口下部，包含了 CATIA 中合成和编辑项目时的所有工具，如新建、打开、打印、放大、缩小、移动等。标准工具栏为各个模块所共用，还包括其他多个工具栏。

特征树（亦称模型树、结构树、设计树）　位于工作窗口左上方，显示基准平面及当前模型的特征列表。

工作窗口   设计工作区域。

常用工具栏   位于工作窗口右侧，包含绘图、编辑修改等制作模型必需的各种工具命令。

罗盘   位于工作窗口右上方，指示当前的视图方向和空间位置关系。是模型的三维坐标系，为设计者导航。

命令提示行   位于用户界面左下方，当光标指向某个工具命令时，该区域中即会显示描述文字，说明命令或按钮代表的含义。

命令输入行   位于用户界面的右下方，在命令输入文本框中可以输入命令，但所有命令需加上前缀"C："才能执行，当光标指向工具栏上的快捷功能按钮时，命令行显示该按钮对应的命令。

初学者需要对如下几个栏目更加深入地学习和了解：

（1）菜单栏

CATIA 主菜单如图 1-2 所示。

开始 ENOVIA V5 VPM 文件 编辑 视图 插入 工具 窗口 帮助

图 1-2 CATIA 主菜单

区别于常规软件，CATIA 在主菜单栏中增加了"开始"菜单。单击主菜单"开始"，展开的是 CATIA "基础结构"、"机械设计"、"形状"等 13 个模块。每一个模块的下一级菜单中又可以展开数量不等共 78 个工作台；每个模块和工作台分别应用于不同的工作范围，完成特定的工作任务。在实际工作中，操作对象是不同的文档，不同的工作台支持不同的文档。模块和工作台之间相互关联，协同完成产品开发全过程的计算机辅助设计 / 工程分析 / 制造等全部工作任务，CATIA 的强大功能由此可见一斑。

（2）文件管理

CATIA 文件管理指的是创建新文件、打开已有文件、文件的存盘和打印等操作。

文件的新建、保存、打开有三种方式：

① 单击主菜单（如图 1-2）"文件"→利用子菜单分别完成"新建"、"打开"、"保存"等操作。

② 也可以利用如图 1-3 所示的标准工具栏中的相应工具按钮分别完成以上操作。

③ 还可以利用快捷键"Ctrl+N"、"Ctrl+S"、"Ctrl+O"分别完成文件的新建、快速保存和打开等操作。

图 1-3 标准工具栏

这里要特别提示的是 CATIA 可以建立后缀名分别为 ".CATpart"、".CATpruduct"、".CATDrawing"、".CATAnalysis"等多种类型的文件。当单击"新建"命令后，会弹出如图 1-4 所示的人机对话框。用户在对话框中选择文件类型、单击"确定"（或双击对话框中的文件类型）继续下一步的工作。软件越强大，人机对话（各种选项和参数输入）越多，这也是许多大型软件的共同点。初学者只要努力突破软件学习的瓶颈，后续的工作就会轻

图 1-4 "新建文件"对话框

松自如，乐在其中。

打印图形：图形绘制完成后，可以使用多种方式输出。CATIA 能将模型或工程图打印到图纸上。选择主菜单"文件"→"打印"命令，在弹出的打印对话框中，完成相关设置即可打印。

> 📢 **特别提示**：单击主菜单"开始"→选择目标"模块"→选择目标"工作台"→在弹出的"新建文件"对话框中键入"文件名"→"确定"，关闭对话框，也可进入新建空白文档工作窗口开始设计工作。

与常规软件不同的是，在主菜单"文件"下还有"全部保存"和"保存管理"两个选项，这里有必要单独说明：

一个由多个零件组成的部件或产品往往需要同时打开，开展相关的设计工作。"全部保存"命令可以方便地保存这些同时打开修改的文件。

"保存管理"命令可以使用新的文件名或路径保存已经打开编辑过的文件。

CATIA 文件命名必须遵循如下规则：

① 可以使用英文 26 个字母的大小写。

② 可以使用阿拉伯数字 0 到 9。

③ 可以使用一些特殊字符（但"<、>、*、:、"、?、/、\、|"字符除外）。

> 📢 **特别提示**：CATIA 文件名可以用拼音，但不能用中文，否则将导致保存后的文件无法打开。建议模型名用中文，如图 1-1 中特征树顶部的"QQ 造型"。"文件名"和"模型名"是两个不同的概念，要注意区分和正确使用。

（3）"视图"工具栏

"视图"工具栏如图 1-5 所示，系统默认位置在工作窗口底部，与标准工具栏一起为

图 1-5 "视图"工具栏

所有模块及工作台共用。模型常用的飞行、全图显示、平移、旋转、放大、缩小、法线视图、多视图窗口及等轴测 / 投影视图、3D 模型的显示模式等都可以通过视图工具栏快速完成。

（4）特征树

特征树位于文档窗口的左上方，如图 1-6 所示。特征树从上到下依次排列着模型名称、三个基准坐标平面、零件几何体 / 几何图形集等。单击几何图形集或零件几何体前的"+"号，可打开模型的创建特征列表：按建立的先后顺序从上到下排列，并自动以子树关系表示特征之间的父子关系，用户可以据此对模型的构造有一个比较直观、清晰的认识。

利用特征树修改模型名称：鼠标单击特征树顶部的模型名称，在右键菜单中选择"属性"，在弹出的"属性"对话框"产品"→"零件编号"输入文本框中键入新的模型名称，如图 1-7 所示，完成后单击"确定"关闭对话框。同理可以修改特征树上其他特征的名称。

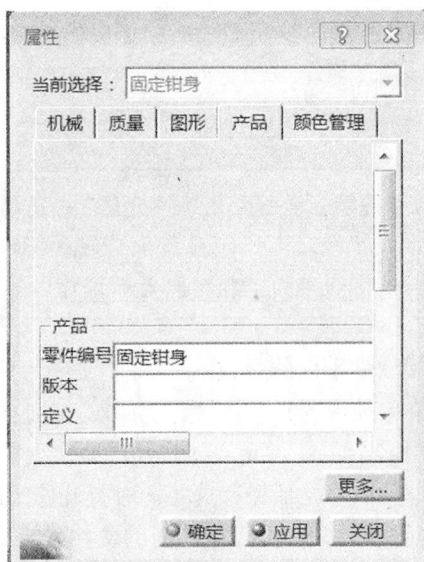

图 1-6　特征树　　　　　　　　图 1-7　特征"属性"对话框

特征树的缩放：CATIA 默认的特征树字体偏小，单击特征树的分支线或右下角坐标轴选中特征树，应用"视图工具栏"上的缩 / 放工具命令即可完成特征树的缩放操作（此时模型暗显、缩放命令对模型无效；再次单击特征树的分支线或坐标轴、模型亮显、恢复对模型的操作）。

应用特征树选择对象：鼠标单击特征树上任意对象可以选中该对象（此时与之对应的模型窗口对象呈橘黄色显示，表示该对象已被选中），也可用鼠标左键框选或用"Ctrl"、"Shift"键组合同时选中多个特征（与 Windows 操作相同）。双击某个特征可以对其重新编辑和定义。还可以应用特征树完成某个（或几个）特征的剪切、删除、复制、粘贴等工作，这与 Windows 操作习惯相似。

应用特征树隐藏 / 显示特征对象：零件模型建立过程中或建成后，为了清晰地显示或便于后续工作，用户有时需要将基准面或部分特征隐藏或将隐藏的特征重新显示出来，常用方法有 2 种：

① 鼠标单击特征树上需要隐藏 / 显示的对象或特征, 在右键菜单中选择"隐藏 / 显示"即可。

② 单击主菜单"工具"→"隐藏或显示"→选择目标类型。

特征树为我们提供了激活零件、装配体或工程图的大纲视图, 所有特征的列表包括基准和坐标系。在打开的零件模型文件中, 特征树显示模型名称及零件中的每个特征; 在组件（或部件）文件中, 特征树显示组件名称并在名称下显示各个零件。

特征树只列出当前文件中的相关特征和零件级的对象, 不直接列出构成特征的图元（如边、曲线、曲面等）。每个特征前有一个代表其类型的图标, 单击图标前的"+"、"-"号可以展开或折叠与其关联的子项。

> 📢 **特别提示**: 按"F3"键可以快速"隐藏 / 显示"特征树。 用组合键"Ctrl+鼠标滚轮"转动可以快速缩放特征树。滚动鼠标滚轮可以上下移动特征树至工作窗口的合适位置。

（5）罗盘

罗盘（又称指南针）默认位于文档窗口的右上角, 如图 1-8 所示, 它代表模型的三维坐标系。罗盘使三维空间的概念更为明晰, 视点位置更加直观。用户通过主菜单选择"视图"→"指南针"可以隐藏 / 显示罗盘。

图 1-8　罗盘

在工作窗口运用罗盘可以实现模型的平移、旋转等操控。

① 沿坐标轴平移模型: 在某一坐标轴线（$X/Y/Z$）上按住鼠标左键并拖动, 模型即可沿该坐标轴的直线方向移动（相当于改变视点位置, 模型本身的空间位置不变）。

② 沿平面平移: 在某一基准平面（$XY/YZ/ZX$）上按住鼠标左键并拖动, 模型即可在该平面内移动。

③ 沿轴线旋转: 鼠标左键按住罗盘上两坐标轴之间的弧线并拖动, 模型将绕另一垂直轴旋转。

④ 任意旋转: 将光标移至罗盘 Z 轴顶部的实心圆点处按住左键并任意拖动, 模型将随光标移动方向旋转。单击视图工具栏上的"等轴测视图"按钮 🔲 可快速恢复罗盘至初始位置。

> 📢 **特别提示**: 同时按住鼠标中键和右键不放并拖动可以任意旋转模型; 按住中键不放并单击右键, 手形光标转变为双向箭头, 上下拖动鼠标可以快速缩放模型。CATIA 常用快捷键详阅附录 1。

（6）"图形属性"工具栏

"图形属性"工具栏位于工作窗口上部, 如图 1-9 所示, 用于设置图形的各种属性。该工具栏显示当前选中对象的各种属性, 从左到右依次为填充颜色、透明度、线条粗细、线条类型、点的表示符号、图形渲染样式、层、格式刷（将一个对象属性复制到另一个对象上）及图形属性向导。

（7）测量

"测量"工具栏位于工作窗口底部，如图1-10所示，是零件设计中经常用到的辅助工具，用于模型中各种参数的测量。

图 1-9   "图形属性"工具栏    图 1-10   "测量"工具栏

（8）应用材料

"应用材料"工具栏位于窗口底部，其中只有一个工具，用于对选中的实体零件赋予材料。具体操作步骤如下：

单击该应用材料工具按钮，系统弹出如图1-11所示的"库"对话框，选中所需材料图标 →选择特征树中需要赋予材料的模型 →单击"库"对话框底部的"应用材料"按钮关闭对话框完成操作。选中的材料就赋予模型了。需要注意的是：只有在"视图"工具栏中选择"带材料着色"显示模式，工作窗口的模型才会显示材质效果。

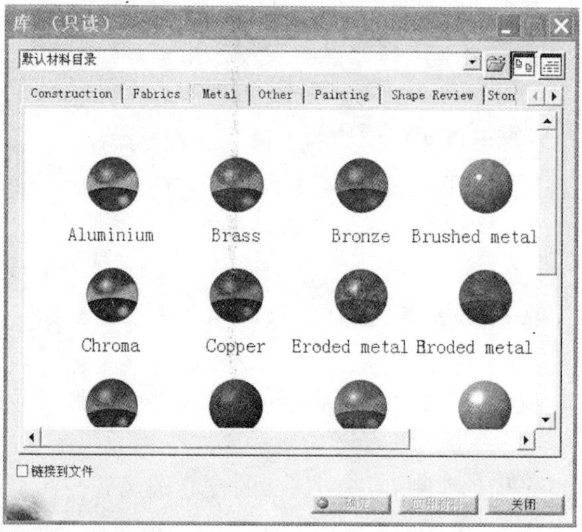

图 1-11   应用材料"库"对话框

（9）常用工具栏

常用工具栏位于文档窗口右侧。CATIA 功能强大，工具栏繁多，由于工作界面有限，不可能同时呈现。CATIA 依据设计任务的不同将各类工具栏存放于不同的工作台中，用户可以根据设计需要进入不同的工作台，与该工作台相关的常用工具栏即展现在文档窗口右侧以方便用户使用。如图1-12所示为零件工作台常用工具栏；如图1-13所示为草图工作台常用工具栏。

部分命令右下角有黑三角符号，单击该符号可以启用隐藏的命令。

要想在工作界面一次停靠更多的常用工具栏，可用鼠标左键按住任一工具栏上方凸

图 1-12 零件工作台常用工具栏   图 1-13 草图工作台常用工具栏

显的灰线并向窗口空白区拖动，以移出该工具栏（同时按住"Shift"键可以改变工具栏的纵/横方向），原隐藏的工具栏将会自动呈现。移出的工具栏可以根据用户习惯拖动，慢慢靠近窗口上方或右边直至吸附。

鼠标右击常用工具栏，在弹出的右键菜单中可以根据用户需要方便地打开或关闭部分工具栏。

也可通过主菜单"视图"→"工具栏"打开/关闭工具栏或自定义工具栏。

4. 关于命令的启用与退出

虽然 CATIA 模块和工作台众多，但其命令启用和结束的方式基本如下：

（1）命令的启用

① 单击工具栏上代表某个命令的按钮或图标（有的命令双击可重复使用）。

② 单击主菜单的"开始"、"文件"、"工具"等栏目逐级展开调用。

③ 通过右键菜单调用。

④ 通过命令行输入启用。

（2）命令的结束或停止

① 命令执行完毕自动结束。

② 通过双击重复使用的命令，需再次单击该命令按钮或按键盘左上角的"Esc"键两次结束。

③ 单击弹出对话框（完成相关设置）中的"确定"按钮结束（有的命令有多级弹出对话框需逐级确定返回直至结束）。

因每个人的操作习惯不同，为节省篇幅，本书后续内容将以一种命令的启用和结束方式为主进行介绍。

任务 1　解决方案

1. 双击电脑桌面 CATIA 图标快速启动 CATIA。

2. 单击标准工具栏"新建文件"按钮，在弹出的对话框文件类型列表中选择 part 并单击"确定"关闭（或双击 part）。

3. 在"新建零件"对话框中将系统默认模型名改为"QQ 企鹅造型"单击"确定"关闭。

4. 单击主菜单"文件"→"保存"→在对话框中选择 D 盘 →创建新文件夹并重命名为"CATIA 练习"→打开"CATIA 练习"文件夹→给新建零件取名为"qie"→"保存"。

5. 单击窗口右上角"关闭"按钮安全退出 CATIA。

任务 2　CATIA 的环境设置

任务要求

1. 启动 CATIA 建立新文件。

2. 设置 CATIA 界面环境（调整工具栏布局、选项参数设置）、常用模块工作环境及参数设置。

3. 建立"机用虎钳"产品中"垫圈"零件的 3D 模型，并按规则命名、保存至目标路径"D：\CATIA 练习"（垫圈尺寸参阅思考与练习 1 第 9 题）。

4. 退出 CATIA。

相关知识

设置 CATIA 工作环境是学习 CATIA 应该掌握的基本技能。用户应根据自己的需要设置工作环境，以便提高工作效率，享受个性化 CATIA 带来的直观、清晰、便捷等功能。

环境设置分为临时设置和永久设置两种。

1. 常规工作环境设置

打开主菜单"工具"→"选项"，弹出如图 1-14 所示的 CATIA 环境设置的"选项"对话框，在该对话框左边的目录树中分别单击"常规"、"显示"、"参数和测量"等选项进行基本设置。

在"常规"选项卡的"常规"选项中，初学者可以将自动备份频率改为 10 分钟。

在"常规"→"显示"选项卡的"性能"选项中，可以将"3D 精度"→"固定"框的值改为"0.01"，使模型外观更加光滑逼真。在"可视化"选项中可以更改工作窗口背景及其他各种选择状态的对象颜色。

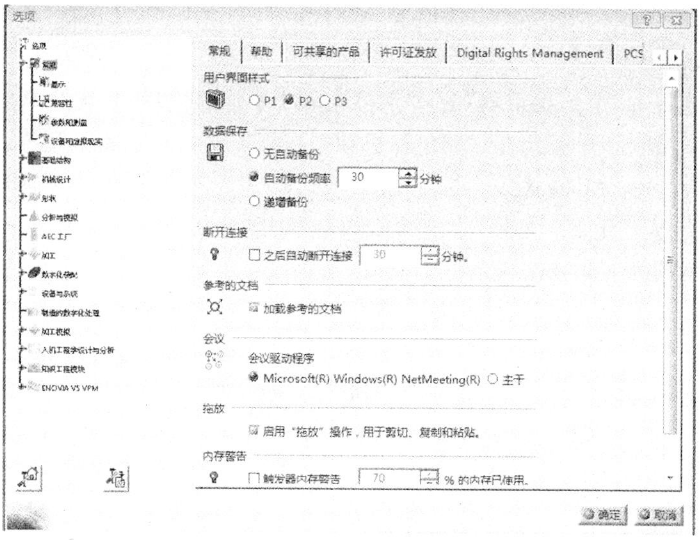

图1-14 CATIA "常规" 环境设置

在 "常规" → "参数和测量" 选项卡的 "单位" 选项中，可以修改长度、角度等单位以满足不同的工程设计要求。

> 📢 **特别提示**：单击选项卡名称前的 "+" 号可以展开下级选项。所有设置完成后必须单击对话框中右下角的 "确定" 按钮退出方能使各项设置生效。

2. 机械设计环境设置

在如图1-15所示的 "机械设计" 环境设置对话框中，用户可对常用的装配设计、草图编辑器、工程制图环境进行相关设置。

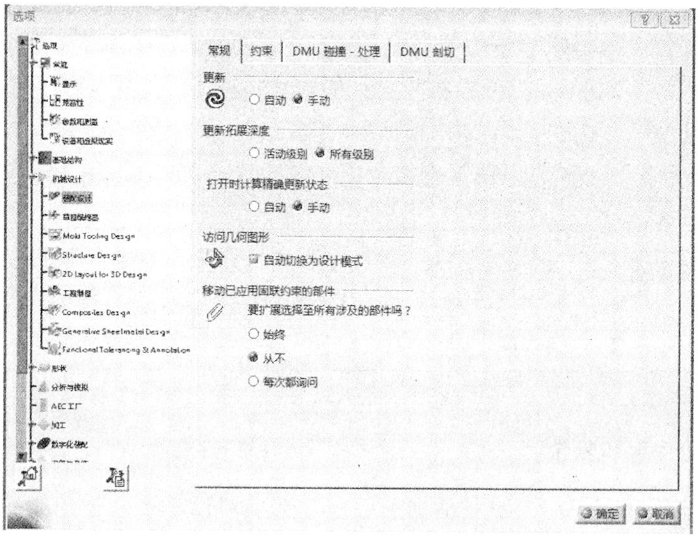

图1-15 CATIA "机械设计" 环境设置

在"机械设计"→"装配设计"选项卡的"常规"选项中，可以将默认的手动更新模式更改为自动更新。

在"机械设计"→"草图编辑器"的"网格"选项中，需要取消默认的"点捕捉"模式，以方便草图的精确绘制和操控，在"颜色"选项中可以更改图形元素的系统默认颜色。

在"机械设计"→"工程制图"的"视图"选项卡中，用户可以根据视图的需要全部或部分勾选"生成轴"、"生成中心线"、"生成螺纹"、"生成隐藏线"（不可见轮廓线）等选项，使视图符合相关制图标准和技术规范。

3. 基础结构环境设置

在如图 1-16 所示的"零件基础结构"环境设置对话框中，用户可对常用的零件基础结构设计环境进行相关设置。

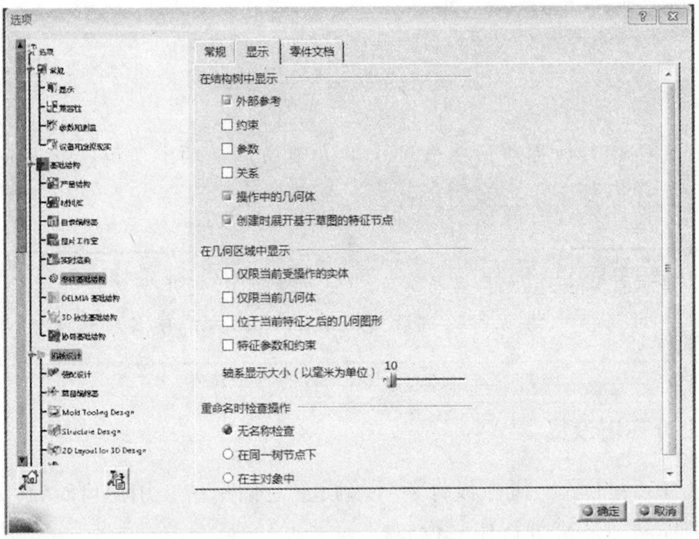

图 1-16   "零件基础结构"环境设置

在"基础结构"→"零件基础结构"的"显示"→"在结构树中显示"选项中，需要勾选"参数"和"关系"选项，以便参数化设计的参数、公式和关系在特征树上显示出来。

在"基础结构"→"零件基础结构"的"零件文档"→"创建零件时"选项中，需要勾选"创建几何图形集"选项，以便管理复杂零件设计时的大量图形元素。

> **特别提示**：由于 CATIA 功能强大、涉及专业领域广泛，其环境设置选项繁多，参数设定复杂，建议初学阶段不要轻易修改 CATIA 默认的工作环境设置，待学习了解达到一定程度后再进行个性化设置。

4. 工作环境的保存和复位

当设置好工作环境后，在关闭对话框前、单击选项对话框中左下角第二个保存设置按钮 ，可以以文件形式保存修改后的各项环境设置参数。如果因为修改某些参数不当而需要恢复到原有参数时,可以单击左下角第一个重置设置按钮 ![]快速恢复 CATIA 默认设置。

5. 设计一般流程及原则

（1）设计流程

在科学技术飞速发展的今天,各种新技术、新方法日新月异,深刻地影响着社会生活的各个方面。从无纸化办公到无纸化设计,从传统二维平面设计到三维数字化设计技术的兴起,直接导致了设计方法的革命性变化,极大地提高了设计效率和生产效率。从新颖别致的飞机、汽车、建筑造型到琳琅满目的生活日用品、新奇独特的儿童玩具无不归功于"想到就能得到"的三维数字化设计、加工技术的变革。三维 CAD 技术是现代工程技术人员必须掌握的技术方法,它正在改变着工程设计人员的工作方式,改变着制造业的传统加工方法。

三维 CAD 技术的几个特点:

① 集成化——单一数据源;产品主模型;产品生命周期管理（PLM）。

② 智能化——知识工程;专家系统;自顶而下。

③ 标准化——GKS；IGES；STEP。

④ 网络化——基于 Web 的资源共享、设计评估、协同工作。

三维 CAD 技术向我们展示:

① 创建｜表达:让创意、想法、实物或图纸以最快捷简便的方式"3D"起来。

② 评估｜仿真:让所有可能在模拟、仿真、试验、分析中得到最大优化。

③ 展示｜沟通:让客户、投资人、参与者第一时间了解和理解产品和服务。

从如图 1-17 所示的现代汽车设计过程中,我们不难感受到三维 CAD 的魅力。

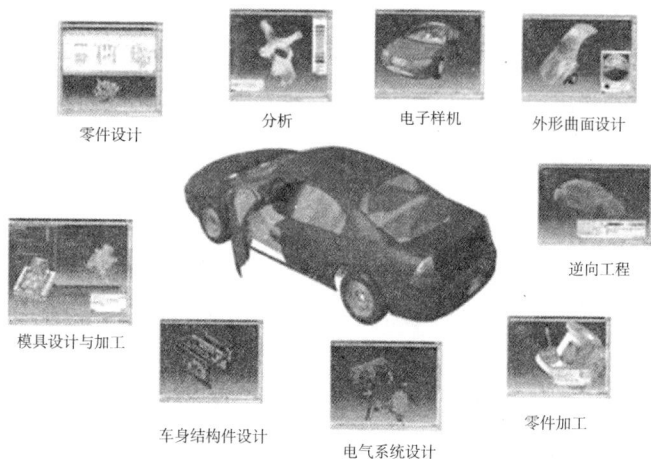

图 1-17 汽车三维 CAD 设计示意

从现代产品开发流程（图 1-18）中不难看出,CAD 技术在其中占有极大的比重。

据国外照相机三维 CAD 的数据表明:概念设计时间节省 80%,零件建模时间节省 40%,模具设计时间节省 60%。正是因为有了较之传统方法无可比拟的设计效率,现代产品的更新换代周期才大幅缩短,让我们真正领略到了什么是目不暇接。

CATIA 典型零、组件设计流程如图 1-19 所示。

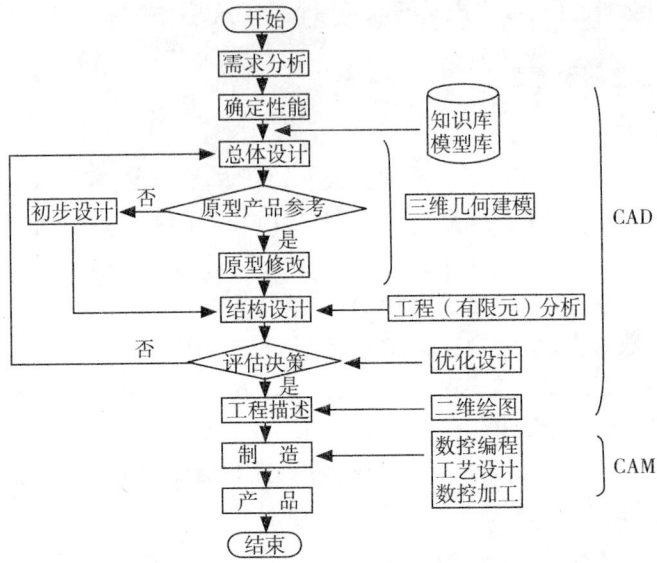

图 1-18　现代产品开发流程

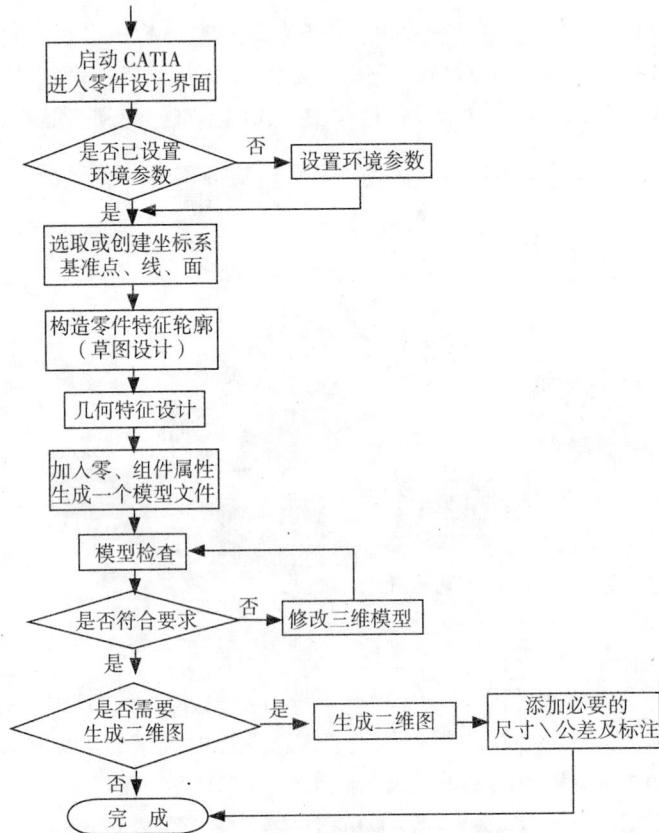

图 1-19　CATIA 零、组件设计流程

（2）设计原则

运用CATIA软件设计一般应遵循如下原则：

① 确定特征的建立顺序，特别是基本特征。

② 简化特征类型，以最简单的特征组合模型并考虑尺寸的关联性。

③ 确定特征的父子关系。

④ 多使用复制和阵列特征操作。

CATIA是一款集成度很高的三维CAD工具软件，能够为多个不同专业领域的专业设计服务。因此，用户学习前需要有相关专业的背景知识。

CATIA有近百个工作台，实际工作中初学者往往会遇到选择工作台的困难。根据CATIA多年教学经验，选择工作台应考虑如下几个问题：

① 你要完成什么工作，为了完成它应该使用哪个工作台？

② 在工作台中哪些工具命令和图标按钮可以完成数据的创建和编辑？

③ 在对话框中哪些选项和信息是需要输入的，同时还有哪些要求？

（3）建模的一般要求

① 在正式发出的CATIA模型文件中，模型应具有唯一性和稳定性，不允许有冗余元素存在。

② 几何模型应是封闭的，且不应带有额外的线架和曲面，产品模型必须是完整的。

③ 在正式发出的CATIA模型文件中，产品定义应使用实体（Part Body）。

④ 一个CATPart模型中只能定义一个零件，一个CATProduct模型中，根据装配隶属关系，可包括多个子组件的CATProduct模型和零件的CATPart模型，部件和组件中所有零件，应在各自的CATPart模型文件中定义，而且利用CATIA软件本身提供的功能建立数据间的链接关系和引用关系。

⑤ 建模过程应充分体现DFM的设计准则，在模型上表达必要的制造相关信息，并尽量提高其工艺性。

⑥ 模型的修改应在其生成的工作环境下进行。

任务2 解决方案

1. 双击电脑桌面CATIA图标快速启动CATIA。

2. 单击主菜单"开始"→"机械设计"→"零件设计"，在弹出的"新建零件"对话框中输入零件模型中文名"垫圈"→单击"确定"。

3. 单击"标准"工具栏上的"快速保存"按钮 ▦ →在弹出的对话框中选择D盘→双击文件夹列表中的"CATIA练习"，打开该文件夹 →用拼音将新文件命名为"dianquan"→单击"保存"。

4. 结合个人工作习惯调整好工作窗口各工具栏的位置。

5. 单击窗口右上方常用工具栏的"草图工具"按钮 ◿进入草图设计工作台 →在特征树上点选基准面"*YZ*"→双击草图工作台常用工具栏上"圆"工具 ◉，以坐标原点为圆心连续画两个同心圆→双击"约束"按钮 ▦ →分别为两个圆添加尺寸约束（单击图形元

素 CATIA 将自动为其添加尺寸）→移动鼠标将尺寸数字按规范置于元素旁边的合适位置
→依次双击尺寸数字，在弹出的对话框中修改尺寸数值为 $\varphi19$、$\varphi28$→单击"确定"关闭
对话框，完成后的垫圈草图如图 1-20 所示。

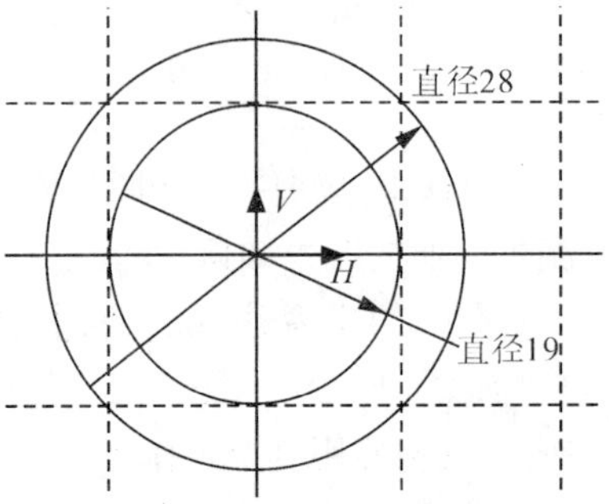

图 1-20 "垫圈"草图设计

6. 单击"视图"工具栏上的按钮 ，使草图在窗口最大化显示 →单击右上方"草图
工作台"图标 下的按钮 ，退出草图设计工作台（返回到零件设计工作台）→单击常
用工具栏上的按钮 创建通过"拉伸"形成的凸台特征→在"定义凸台"对话框中输入
凸台厚度值 4，并单击"确定"关闭对话框。

7. 单击"修饰特征"工具栏上的倒直角按钮 →在弹出的对话框中输入倒角尺寸 (使
用默认值 1)→选择要倒角的棱边 →单击"确定"关闭对话框,完成后的垫圈模型如图 1-21
所示，模型特征树列表如图 1-22 所示。

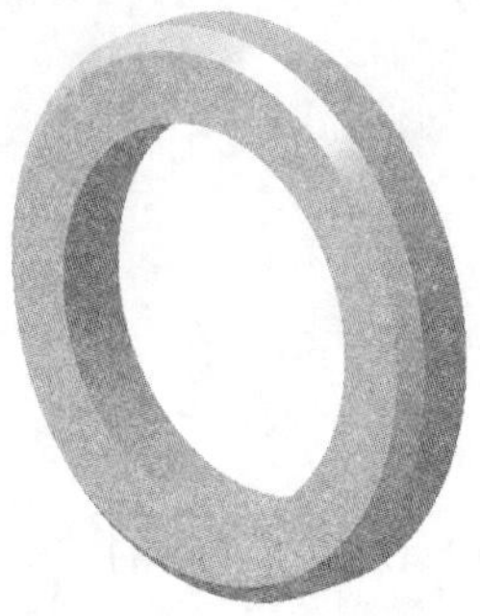

图 1-21 CATIA "垫圈"模型 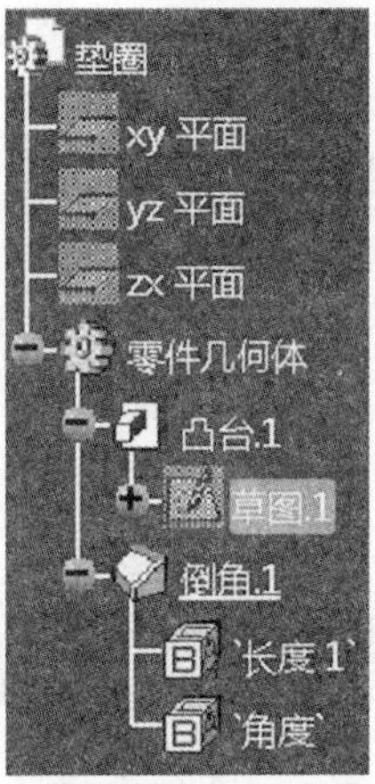   图 1-22 部分展开的 "垫圈"模型特征树

8. 单击标准工具栏上的快速"保存"按钮保存文件。

9. 选择主菜单左上角"开始"→"退出"命令安全退出 CATIA。

思考与练习 1

1. 熟悉 CATIA 工作界面，执行打开、关闭各种工具栏的操作。

2. 熟练掌握新建、保存文件，进入指定模块和工作台的方法。

3. 简析三维 CAD 与科技创新的关系。

4. 结合实例练习尽快掌握 CATIA 快捷键的应用，以提高工作效率。

5. 怎样操作可以一次选取多个图形元素？怎样连续进行选择操作？如何选中被隐藏的图形对象？

6. 在图形对象上按住鼠标中键并移动，是改变了图形对象的实际位置还是改变了其显示位置。

7. 为什么要进行 CATIA 的环境设置？

8. 浏览 CATIA 学习网站，加入相关专业论坛、群组开展学习交流。

9. 本书案例及练习素材——"机用虎钳"（附图）。

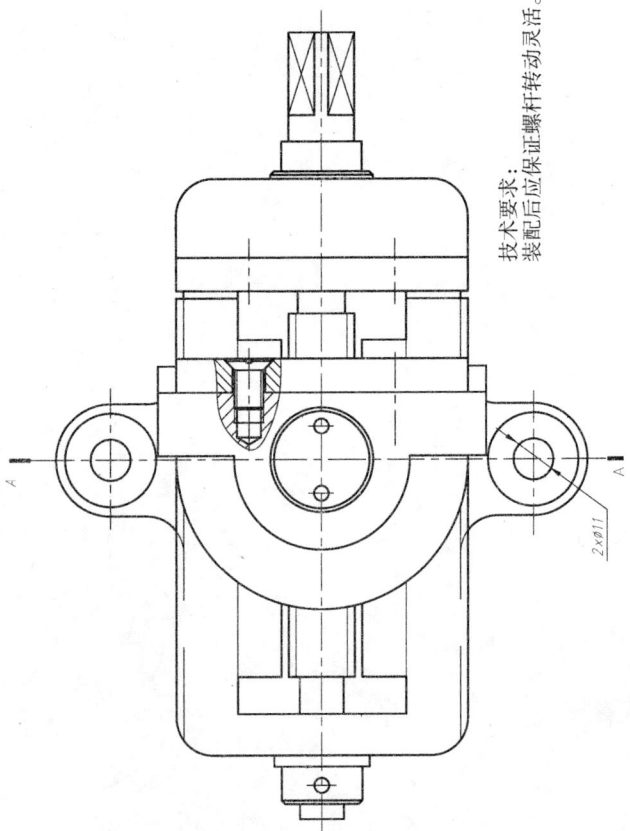

11		垫圈		1	Q215-A	
10		螺母		1	35	
9		螺杆		1	45	
8	GB/T97.2-1985	垫圈12-140		1	Q215-A	
7	GB/T117-2000	圆环		1	Q215-A	
6		销4.4×26		1	45	
5		活动钳身		1	HT200	
4		螺钉		4	Q215-A	
3	GB/T68-1986	螺钉M×16		2	Q215-A	
2		钳口板		2	45	
1		固定钳身		1	HT200	
序号	代号	名称		数量	材料	备注

机用虎钳

制图	王梦时	2014.12	武汉软件工程职业学院 光电1103班
审核	胡巍巍		
指导老师	曾令慧		比例 1:1
			图号 1

技术要求：
装配后应保证螺杆转动灵活。

技术要求：
1. 未注铸造圆角 R2 ~ R5。
2. 铸件毛坯进行时效处理。

固定钳身		制图	王梦时		2014.12	材料	HT200	比例	1:1
指导老师		审核	胡巍巍			曾令慧		图号	
						武汉软件工程职业学院			

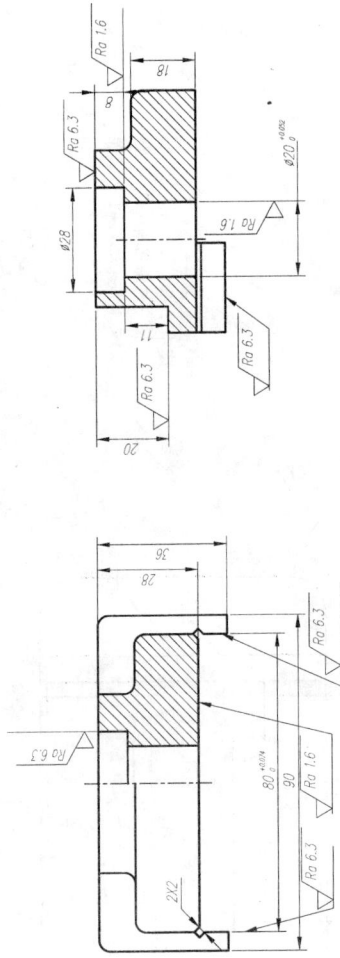

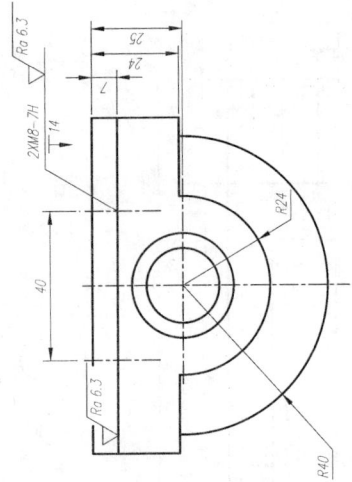

技术要求：
未注圆角 R3~R5

其余 √Ra 6.3

制图	王梦时	2014.12		活动指身	材料	HT200	比例	1:1
审核	胡耀魏				指导老师	曾令慧	图号	
					武汉软件工程职业学院			

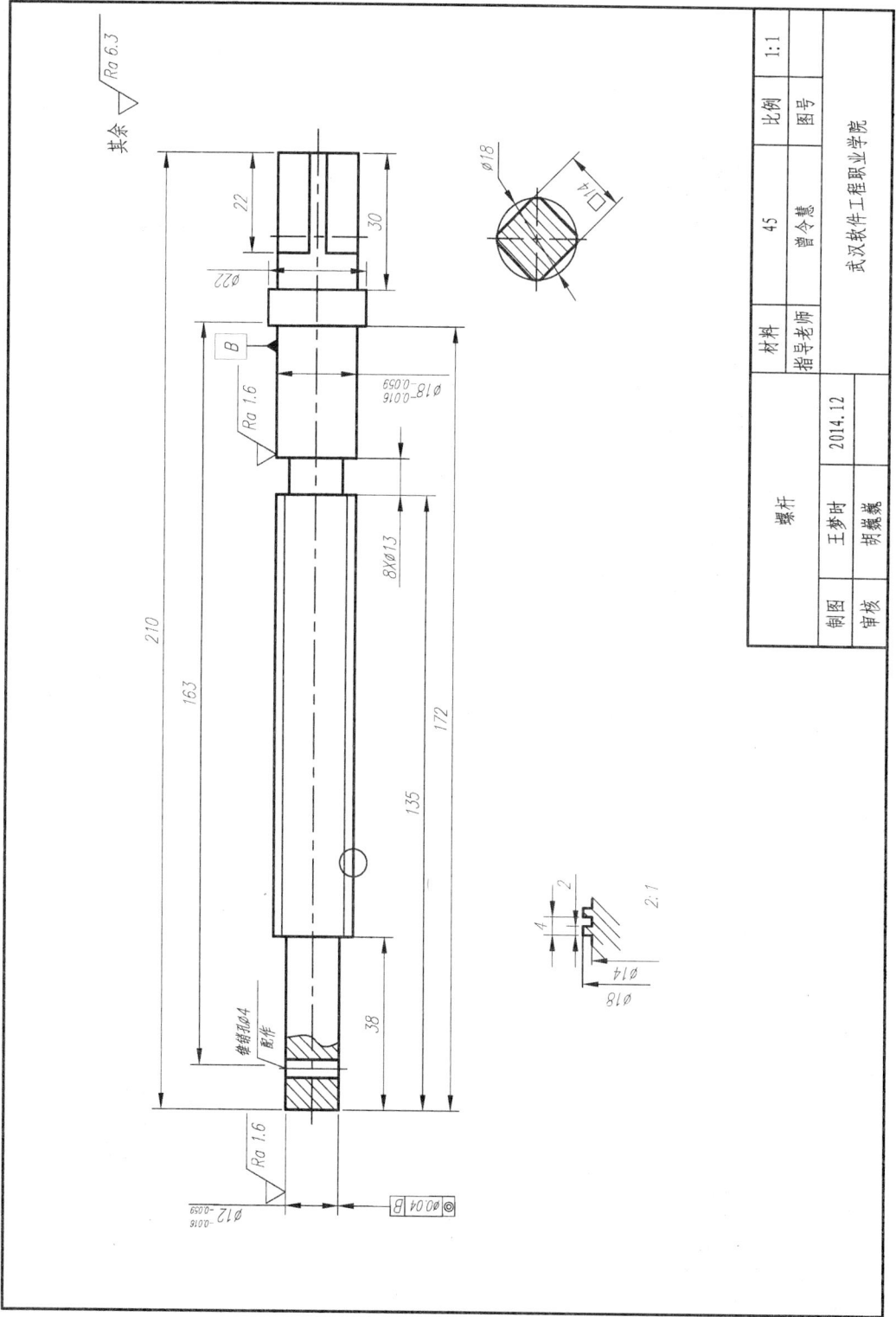

其余 $\sqrt{Ra\ 6.3}$

22
30
$\phi22$

B

Ra 1.6

$\phi18^{-0.016}_{-0.059}$

8X$\phi13$

210

163

135

172

钻销孔$\phi4$
配作

38

Ra 1.6

$\phi12^{-0.016}_{-0.059}$

$\bigcirc$ $\phi0.04$ B

$\phi18$

$\phi14$

2

2:1

4

$\phi18$

$\phi14$

口14

螺杆		材料	45	比例	1:1
		指导老师	曾令慧	图号	
制图	王梦时	2014.12			武汉软件工程职业学院
审核	胡巍巍				

钳口板

A - A

$\sqrt{Ra\ 6.3}$

90°

$\phi17$

9

$\phi9$

45°

B

B

A A

40

80

22

B-B
2:1

60°

1

1

垫圈

$\sqrt{Ra\ 6.3}$

C1

$\phi28$

$\phi19$

4

圆环

$\sqrt{Ra\ 6.3}$

2X锪平 $\phi4$

配件

$\phi22$

$\phi12^{+0.043}_{0}$

5

10

C1

螺母

$\sqrt{Ra\ 6.3}$

$6^{+0.018}_{0}$

25

26

40

$\sqrt{Ra\ 1.6}$

1

M10X1-7H

33

20

18

$\phi20^{-0.020}_{-0.072}$

38

$\sqrt{Ra\ 1.6}$

2

4

2:1

$\phi14$

$\phi18$

螺钉

$\sqrt{Ra\ 6.3}$

2X$\phi8$

M10X1-6g

C1

14

22

18

$\phi26$

2X$\phi4$ ↧4

项目 2

草图设计

学习目标

1. 理解草图绘制基本工具的含义。
2. 熟悉菜单栏、工具栏中有关草图设计操作的程序。
3. 掌握基本图形要素的绘制方法，并能够使用草图分析工具正确诊断和修复草图。

任务 1　草图设计工作台的使用

任务要求

1. 进入 / 退出草图设计工作台。
2. 设置草图设计工作环境。
3. 熟悉草图设计主要工具栏及各工具按钮的作用。

相关知识

1. 进入 / 退出草图设计工作台

三维实体和三维曲面等设计的基础就是草图设计，草图质量的优劣决定着三维实体特征结构设计的合理与否，在设计过程中具有十分重要的作用。草图设计工作台作为一个独立的工作台，开始设计时还需要设置草图平面等。进入草图设计工作台的方法如下：

（1）打开 CATIA 软件，选择主菜单"开始"→"机械设计"→"草图绘制器"，弹出"新建零件"对话框。在该对话框的"输入零部件名称"文本框中输入新零件名称（不宜采用默认的名称 Part1）后，单击对话框中的"确定"按钮，进入 CATIA 零件设计界面。

（2）用鼠标在左边特征树顶部或窗口中间的三维坐标平面图标▦中单击选取一个基准平面（XY/YZ/ZX）作为草图支持面（后续设计还可以选取已创建的参考平面或已创建3D特征的表面作为草图支持面，但不能是曲面），进入草图设计（草图绘制）工作台，此时的工作窗口为专门的草图绘制工作环境（绘图基准面与电脑屏幕平行），与草图设计相关的工具栏按默认布局呈现在工作窗口右边。运用草图绘制工具（绘图命令）可以直接在工作窗口绘制草图。

（3）草图绘制完成并保存后，单击工作窗口右上方的"退出工作台"按钮，退出草图设计工作台。

2.设置草图设计工作环境

系统默认的草图设计工作环境如图2-1所示，用户可以根据需要设置个性化的工作环境。具体方法如下：

单击主菜单"工具"→"选项"，弹出"选项"对话框。在该对话框左边的目录树中选择"机械设计"→"草图绘制器"，通过勾选/取消右边的复选框可以修改草图设计工作环境。设置完成后单击该对话框中的"确定"按钮退出。

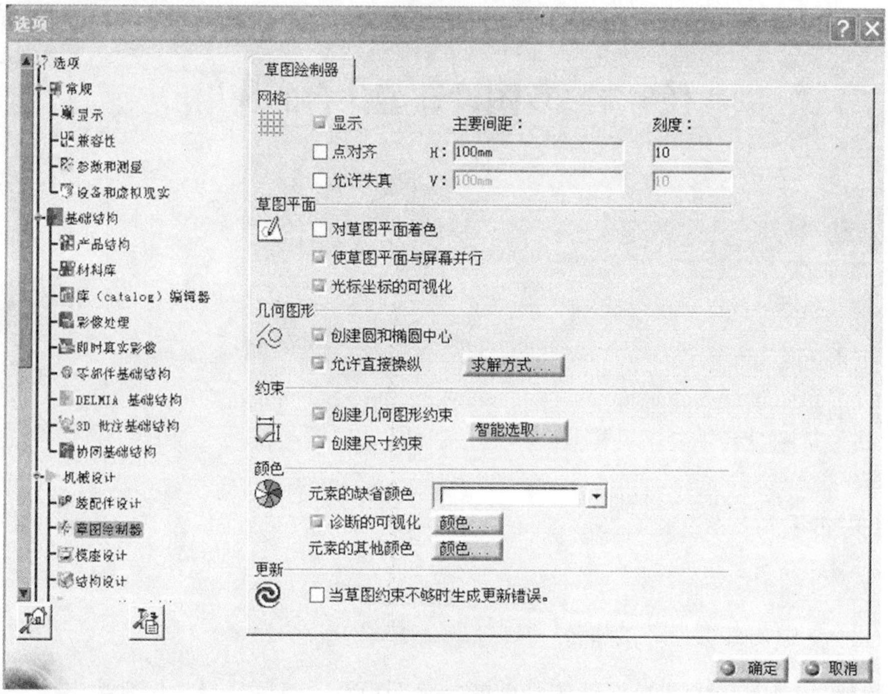

图 2-1　草图绘制工作环境设置

（1）网格

① 显示：切换网格的显示状态。

② 点对齐：切换网格约束的开/关状态。如果勾选，绘图起始点将被约束在网格的交点上（与网格交点对齐），系统默认为选中状态，不利于绘图，建议设置为关闭状态。

③ 允许失真：可以设置水平或垂直方向不同的网格间距。

（2）草图平面

光标坐标的可视化：若关闭该复选框，则不显示光标指定点时的坐标。

（3）几何图形

① 创建圆和椭圆中心：若关闭该复选框，则创建圆和椭圆时，不包括圆和椭圆的中心点。

② 允许直接操纵：若关闭该复选框，则不能直接用光标拖动图形对象。

（4）约束

① 创建几何图形约束：选中此方式，表示绘图时系统自动添加与"智能选取"选项设置一致的水平、垂直、平行等几何约束。

② 创建尺寸约束：选中此方式，表示绘图时自动添加用户在"草图工具"栏中键入数值并回车确认的尺寸约束。

（5）颜色

① 元素的缺省颜色：图形元素的缺省颜色为白色，在颜色下拉列表中可以修改。

② 诊断的可视化：选中此标签，单击右边的"颜色"按钮弹出如图 2-2 所示的设置对话框。

③ 元素的其他颜色：选中此标签，单击右边的"颜色"按钮弹出如图 2-3 所示的设置对话框。

图 2-2 诊断颜色   图 2-3 其他颜色

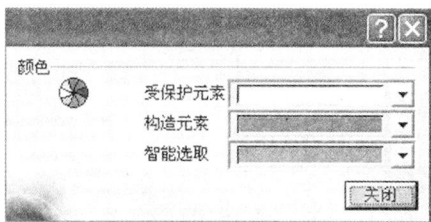

3. 草图绘制（编辑）器的使用

进入草图设计工作台，工作窗口右侧出现绘制草图时常用的工具栏。部分工具按钮右下角有黑三角箭头，单击该箭头、可以展开更多隐藏的工具按钮。

（1）"选择"工具栏（图 2-4）

图 2-4 "选择"工具栏

使用不同的工具可以快速准确地选择自己需要的各元素特征。各工具按钮的名称、意义及使用方法如下：

① "选择" ：默认情况下，该按钮处于激活状态（亮显），该按钮要与其他选择按钮配合使用，未激活该按钮，无法选择任何元素。

② "在几何图形上方的选择框" ：激活该按钮，可以在特定元素上开始封闭曲线。

③"矩形选择框" ：系统默认该按钮为激活，在工作窗口，可以通过绘制一个封闭曲线来选择对象。按住鼠标左键向左上或右下拖动来定义矩形，直至要选择的对象全部位于矩形框中，然后释放鼠标左键，被选中的对象将突出显示（橘黄色亮显）。

④"相交矩形选择框" ：与矩形按钮类似，使用它可以通过绘制一个矩形封闭曲线来选择对象，将选择所有在封闭曲线内及与封闭曲线相交的对象。

⑤"多边形选择框" ：可以通过绘制一个封闭的多边形来选择对象，使用鼠标左键拖动以定义多边形，然后双击以关闭多边形。

⑥"手绘选择框" ：可以通过简单绘制过对象的笔画来选择对象，使用鼠标左键拖动来创建笔画，将选择笔画通过的所有对象。

⑦"矩形选择框之外" ：可以绘制矩形封闭曲线，但是这次将选择完全处于封闭曲线以外的所有对象。'

⑧"相交矩形选择框之外" ：与矩形选择框之外按钮不同，它允许选择与矩形封闭曲线相交的对象以及位于矩形封闭曲线以外的对象，使用鼠标左键单击，将选择封闭曲线外部或与相交封闭曲线相交的所有对象。

（2）"草图工具"工具栏

"草图工具"栏是绘制和编辑草图的重要工具，在进行二维草图绘制前，通过合理设置草图工具可以提高工作效率，并能够快速准确地定位二维草绘特征。进入草图编辑界面后，会出现"草图工具"工具栏，其中包含五个草图工具按钮，如图2-5所示。

图2-5 "草图工具"工具栏

①"网格" ：显示/隐藏网格。主要用作绘制草图时的参考线，网格平面位于当前草图的基准面上，也是草图编辑窗口的主要标志之一。

②"点对齐" ：如果该按钮被激活，则进行草图绘制时，选择点只能是网格交点。当该按钮被选中时，不管网格按钮 是否被激活，捕捉功能依然有效。

③"构造/标准元素" ：如果该按钮被激活，则进行草图绘制时，所绘制的二维草图均为构造元素（仅作为设计参考线或参考轮廓，不能作为草图轮廓使用），构造元素以虚线显示。

④"几何约束" ：如果该按钮被激活，则在进行草图绘制时，系统会自动生成检测到的几何约束和内部约束，并在图形元素的特定位置显示专门的"约束"标识符。

⑤"尺寸约束" ：如果该按钮被激活，则在进行草图绘制时，系统将根据绘图时在草图工具栏文本框中输入并回车确认的尺寸数值自动建立尺寸约束。

当调用绘制或编辑命令时，草图工具栏会增加有关命令选项，增加的内容不仅和当前的命令相关，而且随着命令的执行而更新。

数据输入文本框：主要用于输入当前使用命令的相关参数。

"草图工具"工具栏中文本框前的字母代表的含义如下：

• H代表与坐标原点的水平距离（即水平坐标值）。

- V 代表与坐标原点垂直的距离（即垂直坐标值）。
- L 代表两点之间的距离。
- A 代表直线与水平轴的角度。

（3）"操作"工具栏（图2-6）

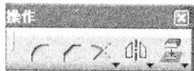

图 2-6 "操作"工具栏

主要用于图形的编辑修改，各工具按钮的名称及功能如下：

① "倒圆角" ⌒：对不同线段之间（可以是任何线段）作倒圆角。

② "倒角" ⌒：对不同线段之间进行倒直角。

③ "修剪" ✕：用于草图轮廓中进行修剪编辑。单击"操作"工具栏中的"修剪"按钮右侧的下三角按钮，弹出的下拉列表中有多个选项：

- "修剪" ✕：修剪相交线段多余的部分。
- "断开" ✗：用于草图轮廓绘制中，打断现有直线或曲线等元素。
- "快速修剪" ⌀：以线段相交处为基准，直接修剪，选取的线段将被擦除。
- "关闭" ⚬：用于草图轮廓绘制时，将不完整的椭圆、圆弧等图形变成封闭完整的椭圆、圆等，也可以恢复被剪切的曲线。
- "补充" ⚬：将不完整的椭圆、圆弧等图形转换成与其相互补的图形。

④ "镜像" ⚏：在草图平面上，基于某一特征元素（点或直线），复制出与原图形对称的图形。具体使用方法是：首先选择要镜像复制的一个或多个图形元素，单击"镜像"按钮，再选择镜像轴线，完成镜像操作。单击"操作"工具栏中的"镜像"按钮右侧下的黑三角按钮，弹出的下拉列表中有如下多个选项：

- "对称" ⚏：先选择对称的对象，单击选择对称轴，即可创建对称图形。与"镜像"工具不同的是，镜像后的原图形保留，而对称后则只保留对称后的图形，原图形则删除。
- "平移" →：在草图平面上，将图元以平移复制或平移的方式对现有的图形操作。
- "旋转" ↻：在草图平面上，将图元以围绕一点进行旋转，并输入所需旋转的角度。
- "缩放" ⚬：在草图平面上，将图元以点为缩放基点，对图形整个轮廓进行放大或缩小，即将轮廓的大小调整为指定的尺寸。
- "偏移" ⚬：将图元向特定的方向偏移。

⑤ "投影三维元素" ⚏：将指定的线条投影至草图平面上。单击"操作"工具栏中的"三维元素"按钮右下黑三角，弹出的下拉列表中还有如下两个选项：

- "三维元素相交" ⚏：将实体与草图工作平面相交的轮廓投影在草图工作平面上，轮廓必须要有锐利的边缘才能投影，如果是圆形曲线边缘，则无法投影。
- "投影三维轮廓边" ⚏：将与草图工作平面无相交的实体轮廓投影到草图工作平面上。

（4）"轮廓"工具栏（图2-7）

图 2-7 "轮廓"工具栏

① "轮廓" ⓖ：使用该工具可以绘制连续不断的线条，可以是直线，也可以是圆弧，绘制的草图轮廓可以是开放的，也可以是封闭的。单击该按钮后，选取起点，在所需绘制图形处依次单击。如果图形终点与起点重合，该命令将自动结束并完成一封闭轮廓的绘制。如果在绘制过程中想中止图形的绘制，可按 "ESC" 键退出。

② "矩形" ▢：创建矩形，单击 "轮廓" 工具栏的 "矩形" 按钮右侧的下三角按钮，弹出的下拉列表中有如下多个选项：

● "对齐的矩形" ◇：与 "矩形" 工具不同的是，"矩形" 是通过对角线的两顶点确定位置，而 "对齐的矩形" 则是先确定一条边的两个端点，然后在确定矩形另一端点，即通过三个端点并在所需的方向上创建矩形。

● "平行四边形" ▱：通过两点且在选择的一个方向上的面来创建平行四边形。

● "延长孔" ▭：通过两中心点与半径值创建图形。

● "圆形柱延长孔" ◗：先选取一点作为中心点，再选取一点作为圆弧半径的起点，然后选取一点定义两侧圆的距离值，通过加入小圆半径值来定义圆形。

● "锁眼轮廓" ◖：先确定大端圆弧的中心点位置，再确定小端圆弧的中心点位置，通过拖动方式定义小端半径，再定义大端半径来创建图形。

● "六边形" ⬡：先确定六边形中心点，再定义中心点到六边形边的垂直距离来定义图形。

● "居中的矩形" ▣：先确定居中矩形的中心，再通过拖动方式向矩形对角方向定义矩形。

● "居中的平行四边形" ▱：绘制前窗口中必须有图形，因为居中的平行四边形是在已存在的两条相交直线或轴的前提下绘制的。两条直线或轴的交点即为居中平行四边形的中点，而居中平行四边形的边分别平行于两条直线或轴。操作方法即先选取一条线，再选取另一条线，通过拖动方式来创建图形。

③ "圆" ⓞ：通过一点与一个半径值即可定义圆。单击 "轮廓" 工具栏中的 "圆" 按钮右侧的下三角按钮，弹出的下拉列表中还有如下多个选项：

● "三点圆" ◓：可以直接通过三个点来确定圆的位置，也可以在 "草图工具" 工具栏中依次输入三点的位置创建圆。

● "使用坐标创建圆" ◉：通过定义圆心的坐标和圆的半径值来绘制圆。

● "三切线圆" ◎：可以在草图平面上通过选择三个元素来创建与之均相切的圆。但是此选项必须是在工作窗口有三个参考元素时才可以创建。

● "弧" ◠：单击该按钮后，先选取圆心，再定义半径，然后定义弧长以创建弧。

● "三点弧" ◠：在窗口中单击选择三点就可创建一条圆弧。

● "起始受限的三点弧" ◠：单击该按钮后要先选取起点，再选取终点，最后选取通过点。而三点弧是先选取起点，再选取通过点，最后选取终点。

④ "样条线" ∿：利用一系列点拟合生成近似曲线来创建样条线。展开右下三角还有一项工具按钮：

● "连接"：使用该命令时，窗口中必须有两条或两条以上的曲线。线条可以是直线、样条线等。选取两线条后，系统自动将两线的最近端点用样条线连接。

⑤"椭圆" ○:通过定义椭圆中心点、长半轴端点与短半轴端点即可完成椭圆的绘制。其下拉列表中包含下面多个选项:

- "按焦点的抛物线" ∪:通过设定选择焦点、顶点以及抛物线的两个端点来创建抛物线。

- "按焦点的双曲线" ∪:通过单击焦点、中心和顶点以及双曲线的两个端点从而完成双曲线的绘制。

- "圆锥" ⌒:根据起点和终点,再通过这两个点的切线和一个参数或穿越点来创建圆锥。

⑥"直线" ╱:通过确定直线的起点和终点坐标来创建一条直线。与创建直线的"轮廓"工具不同,通过"轮廓"工具可以连续创建直线,而"直线"工具不能连续创建。单击"直线"按钮右下三角按钮,弹出的下拉列表中有以下多个选项:

- "射线" ╱:可以在草图平面上创建水平或垂直无限长线。

- "双切线" ╲:在草图平面上创建两个不同的元素的双切线。

- "交线"(角平分线) ╱:创建两条相交直线的无限长角平分线。

- "曲线的法线" ∠:创建曲线的法线,创建的直线垂直于通过交点的曲线的法线。

⑦"轴" ┆:用于生成旋转特征等需要中心轴的特征。通过两点创建一条轴。每个草图只能创建一条轴,如果试图创建第二条轴,则所创建的第一条轴将自动变成构造线,并以细点划线显示。

⑧"通过单击创建点" ·:单击该按钮后,即可在草图平面上创建一独立点。单击该按钮右下三角按钮,弹出的下拉列表中有多个选项。

- "使用坐标创建点" ·:可以通过在对话框中输入坐标值来创建点。

- "等距点" ···:可以在已知直线或曲线上创建多个等间距点,创建等间距点前,必须选择图元。

- "相交点" ×:创建线与线间的交点。

- "投影点" ·:通过将点投影到指定曲线或直线上来创建一个或多个点。

(5)"约束"工具栏

草图约束用于限制图形与图形之间及自身的自由度,这些约束包括对所绘图形进行长度、距离、角度、平行、垂直等多种形式约束,从而使图形唯一、固定,使草图不会发生混乱。系统在默认情况下,如果发现草图特征在创建约束后成绿色显示,则说明草图完全被约束;如果草图特征呈紫色显示,则说明草图过度约束;白色代表当前元素;橘红色代表已选择的元素。

① 进入草绘工作界面后,系统将弹出"约束"工具栏,如图 2-8 所示。

图 2-8 "约束"工具栏

② "在对话框中定义约束" ⓔ:使用此约束命令时,必须先选取对象,按钮才会高亮显示。单击该按钮,弹出"约束定义"对话框,如果当前图元处于有约束状态,对话框中的约束会高亮显示,相应的复选框可以被勾选以定义约束。

③ "约束" ：单击此按钮右下三角按钮，弹出的下拉列表中有两个选项。

• "约束" ：在已经绘制好草图特征的前提下，单击该按钮在图元上或者在两个图元之间添加约束。

• "接触约束" ：在已经绘制好草图特征的前提下，单击该按钮然后依次选择需要创建接触约束的两个元素。

④ "固联" ：单击此按钮右下三角按钮，弹出的下拉列表中有两个选项。

• "固联" ：将草图元素连接在一起，使一组几何元素中已定义约束或尺寸的进行固联操作。约束之后，该组被视为刚性组，并且只需拖动其中的一个元素便可轻松地移动整个组。

• "自动约束" ：单击该按钮检测选定元素之间的约束，并在检测到约束后强制这些约束，同时标注出约束值。

⑤ "制作约束动画" ：对已有约束的图形，通过改变其尺寸数值，使得整个图形在约束数值的改变下，用约束间的牵引做出动画。

⑥ "编辑多约束" ：单击该按钮后，系统弹出"编辑多约束"对话框。草图所有的约束都将处于对话框列表中，在对话框中可依次更改尺寸约束。

任务 1   解决方案

1. 单击主菜单"开始"→"机械设计"→"草图编辑器"，在弹出的"新建零部件"对话框中输入零部件名称，单击"确定"按钮，进入零件设计界面。

2. 单击特征树上的一个基准面进入草图绘制工作界面。

3. 草图设计主要工具栏有"选择"、"草图工具"、"操作"、"轮廓"以及"约束"工具栏等。

任务 2   直线图形的绘制

任务要求

1. 掌握轮廓工具栏中轮廓、直线命令的使用方法。

2. 熟练使用轮廓、直线工具绘制图形，并对草图进行约束。

3. 绘制如图 2-9 所示的图形，并保存至 D:\ 草图练习文件夹中。

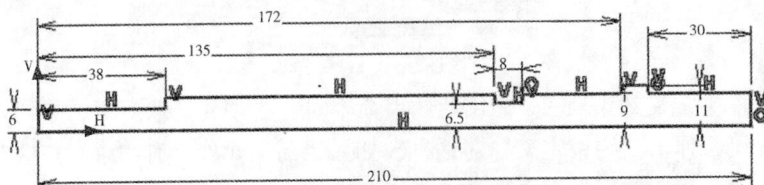

图 2-9   绘制直线图形

相关知识

创建实体或曲面特征前，须先创建几何截面，一个截面往往不止一个几何元素构成，而是由多个元素构成，如直线、圆弧、样条线等。

1. 创建轮廓

进入草图设计平台，选择某一平面（如 XY 平面）进入草图绘制平面，单击"轮廓"工具栏中的 按钮。

绘制轮廓有三种模式，分别是直线、相切弧以及三点弧，如图 2-10 所示。在绘制第一个草图元素时只能以直线或三点弧模式。系统默认情况下，选择直线模式。用户可根据鼠标单击选择切换相应模式，或者直接按住鼠标左键拖动，系统会自动由直线模式切换为圆弧模式。

图 2-10 "草图工具"栏中三种轮廓模式

下面以输入点坐标的方式创建轮廓，方法如下：

（1）图 2-11 所示为所需创建的轮廓。进入草绘界面后，在"轮廓"工具栏中单击"轮廓"按钮，弹出"草图工具"工具栏，并在 H 文本框中输入 20mm，按"Enter"键确认，在 V 文本框中输入 20mm，按"Enter"键确认，草图的起点绘制完成。

（2）继续以上方法，在 H 文本框中输入 40mm，在 V 文本框中输入 40mm，系统自动创建一条直线。

（3）在 H 文本框中输入 60mm，在 V 文本框中输入 40mm，系统自动创建另一条直线。

（4）将光标移至第一点处并单击，完成一个封闭轮廓图形的绘制。

在创建图形过程中，如需创建封闭的线条，将光标放在起始点处并单击，即自动结束连续线的绘制；若需创建不封闭的图形，则在"选择"工具栏中单击"选择"按钮，系统将会自动结束图元的创建（在图形结束处双击或单击"轮廓"工具按钮或按"Esc"键也可结束轮廓的绘制），也可直接单击其他按钮转换绘图方式。如图 2-12 所示，通过轮廓工具转换绘制的直线和弧。

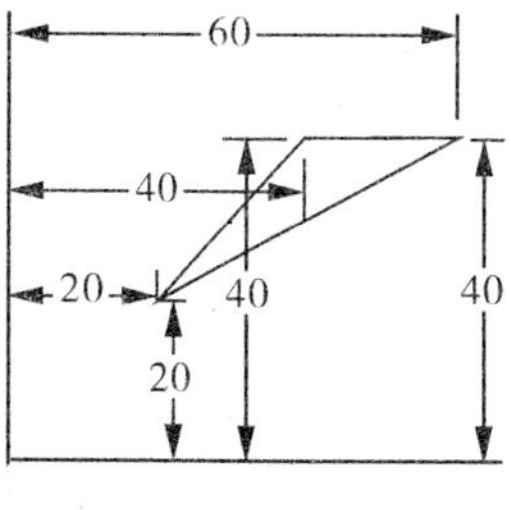

图 2-11 封闭轮廓图

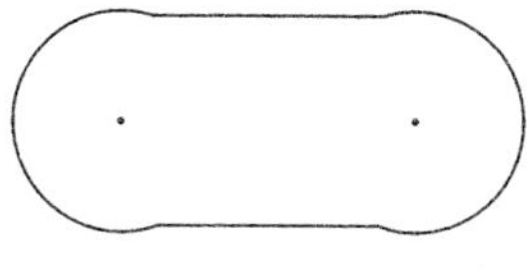

图 2-12 连续轮廓

2. 创建直线

创建直线工具包括直线、无限长线、公切线、交线和曲线的法线等。

（1）创建直线

① 在"轮廓"工具栏中单击"直线"按钮 ✑。

② 在绘图窗口中单击选择一点作为起点，移动鼠标再单击选择一点作为线的终点，然后单击 ▢ 添加尺寸约束完成直线的创建。也同样可以在"草图工具"工具栏中输入起点坐标值和终点坐标值来创建直线。

> 📢 **特别提示**：单击按钮 ✑，绘制一条直线后，系统自动结束直线的绘制；如果双击 ✑ 按钮，则可以连续绘制直线。

（2）创建无限长线

单击"轮廓"工具栏中的"直线"按钮右下三角按钮，在弹出的下拉列表中单击"无限长线" ✑ 按钮，弹出"草图工具"工具栏。在"草图工具"工具栏中有三个用于快捷创建射线的按钮：水平线 ▬、垂直线 ▮、通过两点的线 ✑，如图 2-13 所示。系统默认执行水平线操作，选择不同的按钮可以创建不同的无限长线。

图 2-13 "草图工具"工具栏

（3）创建双切线

单击"轮廓"工具栏中的"直线"按钮右下方的三角按钮，在弹出的下拉列表中单击"双切线"按钮 ✑，用鼠标依次单击选择与目标线相切的两个图形对象，系统则自动创建出双切线。

> 📢 **特别提示**：此功能要求窗口中必须有对象可选择，才可创建出双切线，所选择对象可以是两个圆（也可以是两条圆弧），根据单击圆或圆弧位置不同，系统创建的相切线位置不同。如图 2-14 所示。

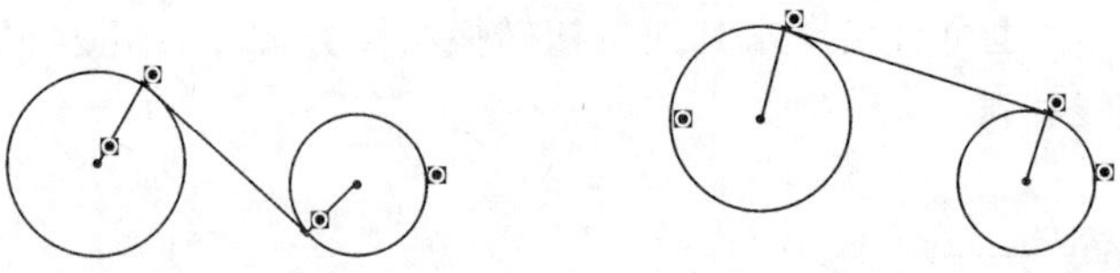

（a）在异侧选取相切点   （b）在同侧选取相切点

图 2-14 绘制双切线

（4）创建交线

单击"轮廓"工具栏中的"直线"按钮右下三角按钮，在弹出的下拉列表中单击"交线" ✑ 选项。单击选择第一条直线，再单击选取另一条直线，系统将会在两条线条夹角处创建一条角平分线，如图 2-15 所示。

📢 **特别提示**：创建交线时，如果选择的是两条不相交的平行线，系统将会在两平行线间创建出一条对称中线。

（5）创建曲线的法线

单击"轮廓"工具栏中的"直线"按钮右下三角按钮，在弹出的下拉列表中单击"曲线的法线"按钮 ，在曲线（也可以是圆弧）上单击选择一个点，系统将自动创建绘制的直线与曲线的垂直约束，即绘制一条已知曲线的法线，如图 2-16 所示。

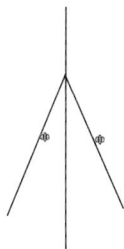

图 2-15　绘制交线图　　　　　　　　　　图 2-16　绘制曲线的法线

3. 创建约束

"约束"是对现有的草绘截面图形元素进行尺寸约束与几何约束。

几何约束的作用是约束图形元素本身的位置或图形元素之间的相对位置。当图形元素被约束时，在其附近将显示专用的符号。被约束的图形元素在改变它的约束之前，将始终保持现有状态。

尺寸约束的作用是用数值对图形对象的大小或图形对象之间的相对位置建立约束关系。尺寸约束以尺寸标注的形式标注在相应的图形对象上。被尺寸约束的图形对象只能通过改变尺寸数值来改变它的大小，也就是尺寸驱动——通过改变尺寸数值来改变图形元素的大小或位置。

（1）几何约束——线与线约束

在零件设计工作界面单击"草图"按钮 ，进入草绘模式，在草绘窗口用"直线"工具绘制两条直线如图 2-17（a）所示；在"约束"工具栏中单击"约束"按钮 ，依次选取第一条、第二条直线，系统自动显示角度值，此时继续的方式有两种：

① 光标移至适当位置单击完成角度约束，如图 2-17（b）所示。

② 或右击，在弹出的快捷菜单中执行"正交"命令，系统自动将直线以垂直的形式约束，如图 2-17（c）所示。

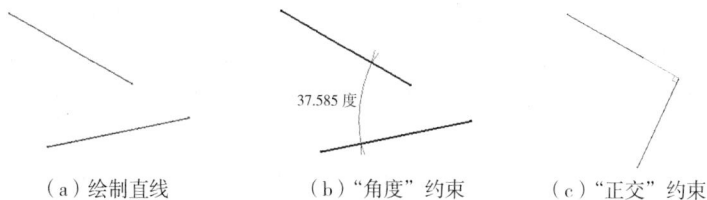

37.585 度

（a）绘制直线　　　　　　　（b）"角度"约束　　　　　　　（c）"正交"约束

图 2-17　约束两条直线角度

（2）尺寸约束——标注直线的长度

单击"约束"工具栏的"约束"按钮 ▣，选取要标注长度的直线，系统显示直线的长度值，再用鼠标拾取一点以定位标注的目标位置，完成长度标注，如图 2-18 所示。

图 2-18 标注直线长度

> 📣 **特别提示**：双击尺寸数字，在弹出的"约束定义"对话框中可以修改尺寸值。

（3）编辑多约束

"约束"工具栏中最后一个工具是"编辑多约束"按钮 ▦，单击该按钮弹出如图 2-19 所示的"编辑多约束"对话框，当前草图的所有尺寸约束都显示在对话框中。通过该对话框，可以实现尺寸约束批量修改，具体方法是，依次选中列表中的尺寸约束项，分别在列表下方的"当前值"文本框中填入新的尺寸数值，单击"确定"关闭对话框。

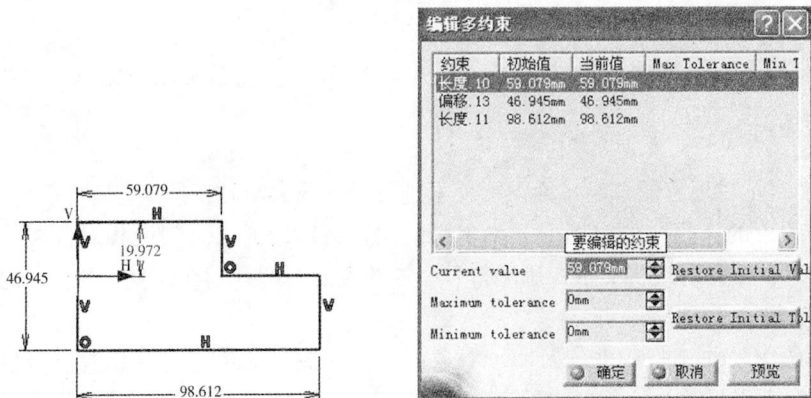

图 2-19 "编辑多约束"对话框

> 📣 **特别提示**：修改完毕必须单击对话框的"确定"按钮保存修改并关闭对话框，否则修改无效。

（4）制作约束动画

约束动画可以动态展示某个约束变化时对约束系统的影响。对于一个约束完备（又称全约束）的图形，改变其中一个约束的值，相关联的其他图形元素会随之做相应的改变。利用这种约束动画可以检验机构的约束是否完备、模拟平面机构的运动。

图 2-20 为一个曲柄滑块原理图。曲柄（尺寸 60）绕轴（原点）旋转，带动连杆（尺寸 120），连杆的另一端为滑块（一个点），滑块在导轨（水平线）上滑动。如果将曲柄与水平的角度约束（45°）定义为可动约束，其变化的范围设置为 0~360，即可检验该机构的运动情况。

绘制如图 2-20 所示的 3 条直线，并对曲柄和连杆进行约束，单击 ▣ 按钮，单击选取角度尺寸 45，随之弹出如图 2-21 所示的"对约束应用动画"对话框，系统默认第一个数

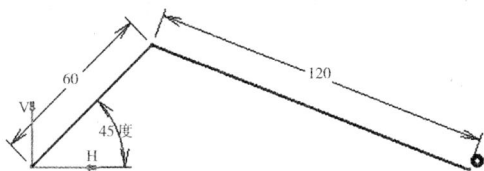

图 2-20 曲柄滑块原理图 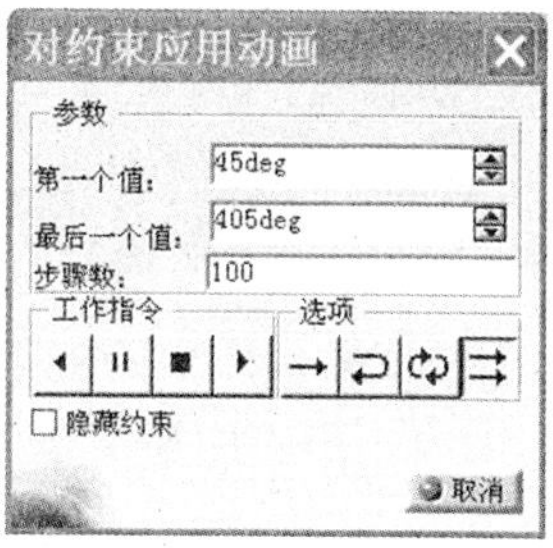　　　　　图 2-21 "对约束应用动画"对话框

值为 45，在最后一个值文本框中输入 405（即 360+45），步骤数改为 100，选择"重复"播放模式⇉，单击"播放"▶按钮开始播放。

> **特别提示**：改变步骤数可以调整播放速度，改变选项类型可以更改播放模式，勾选隐藏约束复选框可以隐藏尺寸约束以便更清晰地观察动画效果。

任务 2　解决方案

1. 进入草图设计工作台，确认"草图工具"工具栏中"几何图形约束"按钮和"尺寸约束"按钮显示为橙色（即开启几何图形约束和尺寸约束）。单击"轮廓"工具栏中"轮廓"按钮，以坐标原点为起点，绘制轮廓如图 2-22 所示。

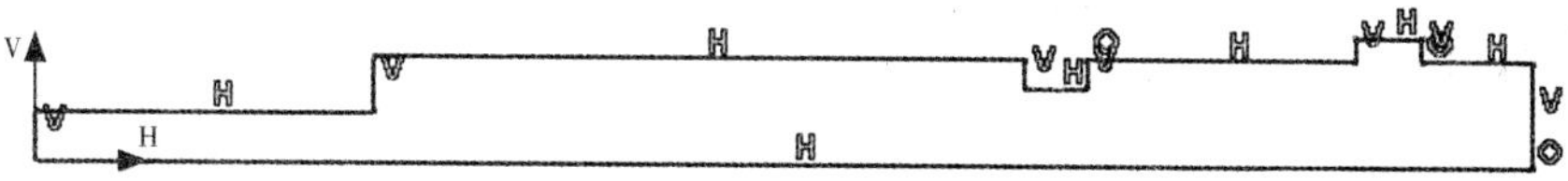

图 2-22　绘制轮廓草图

2. 鼠标双击"约束"工具栏中的"约束"■按钮（双击可连续标注），依据尺寸标注规则和方法，依次选择需要标注尺寸的边线，拖动鼠标至合适位置单击，系统自动标注所选边的长度或距离，至图形中没有白色轮廓线（全约束状态）、也没有粉红色轮廓线（过约束）为止，结果如图 2-23 所示。

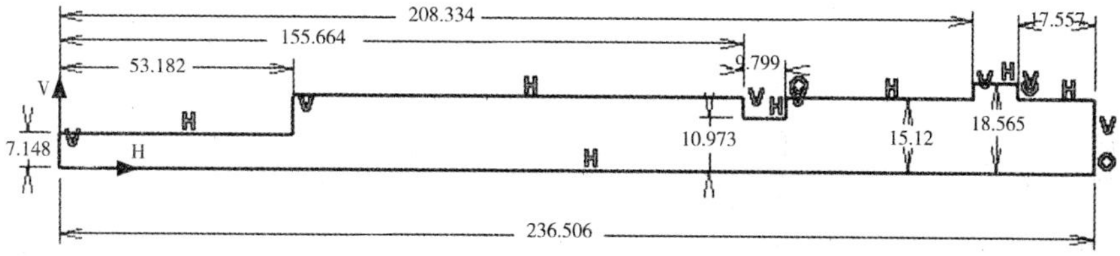

图 2-23　添加约束

3. 单击"约束"工具栏中的"编辑多约束"■按钮，弹出如图 2-24 所示的"编辑多约束"对话框。在该对话框中，按照图 2-9 所示的尺寸进行修改（依次选择图 2-24 列表中的尺寸、

在当前值文本框中输入新值)，完成后单击"确定"两次关闭对话框，结果如图 2-25 所示。

4. 按规则命名保存文件至 D:\草图练习文件夹。

图 2-24 "编辑多约束"对话框

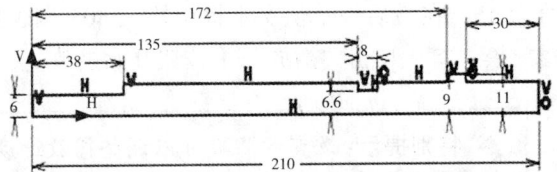

图 2-25 修改完成图

任务 3 用预定义轮廓和圆命令绘图

任务要求

1. 掌握"轮廓"工具栏中"预定义轮廓"和"圆"命令。

2. 熟练使用"约束"工具栏，对草图进行约束。

3. 绘制如图 2-26 所示的草图。

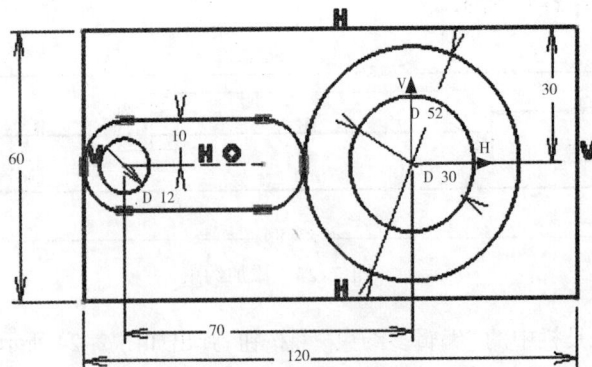

图 2-26 草图示例

相关知识

1. 创建预定义轮廓

（1）矩形

具有一定规则且由四条封闭边构成的图形叫矩形，创建方法如下：

① 单击"轮廓工具栏"中的"矩形"按钮□，在工作窗口单击拾取一点作为矩形的起点。

② 沿左上或右下方拖动鼠标，在所需位置处单击，系统自动创建如图 2-27（a）所示的矩形。

③ 运用尺寸"约束"工具添加尺寸约束，依次双击尺寸数字，在弹出的对话框中修改尺寸值，完成后如图 2-27（b）所示。

图 2-27 绘制矩形

（2）创建对齐的矩形

① 单击"轮廓"工具栏中的"矩形"按钮右侧下的三角按钮，在弹出的下拉列表中单击"对齐的矩形"选项◇。

② 在窗口中单击选择一点，作为矩形第一条边的起点。

③ 将鼠标向第一条边的另一端拖动，单击选择一点作为矩形第一条边的终点。

④ 将鼠标向创建的第一条平行侧拖动并单击，即可创建出对齐的矩形，如图 2-28 所示。

（3）创建平行四边形

其操作步骤与对齐的矩形绘制方法相同。即先确定平行四边形一边的两个端点，再确定另一条边的一个端点位置，如图 2-29 所示。

图 2-28 绘制对齐的矩形　　　　　图 2-29 绘制平行四边形

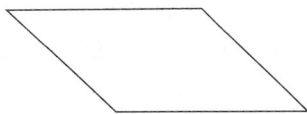

（4）创建延长孔

延长孔的命令可以用于绘制键槽、螺栓孔等的延长孔，延长孔是由两段圆弧与两条直线组成的封闭轮廓，其操作步骤如下：

① 单击"轮廓"工具栏中的"矩形"按钮右下的三角按钮，在弹出的下拉列表中单击"延长孔"选项 ◦◦ 。

② 定义中心点 1。在图形区的适当位置单击放置延长孔的一个中心点。

③ 定义中心点 2。移动光标到合适位置，单击以放置延长孔的另一个中心点，然后拖动光标至合适位置。

④ 定义延长孔上的点。移动光标至适当位置单击以确定延长孔上的点，系统即绘制出一个延长孔，如图 2-30 所示。

（5）创建圆柱形延长孔

圆柱形延长孔是由四段圆弧组成的封闭轮廓，其操作步骤如下：

① 单击"轮廓"工具栏中的"矩形"按钮右侧下的三角按钮，在弹出的下拉列表中单击"圆柱形延长孔"选项 ◦◦ 。

② 定义中心线圆弧的中心。在图形区的适当位置单击放置圆柱形延长孔的中心线圆弧的中心点。

③ 定义中心线的起始点。移动光标至合适的位置，单击放置圆柱形延长孔中心线的起始点，此时可以看到一条"橡皮筋"线附着在鼠标指针上。

④ 定义中心线的终止点。再次单击，放置圆形延长孔中心线的终止点，然后将圆柱形延长孔拖至所需大小。

⑤ 定义圆柱形延长孔上的一点。单击以放置圆柱形延长孔上的一点，系统即绘制一个圆柱形延长孔，如图 2-31 所示。

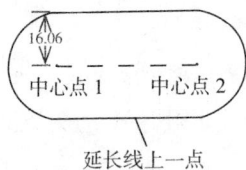

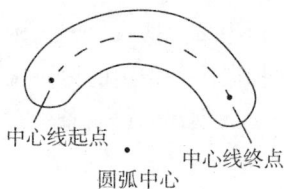

图 2-30　绘制延长孔　　　　　图 2-31　绘制圆柱形延长孔

（6）创建锁眼轮廓

① 单击"轮廓"工具栏中的"矩形"按钮右侧下的三角按钮，在弹出的下拉列表中单击"锁眼轮廓"选项 ◦ 。

② 定义大端圆弧中心点。在图形区的适当位置单击放置锁眼轮廓大端圆弧中心点。

③ 定义小端圆弧中心点。移动光标至合适的位置，单击放置锁眼轮廓小端圆弧中心点。此时可以看到一条"橡皮筋"线附着在鼠标指针上。

④ 定义小端圆弧任一点。单击以放置锁眼轮廓小端圆弧上一点。

⑤ 定义大端圆弧任一点。单击以放置锁眼轮廓大端圆弧上一点。系统即完成锁眼轮廓绘制，如图 2-32 所示。

（7）创建六边形

① 单击"轮廓"工具栏中的"矩形"按钮右侧下的三角按钮，在弹出的下拉列表中单击"六边形"选项⬡。

② 定义中心点。在图形区的任意位置单击以确定六边形的中心点，然后将六边形拖至所需大小。

③ 定义六边形上的点。在图形区再次单击以放置六边形的一条边的中点。此时，系统立即绘制一个六边形，如图 2-33 所示。

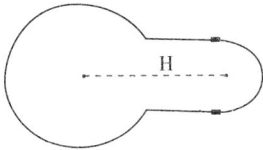

图 2-32　绘制锁眼轮廓　　　　　　　　　　　图 2-33　绘制六边形

2. 创建圆

圆的创建方法有多种，如以一点作为圆心创建圆、三点创建圆、三切线创建圆、圆弧的创建等，详细的创建方法如下。

（1）创建圆

① 在"轮廓"工具栏中单击"圆"按钮⊙。

② 定义圆的圆心。在工作窗口中单击拾取一点作为圆的圆心，再拖动鼠标至所需大小处并单击，完成圆的创建。

（2）创建三点圆

① 单击"轮廓"工具栏中的"圆"按钮右侧的下三角按钮，在弹出的下拉列表中单击"三点圆"选项◯。

② 在工作窗口单击依次拾取三点即可创建圆。

（3）使用坐标创建圆

① 单击"轮廓"工具栏中的"圆"按钮右侧的下三角按钮，在弹出的下拉列表中单击"使用坐标创建圆"选项◉，弹出"圆定义"对话框，如图 2-34 所示。

② 在"圆定义"对话框中输入圆心坐标和半径，单击"确定"按钮，即可创建出圆，如图 2-35 所示。

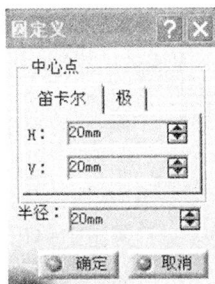

图 2-34　"圆定义"对话框　　　　　　　　　图 2-35　使用坐标创建圆

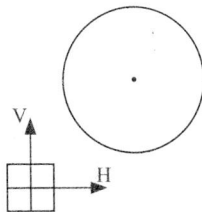

（4）创建三切线圆

单击"轮廓"工具栏中的"圆"按钮右侧的下三角按钮，在弹出的下拉列表中单击"三切线圆"选项 ⊙。依次单击选择三条直线，系统自动创建出与三条直线相切的圆。

（5）创建弧

① 创建三点弧：单击"轮廓"工具栏中的"圆"按钮右侧的下三角按钮，在弹出的下拉列表中单击"三点弧"选项 ⊙。在工作窗口某处单击，放置圆弧的一个端点，在另一位置单击，放置圆弧上的一点，最后单击放置圆弧的另一个端点，即可创建出三点弧。

② 创建起始受限三点弧：单击"轮廓"工具栏中的"圆"按钮右侧的下三角按钮，在弹出的下拉列表中单击"三点弧"选项 ⊙，在工作窗口的某处单击鼠标拾取圆弧的起点，在另一处拾取圆弧终点，最后在圆弧通过的某处单击以确定圆弧已通过点，完成起始受限三点弧的创建。

③ 创建弧：单击"轮廓"工具栏中的"圆"按钮右侧的下三角按钮，在弹出的下拉列表中单击"三点弧"选项 ⊙，在工作窗口某处单击确定圆弧圆心，然后将圆弧拉至合适大小，在圆形区内单击两点以确定圆弧的两个端点，即完成圆弧创建。

3. 创建约束

（1）圆与圆约束

在"草图编辑器"工具栏中单击"草图"按钮，进入草绘模式，在工作窗口绘制两个圆，如图2-36（a）所示。

在"约束"工具栏中单击"约束"按钮 ⊞，选取大圆，再选取小圆，系统自动在两圆最近点处标注出距离值如图2-36（b）所示。也可以先选取两圆，在"约束"工具栏中单击"约束"按钮 ⊞，会出现"约束定义"对话框，如图2-37所示。在对话框中选中"距离"复选框，单击确定完成。

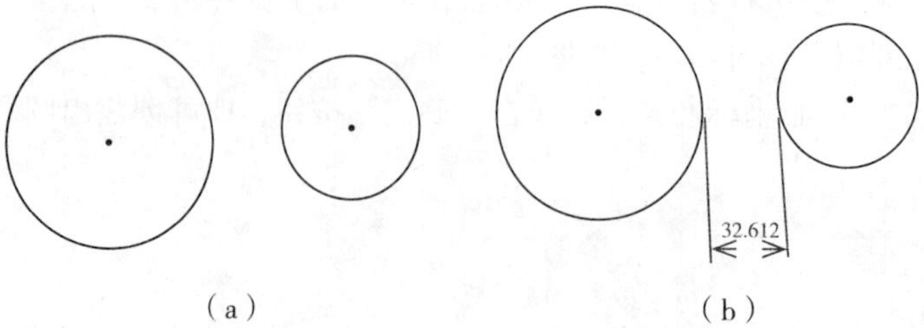

□距离	□修正
□长度	□相合
□角度	□同心
□半径／直径	□相切
□半长轴	□平行
□半短轴	□正交
□对称	□水平
□中点	□垂直
□等距点	

确定   取消

32.612

（a）   （b）

图2-36 绘制圆与圆的约束   图2-37 "约束定义"对话框

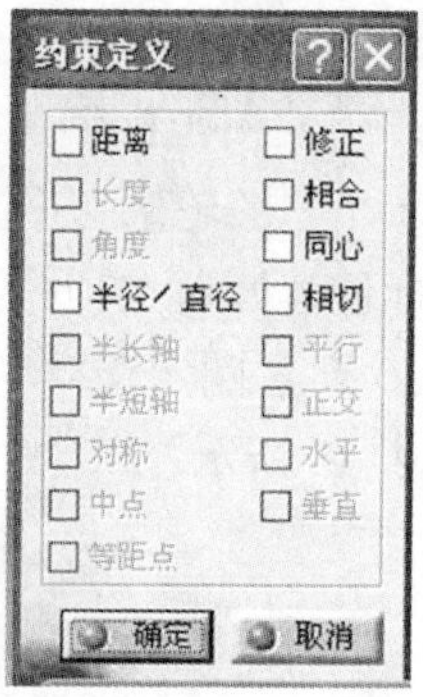

（2）圆与线约束

进入草绘模式，分别绘制一条线与一个圆，在"约束"工具栏中单击"约束"按钮 ⊞，依次选取圆与直线，系统自动显示出尺寸约束，右击，在弹出的快捷菜单中执行"相切"命令，图形约束状态如图2-38所示。

（3）尺寸——标注直径

在"约束"工具栏中单击"约束"按钮,选取所需标注直径的圆,系统将显示出直径值,再拾取一点定位尺寸的目标位置,完成尺寸标注,如图2-39所示。

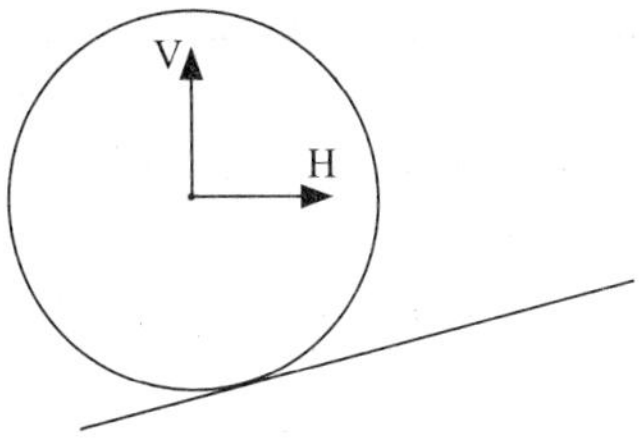

图2-38　圆与线约束 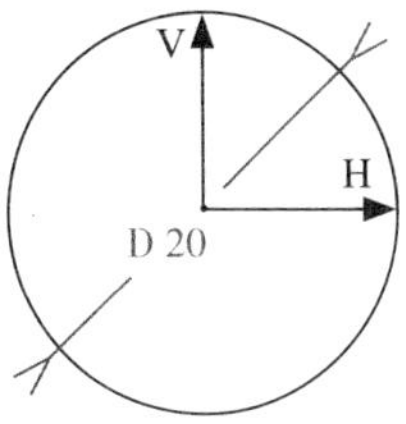　　　　　　　　　　图2-39　标注直径

任务3　解决方案

1.进入草图设计工作台,确认"草图工具"工具栏中"几何图形约束"按钮和"尺寸约束"按钮显示为橙色（即开启几何图形约束和尺寸约束）。

2.绘制矩形和延长孔:参照图2-26,在"轮廓"工具栏中依次单击"矩形"和"延长孔"按钮,分别绘制矩形和延长孔,如图2-40所示。

3.绘制圆:在"轮廓"工具栏中双击"圆"按钮 ⊙ ,以坐标原点为圆心,绘制同心圆,以延长孔一点为圆心绘制延长孔内小圆,如图2-41所示。

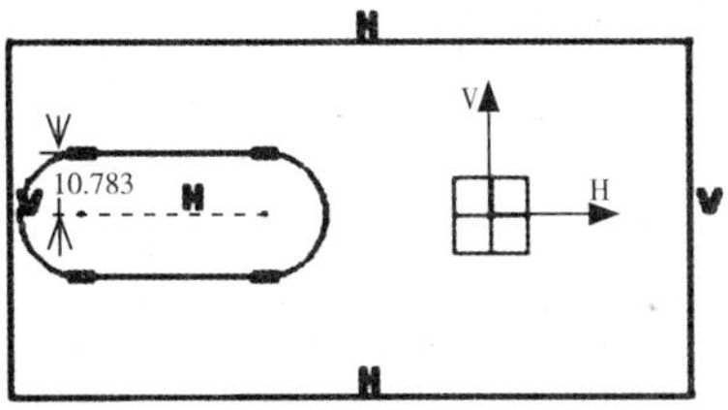

图2-40　绘制矩形和延长孔图 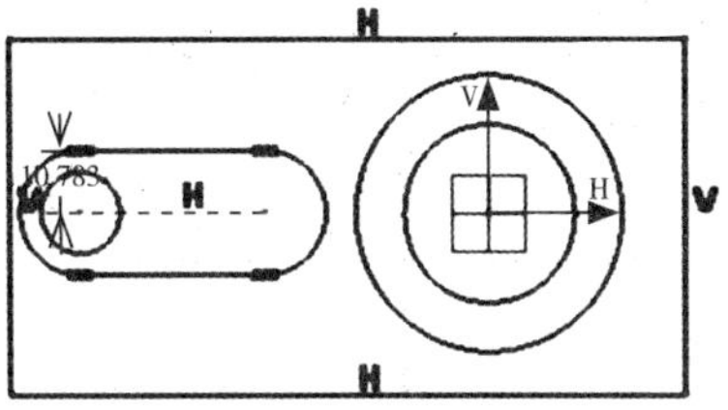　　　　　图2-41　绘制同心圆及延长孔内小圆

4.相切约束:按住"Ctrl"键的同时依次单击延长孔与圆相切的圆弧和圆（同时选中两个对象）,单击"约束"工具栏中"约束"按钮 █ ,在弹出的"约束定义"对话框中勾选"相切"复选框（如图2-42所示）,单击"确定"完成几何位置约束。同理完成矩形左侧边线和延长孔与矩形相交圆弧的相切约束,如图2-43所示。

5.同心圆直径约束:单击"约束"工具栏中"约束"按钮 █ ,分别选中两圆,对两个同心圆进行约束。

6.约束延长孔内小圆直径:按照步骤5,对延长孔内小圆进行约束。

7.约束延长孔内小圆中心与坐标原点距离:按住"Ctrl"键,同时选中小圆中心和坐标原点,单击"约束"按钮 █ ,进行距离约束。

8.分别选中延长孔的中心线和坐标轴横轴,单击"约束"工具栏中"约束"按钮 █ ,在弹出的"约束定义"对话框中勾选"相合"复选框（如果延长孔的中心线和坐标轴已经相合,则此步骤可以省略）。

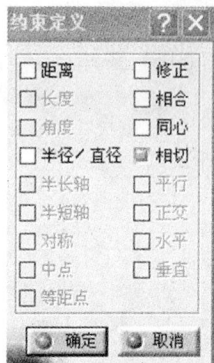

图 2-42 "约束定义"对话框   图 2-43 相切约束

9. 约束矩形：单击"约束"按钮▣，分别选中矩形长和宽，进行尺寸约束。

10. 约束矩形边与坐标横轴的距离：单击"约束"按钮▣，选中矩形上边线与坐标横轴，进行距离约束。约束后的图形如图 2-44 所示。

11. 单击"约束"工具栏中的"编辑多约束"按钮▣，在出现的"编辑多约束"对话框中进行尺寸修改，完成后单击"确定"关闭对话框，结果如图 2-45 所示。

12. 按规则命名保存文件，安全退出 CATIA。

图 2-44 约束图形   图 2-45 编辑多约束后

任务 4 用多边形和椭圆命令绘图

任务要求

1. 掌握"椭圆"工具栏的应用。
2. 熟悉使用"样条线"。
3. 熟练使用"约束"工具。
4. 绘制图 2-46，并进行相关约束。

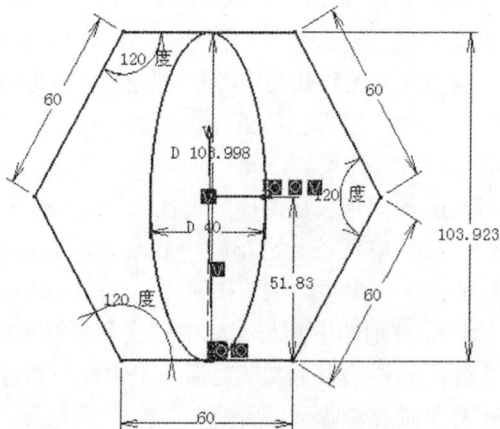

图 2-46 例图

相关知识：

1. 创建二次曲线

（1）创建椭圆

以一点作为椭圆圆心，再通过定义长轴与短轴来定义椭圆，详细创建方法如下：

在"轮廓"工具栏中单击"椭圆"按钮◯，在工作窗口任意位置单击定义椭圆的中心点，再在任意位置拾取点以定义椭圆长半轴的端点，最后单击拾取短半轴端点，即可创建出椭圆。也可以在"草图工具"工具栏中输入各项参数创建椭圆。

（2）创建抛物线

单击"轮廓"工具栏中"椭圆"按钮右侧的下三角按钮，在弹出的下拉列表中单击"按焦点的抛物线"选项▽，在工作窗口单击确定焦点位置，然后再确定顶点位置，最后确定抛物线两端点位置，即可创建抛物线曲线。也可以在"草图工具"工具栏中输入焦点坐标值、顶点坐标值后，再选择抛物线的起点和终点，完成抛物线的创建。

（3）创建双曲线

此操作步骤与通过焦点创建抛物线相似，所不同的是创建抛物线需要确定4个点的位置，而创建双曲线则需要确定5个点的位置，分别为焦点、中心（渐近线交点）、顶点和双曲线上的两点。

（4）创建圆锥曲线

在"轮廓"工具栏中单击"圆锥"按钮 ↘，弹出的"草图工具"工具栏中有多个创建圆锥选项命令，分别为最近端点 ↙、两个点 ⌒、四个点 ⌒、五个点 ⌒、起点与终点相切 ↗、相切交点 ⋏。其中两个点、四个点、五个点属于圆锥创建类型选项，最近端点、起点与终点相切、相切交点属于圆锥创建选项。

① 两个点创建圆锥：允许根据两个点（起点或终点）来创建二次曲线，并通过这两个点的切线和一个穿越点来创建圆锥曲线。

② 四个点创建圆锥：允许根据四个点（起点、终点以及两个中间穿越点）和其中一点上的切线来创建二次曲线。其中中间穿越点必须按逻辑顺序选择。

③ 五个点创建圆锥：允许根据五个点（起点、终点以及三个中间穿越点）来创建二次曲线。其中要注意中间穿越点必须按逻辑顺序，不能在其中任何一点上定义切线。

④ 最近端点：允许基于现有曲线创建圆锥。

⑤ 起点与终点相切：允许定义"两个点"和"四个点"两种类型的起点与终点切线。

⑥ 相切交点：只适用于"两个点"类型，允许定义起点和终点相切的相交点。注意：选择此模式将同时取消"起点与终点相切"模式。

2. 创建样条线

样条线是通过多个点的平滑曲线，也可在两条直线间创建样条曲线连接，以图2-47为例说明绘制样条线的一般过程。

（1）创建样条线

① 在"轮廓"工具栏中单击"样条线"按钮 。

② 在工作窗口连续单击拾取几个通过样条线的控制点，在样条线的最后端点处双击，结束样条线的绘制，如图 2-47 所示。

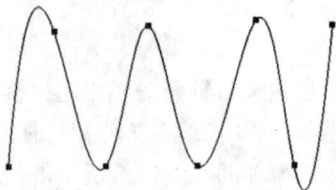

图 2-47 绘制"样条线"

📢 **特别提示：**

① 结束样条有三种方法：按两次"ESC"键；单击工具栏中"样条线"按钮；在绘制样条线的结束点双击。

② 在绘制过程中，如果想创建出封闭形式的样条线，可随时右击，在弹出的快捷菜单中执行"结束样条"命令，将会自动创建出具有连续曲率的封闭样条线。

（2）创建连接

单击"轮廓"工具栏中的"样条线"按钮右侧下的三角按钮，在弹出的下拉列表中单击特定的"连接"选项。样条的连接方式有弧连接 、样条连接 、点连接 、相切连接 和曲率连续 等。

3. 创建轴

轴一般作为圆柱、孔、旋转特征的中心线，轴的创建方式如下：

（1）在"轮廓"工具栏中单击"轴"按钮 。

（2）在工作窗口两个不同位置依次单击，即可创建出轴，如图 2-48 所示。

图 2-48 创建"轴"

📢 **特别提示：** 每个草图只能创建一条轴，如果创建第二条轴，则第一条轴将自动变换成构造线（轴在图形区显示为点划线，构造线在图形区显示为虚线）。如果在创建轴之前已经选择了一条直线，则该直线将自动变为轴。轴不能直接作为草图轮廓，只能作为旋转实体或旋转曲面的中心线。

4. 创建点

有多种方法可以创建点，如通过单击的方式创建点，使用坐标创建点、等距点、相交点、投影点。具体创建方法如下：

（1）单击创建点

在"轮廓"工具栏中单击"通过单击创建点"按钮■，弹出"草图工具"工具栏，可以通过输入点坐标值来创建。也可以双击按钮■，在工作窗口连续单击即可创建出多个点。

（2）使用坐标创建点

单击"轮廓"工具栏中的"通过单击创建点"按钮■右侧的下三角按钮，在弹出的下拉列表中单击"使用坐标创建点"按钮■，通过直角坐标或极坐标的方式来创建点。与"通过单击创建点"工具不同的是，该工具通过对话框的方式来输入相应的坐标值，如图 2-49 所示。

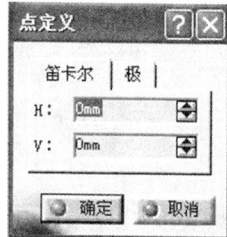

（3）创建等距点

图 2-49 "点定义"对话框

单击"轮廓"工具栏中的"通过单击创建点"按钮■右侧的下三角按钮，在弹出的下拉列表中单击"等距点"按钮■，在工作窗口中单击选择一条线，弹出"等距点定义"对话框，选择的线将显示多个等距点，如图 2-50 所示。

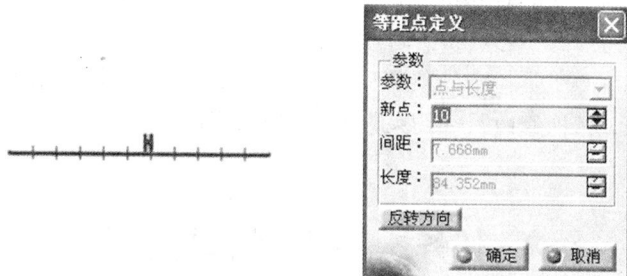

图 2-50 绘制"等距点"

在"等距点定义"对话框中可调整点的个数，也可通过单击"反转方向"按钮更改等距点的创建方向。如果再单击直线或曲线的一个端点，则该点作为等距的起点，且"等距点定义"对话框中的"参数"列表被激活，如 2-51 所示。据此可以按不同模式定义等距点。

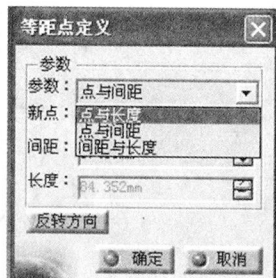

图 2-51 两种方式"等距点定义"对话框

（4）创建相交点

单击"轮廓"工具栏中的"通过单击创建点"按钮 **:** 右侧的下三角按钮，在弹出的下拉列表中单击"相交点"选项 **×**。在工作窗口依次选择两条线，系统自动在两条线交点处创建点，线条可以是直线与直线、圆弧与直线、样条曲线与直线等。

（5）创建投影点

单击"轮廓"工具栏中的"通过单击创建点"按钮 **:** 右侧的下三角按钮，在弹出的下拉列表中单击"投影点"选项 **:**。在工作窗口框选多个点，再选择点将要投影至的曲线，选取的点将自动投影到曲线上（以正投影方式在目标线上创建出相同数量的点），如图 2-52 所示。

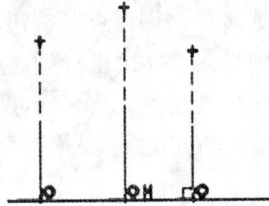

图 2-52 创建投影点

任务 4 解决方案

1. 单击"轮廓"工具栏中的"矩形"按钮右侧的下三角按钮，选中"六边形"工具，以坐标原点为六边形的中心点，绘制六边形。

2. 单击"轮廓"工具栏中的"椭圆"按钮，在六边形内绘制椭圆。

3. 创建约束，依次修改尺寸约束数值，完成如图 2-46 所示的草图绘制。

任务 5   草图编辑与分析

任务要求

1. 运用编辑工具，采用恰当的方法绘制如图 2-53 所示的图形。

2. 运用草图分析工具分析检查草图。

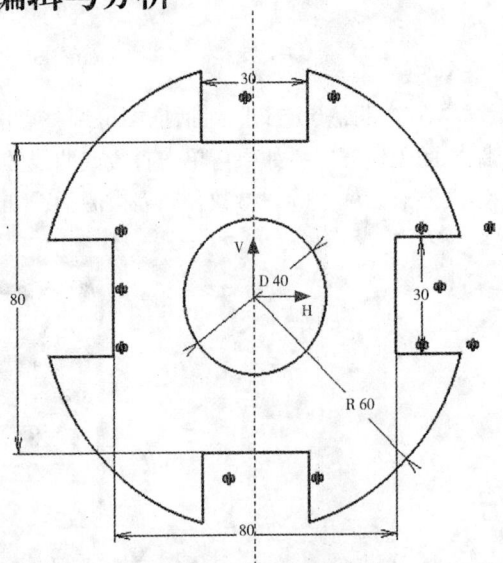

图 2-53 任务 5 示例图

相关知识

运用草图编辑工具可以对绘制的图形进行编辑和修饰，编辑工具均位于"操作"工具栏中。包括倒圆角、倒直角、修剪等。也可以进行变换、3D 投影操作，利用镜像、对称、平移、旋转等动作，建立新的草图特征。

1. 创建圆角

在两直线之间可以创建圆角（与两条线相切的弧），操作步骤如下：

（1）在"操作"工具栏中单击"圆角"按钮 $\curvearrowleft$，弹出的"草图工具"工具栏上增加如图 2-54 所示的创建"圆角"选项。系统默认执行"修剪所有元素"操作（即第一个选项被激活）。

图 2-54　"草图工具"工具栏

（2）在工作窗口中单击选择第一条线，再单击选择第二条线，拖动鼠标至某处单击以定义倒角大小，修剪后的效果如图 2-55 所示。

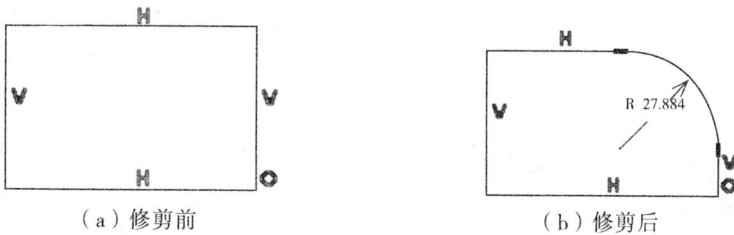

（a）修剪前　　　　　　　　　　　（b）修剪后

图 2-55　修剪后效果图

系统提供的六种创建圆角的方式，分别为"修剪第一个元素" $\curvearrowleft$、"不修剪" $\curvearrowleft$、"标准线修剪" $\curvearrowleft$、"构造线修剪" $\curvearrowleft$、"构造线未修剪" $\curvearrowleft$，如图 2-56 所示为各种倒圆角效果的对比状态。

修剪第一元素　　　　不修剪　　　　标准线修剪　　　　构造线修剪　　　构造线未修剪

图 2-56　倒圆角效果图

2. 创建倒角

在两条直线之间可以倒角，具体操作如下：

在"操作"工具栏中单击"倒角"按钮 $\square$，系统默认执行修剪所有元素操作。在工作窗口单击选择第一条曲线，再单击选择第二条曲线，最后单击选择一点定义倒角大小，完成倒角。

在"草图工具"工具栏有多个"倒角"选项，如"修剪第一个元素" ⌒、"不修剪" ⌒、"标准线修剪" ⌒、"构造线修剪" ⌒、"构造线未修剪"按钮⌒。其使用方法与圆角工具相同。与圆角工具不同的是，倒角模式有三种，分别为：角度及斜边、第一及第二长度、角度及第一长度。如图 2-57 所示为倒角后的图形，主要是从尺寸约束上区分倒角的形式。

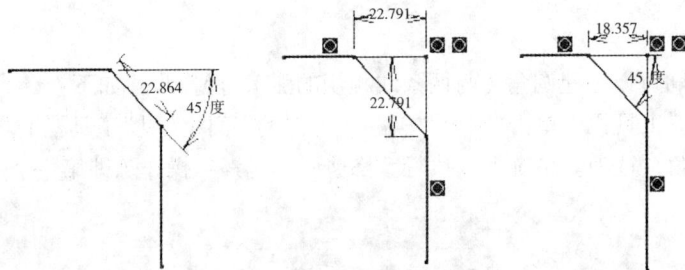

图 2-57　倒角图

3. 修剪图元

展开位于"操作"工具栏上的"修剪"工具包括：修剪、快速修剪、断开、封闭弧、补充等 5 个选项按钮，具体操作如下：

（1）修剪

① 单击"操作"工具栏中的"修剪"按钮×。

② 选择第一条直线，然后将光标置于要修剪的元素上，则该元素也突出显示，并且两条直线均被修剪（选择的部分被保留，另一端均被修剪），如图 2-58 所示。

图 2-58　修剪线

> 📢 **特别提示**：系统中修剪有两种模式选项，系统默认为"修剪所有元素"选项，另一种为"修剪第一个元素"，读者可以在练习中比较、理解其用法。

（2）快速修剪

① 单击"操作"工具栏中的"修剪"按钮右侧的下三角按钮，在弹出的下拉列表中单击"快速修剪"按钮⌀，系统默认执行"断开及内擦除"按钮操作。在工作窗口中单击选择所需擦除的曲线，如图 2-59（a）所示。修剪后如图 2-59（b）所示，如需擦除其他的线条，可执行同样的修剪操作。

> **特别提示**：系统提示了三种快速修剪模式，默认情况下为"断开及内擦除"，另外两种修剪模式为"断开及外擦除"和"断开并保留"模式。

② 单击"快速修剪"工具后，在草图工具栏单击"断开及外擦除" 选项，在工作窗口中单击选择所需擦除的曲线，系统自动修剪选择线的另一侧，修剪后如图 2-59（c）所示。

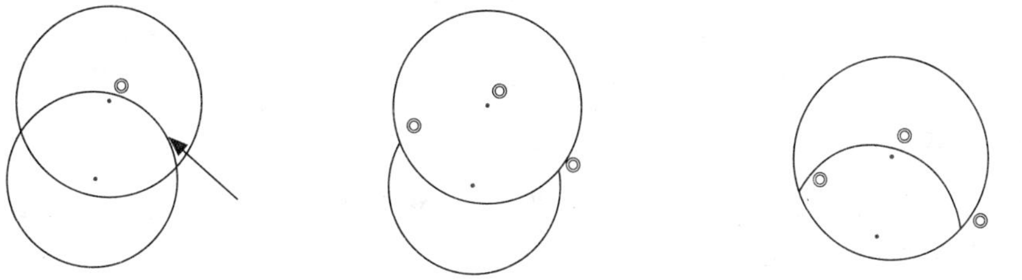

（a）修剪前　　　　　　　（b）"断开及内擦除"修剪　　　　　（c）"断开及外擦除"修剪

图 2-59　快速修剪

③ 单击"快速修剪"工具后，在草图工具栏单击"断开并保留"选项 ，在工作窗口选择所需断开的线，如图 2-60（a）所示，断开的直线自动显示出几何约束，如图 2-60（b）所示，完成线条断开后，线条分成三段。

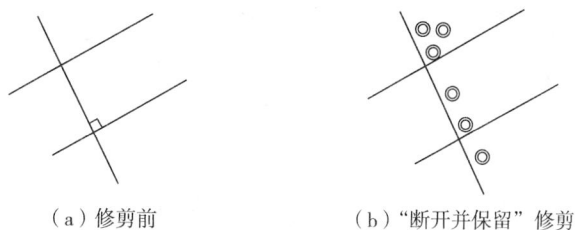

（a）修剪前　　　　　　　　　　　（b）"断开并保留"修剪

图 2-60　快速修剪——"断开并保留"效果

（3）断开

单击"操作"工具栏中的"修剪"按钮右侧的下三角按钮，在弹出的下拉列表中单击"断开"选项 ，选择需要断开的曲线，然后选择中断的位置，则该曲线从单击点处断开。如果中断点不在曲线上，则将从该点在曲线上的投影点处断开。

（4）封闭图元

当创建的图形不完整时，特别是创建圆、椭圆时，可通过关闭的方式将其补全，详细创建：单击"操作"工具栏中的"修剪"按钮右侧下三角按钮，在弹出的下拉列表中单击"封闭弧"选项 。在工作窗口中单击所需封闭的对象，系统自动完成封闭创建。封闭的图元可以是椭圆、样条线，如图 2-61 所示。

（5）补充图元

补充可以将不完整的部分椭圆形、部分圆形等图形，转换成与其互补的圆形。单击"操作"工具栏中的"修剪"按钮右侧下三角按钮，在弹出的下拉列表中单击"补充"选项 。在工作窗口中单击所需补充的图元，系统自动完成补充创建。要补充的图元可以是椭圆或圆形曲线，补充的是图形对象的缺少部分，已有部分将不显示，如图 2-62 所示。

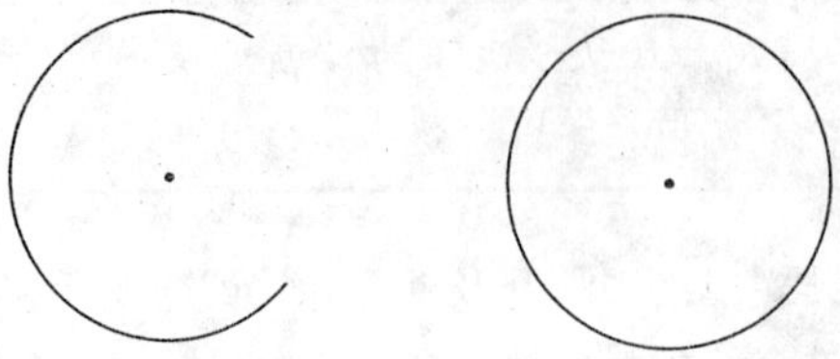

（a）圆弧　　　（b）"封闭"弧　　　　　（a）圆弧　　　（b）"补充"圆弧

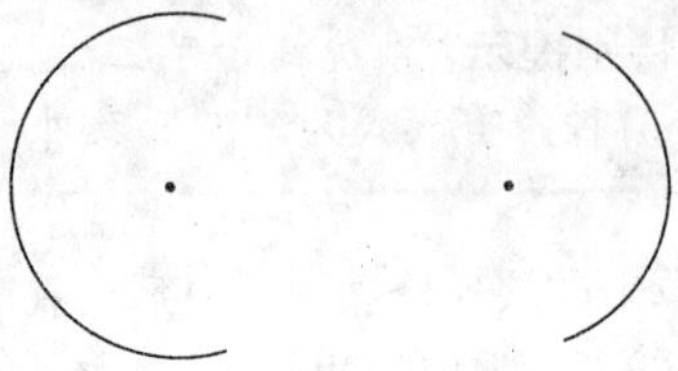

图 2-61　关闭图元　　　　　　　　　　　图 2-62　补充图元

4.图形变换

展开"操作"工具栏的"镜像"按钮，包括：镜像、对称、平移、旋转、缩放、偏移等 6 个常用图形编辑命令。

（1）镜像

以一条线（或轴）作为镜像轴，复制出与原图形对称的图形。单击"操作"工具栏中的"镜像"按钮 ，在窗口中单击选择所需镜像的图元，单击选择镜像轴，完成镜像后的图元如图 2-63 所示。

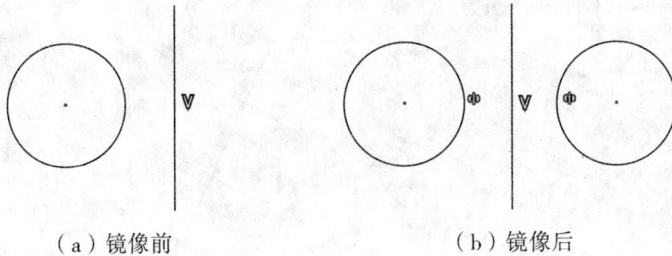

（a）镜像前　　　　　　　　（b）镜像后

图 2-63　镜像图元

（2）对称

单击"操作"工具栏中的"对称"按钮 ，操作与镜像相同，只不过对称后则删除原图形。如图 2-64 所示。

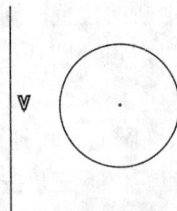

图 2-64　对称图元

（3）平移

单击"平移"选项 ，弹出"平移定义"对话框，如图 2-65（a）所示。在工作窗口选取所需平移的元素，然后单击以指示平移向量的起点，可以使用鼠标在几何区域中定义平移长度。平移后图元如图 2-65（b）所示。

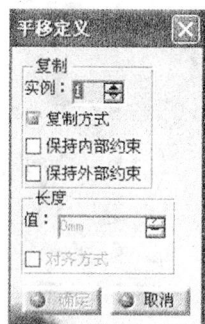

（a）"平移定义"对话框　　　　　　　　（b）平移后图元

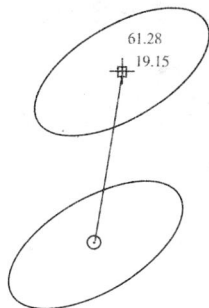

图 2-65　平移图元

> **特别提示**：在"平移定义"对话框中选中"保持内部约束"复选框则会在平移过程中保留应用于选定元素的内部约束，选中"保持外部约束"复选框则会在平移过程中保留选定元素和外部元素之间存在的任何外部约束。

（4）旋转图元

单击"旋转"选项 ⚙，弹出"旋转定义"对话框，如图 2-66（a）所示。在工作窗口选取所需的旋转的图元（如椭圆），选取椭圆后，系统弹出"草图工具"工具栏，在工作窗口单击选择椭圆圆心作为图形旋转中心点，在选择一点作为角的定义参考线，选取的椭圆将会跟随椭圆圆心在 360° 方向上旋转，如图 2-66（b）所示。

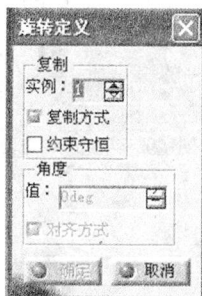

（a）"旋转定义"对话框　　　　　　　　（b）旋转后图元

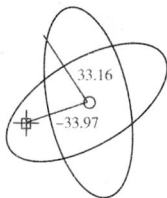

图 2-66　旋转图元

> **特别提示**：取消"旋转定义"对话框中"复制方式"，则图元本身进行旋转，不进行复制。

（5）缩放图元

单击"缩放"选项 ⚙，弹出"标度定义"对话框，如图 2-67（a）所示。在工作窗口选取所需缩放的图元，在工作窗口单击选择椭圆圆心作为原型缩放中心点，选取的椭圆将自动进行缩小，如图 2-67（b）所示。

（a）"标度定义"对话框   （b）缩放后图元

图 2-67   缩放图元

📢 **特别提示**：如果想将图形放大，可在"标度定义"对话框设置缩放值。缩放图形时，如果输入的缩放值大于 1，则说明图形放大，反之图形缩小。

（6）偏移图元

单击"偏移"选项 ，系统在"草图工具"工具栏上提供四种偏移方式，默认执行无传播操作 。在工作窗口选择偏移元素如图 2-68（a）所示，选择一点定位偏移元素的目标位置，偏移的图元如图 2-68（b）所示。单击"相切传播"按钮 ，创建的偏移元素如图 2-68（c）所示；单击"点传播"按钮 ，创建的偏移元素如图 2-68（d）所示。另外用户可以选择"双向偏移"按钮 ，创建的偏移元素将进行双向偏移。

（a）绘制元素   （b）偏移图元   （c）"相切传播"创建图元   （d）"双向偏移"创建图元

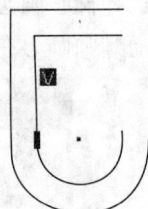

图 2-68   偏移图元

5. 投影 3D 元素

展开"操作"工具栏上的"投影 3D 元素"按钮 ，包括：投影 3D 元素、与 3D 元素相交、投影 3D 轮廓边等 3 个编辑选项，其使用方法前已述及，读者可实例练习理解、掌握其用法。

6. 草图分析

完成草图绘制之后，应该对它进行一些简单的分析。在分析草图的过程中，系统显示草图未完全约束、已完全约束和过度约束等状态，然后通过此分析可进一步修改草图，从而使草图完全约束。草图分析工具位于"工具"栏的最后一个按钮（如图 2-69 所示），展开包括草图分析、草图状态解析两个选项。

草图状态解析就是对草图轮廓做简单的分析，判断草图是否完全约束。

在"工具"栏中，单击"草图分析"按钮 ，系统弹出"草图分析"对话框。此时，对话框中显示如图 2-70 所示的字样，表示该草图完全约束。

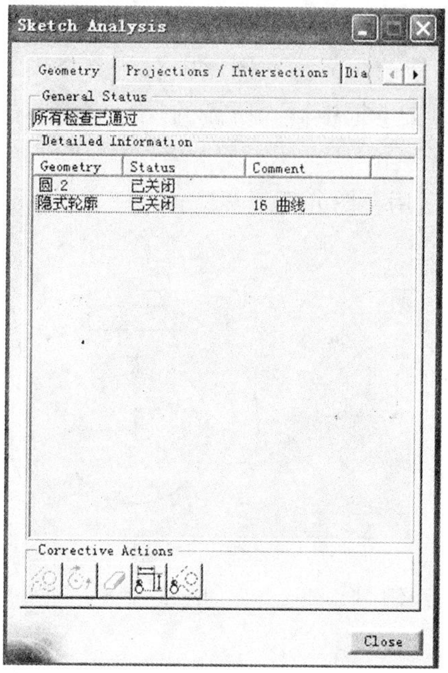

图 2-70 "草图分析"对话框

图 2-69 草图分析工具

任务5　解决方案

1. 进入草图设计工作台,确认"草图工具"工具栏中"几何图形约束"按钮和"尺寸约束"按钮显示为橙色（即开启几何图形约束和尺寸约束）。

2. 单击"轮廓"工具栏中的"圆"按钮,在图形区中捕捉原点,绘制图 2-71（a）所示的圆。

3. 单击"轮廓"工具栏中的"矩形"按钮,在图形区中绘制图 2-71（b）所示的矩形。

4. 创建约束:按住"Ctrl"键的同时,在图形区选取图 2-71（b）所示的直线 1、直线 2 和 V 轴为对称元素。选择"约束"命令中的按钮 🖳,系统弹出"约束定义"对话框。在对话框中选中"对称"复选框。单击"确定"完成对称约束,如图 2-71（c）所示。

5. 创建镜像特征:按住"Ctrl"键的同时,在图形区选取所绘制的矩形的 4 条边线。单击"镜像"工具,然后在图形区选取 H 轴指定为镜像方向完成镜像如图 2-71（d）所示。

6. 重复步骤 3,在图形区中绘制图 2-71（e）所示的矩形。

7. 参照步骤 4,完成对称约束如图 2-71（f）所示。

8. 重复步骤 5,完成图形镜像如图 2-71（g）所示。注意:图形区中选取 V 轴为镜像方向。

9. 修剪图形:双击"操作"工具栏中"修剪"按钮 🖉,在图形区中选取图中所示的直线 1 为要去掉的部分。再依次选取图中其他要修剪的部分,修剪结果如图 2-71（h）所示。

10. 创建尺寸约束。

（1）标注尺寸。在"约束"工具栏中双击"约束"按钮。该按钮呈现高亮,选取图 2-71（h）所示的圆,在光标处出现尺寸时,在合适位置单击确定尺寸的放置位置。同理,进行其他元素的尺寸标注，如图2-71（i）所示。

（2）修改尺寸。在图形中双击要修改的尺寸，系统弹出"约束定义"对话框。在此对话框的文本框中输入所需的尺寸值，单击"确定"按钮，完成尺寸的修改。结果如图2-71（j）所示。

11. 运用草图分析工具检查草图。

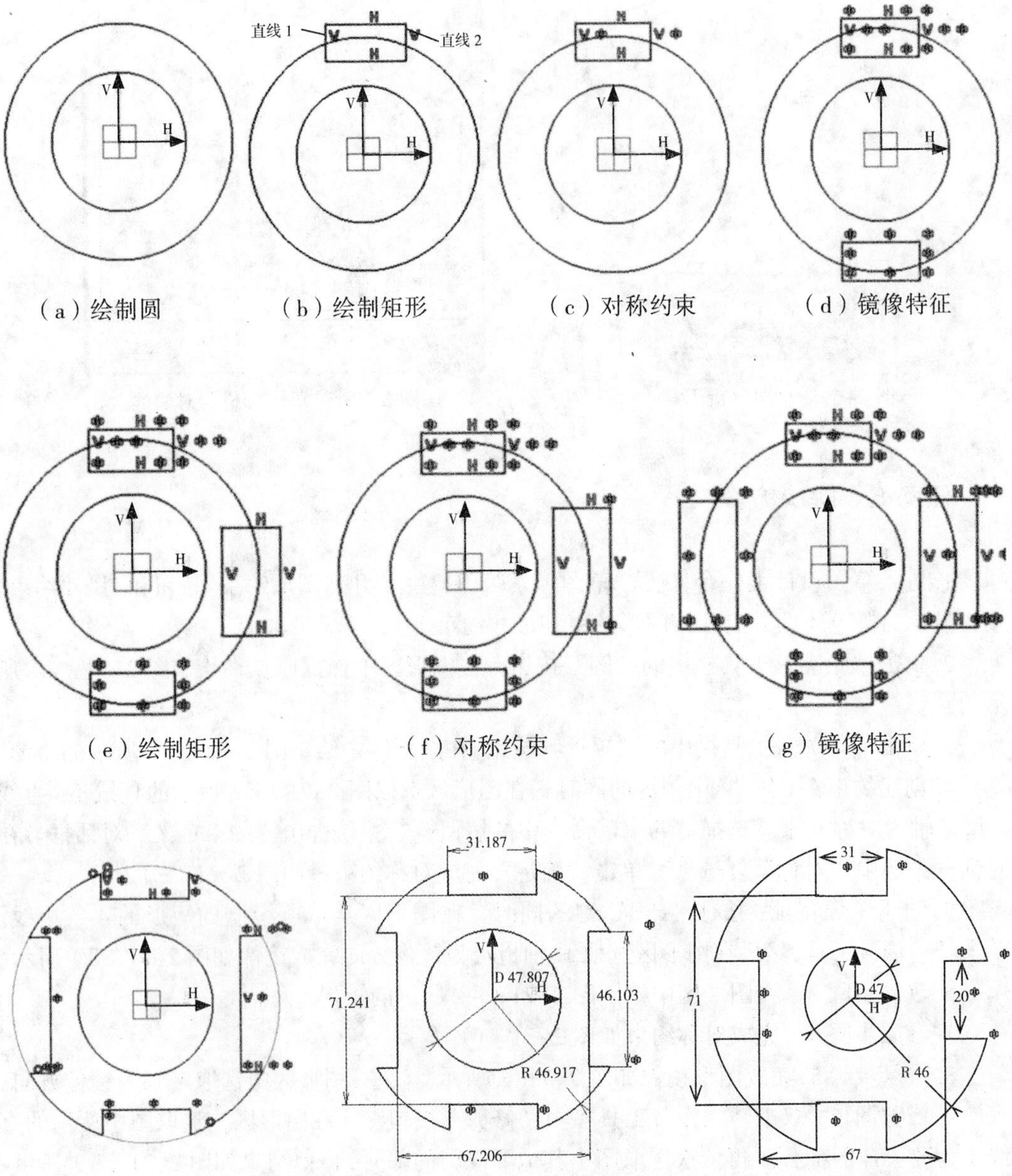

（a）绘制圆　　　　（b）绘制矩形　　　　（c）对称约束　　　　（d）镜像特征

（e）绘制矩形　　　　　（f）对称约束　　　　　（g）镜像特征

（h）修剪图形　　　　（i）标注尺寸　　　　（j）示例图

图 2-71　示例图

思考与练习2

1. 在 CATIA 中完成如下（1）~（10）所示的草图及其约束。

（1）

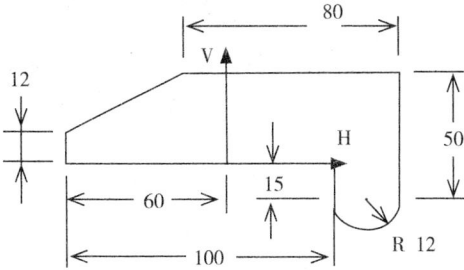

（2）

（3）

（4）

（5）

（6）

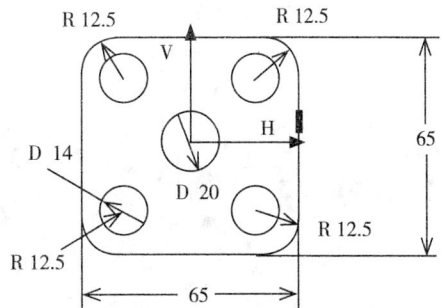

（7）

（8）

（9）

（10）

项目 3

零件设计

学习目标

1. 掌握基于草图创建三维实体的方法。
2. 掌握三维实体特征变换与修饰。
3. 掌握基于曲面与布尔操作创建三维实体的方法。

任务 1　零件设计的基础

任务要求

1. 了解 CATIA 零件设计流程，创建 CATIA 零件设计文档。
2. 建立机用虎钳的零件设计文档，设置相应属性。

相关知识

1. 零件设计基础

零件设计模块是 CATIA 中进行机械零件三维精确设计的功能模块，在众多同类三维 CAD 软件中，其界面直观易懂，可操作性灵活。

零件设计的方法有两种，一种是以立方体、圆柱体、球体、锥体等为基本体素，通过交、并、差等集合运算，生成更为复杂的形体；一种是以草图为基础，建立基本的特征，以修饰特征方式创建形体。本项目所要介绍的零件设计方法以第二种方法为主。

零件设计工作环境如图 3-1 所示。

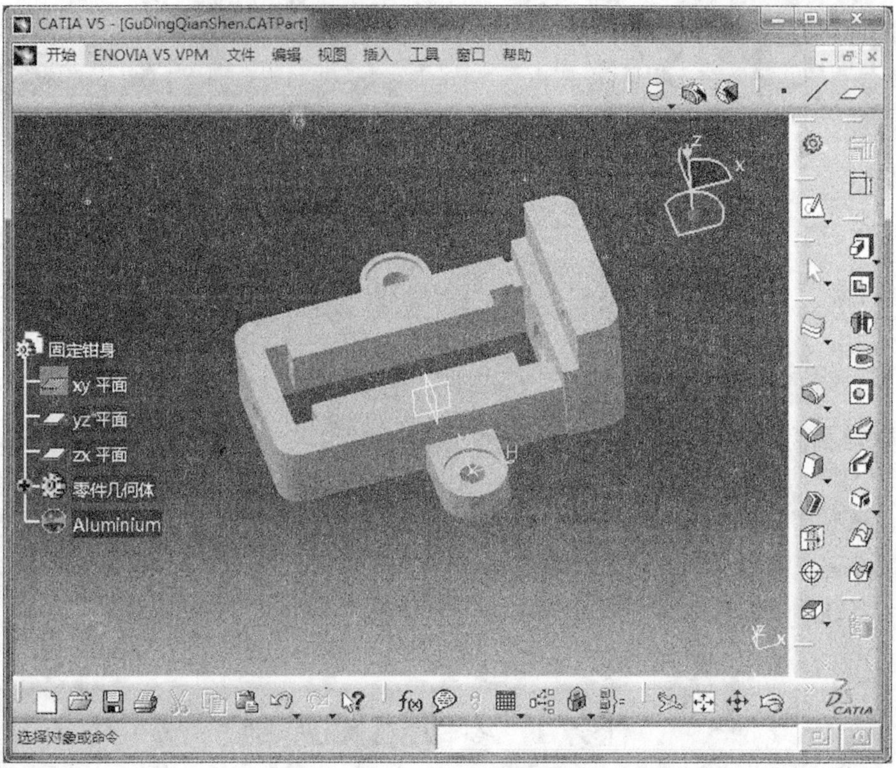

图 3-1　零件设计工作环境

零件设计常用的工具栏如图 3-2 所示。

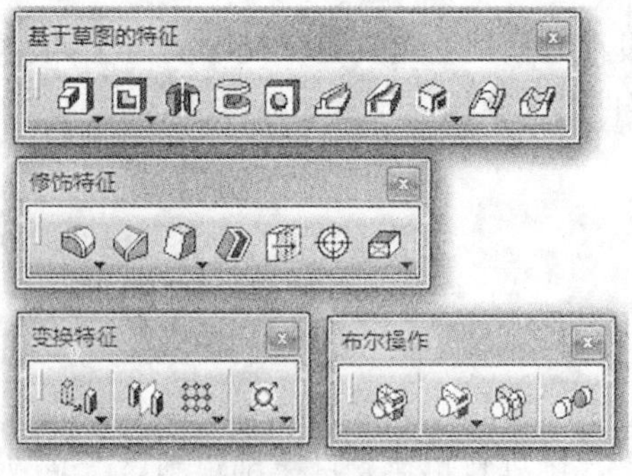

图 3-2　零件设计常用工具栏

2. 零件设计的流程

CATIA 零件设计模块进行机械结构设计的简要流程如图 3-3 所示。

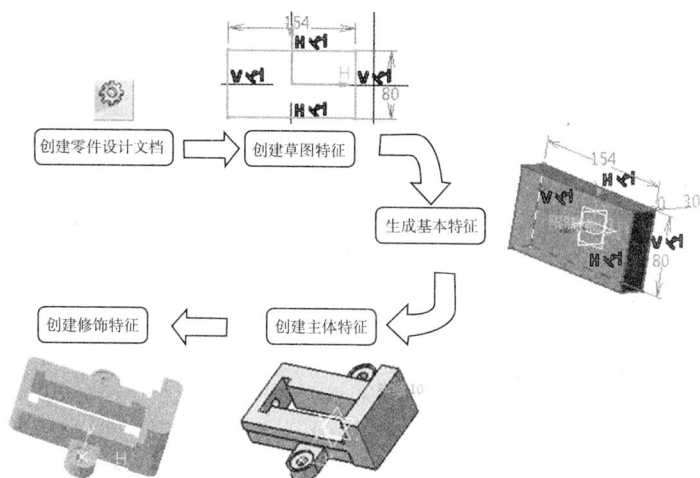

图 3-3 零件设计流程

3. 创建零件设计文档

进入零件设计工作台可以通过以下两种方式:

(1)菜单法:启动 CATIA 软件后,选择主菜单"开始"→"机械设计"→"零件设计"如图 3-4(a)所示。

(2)新建文档法:选择主菜单"文件"→"新建"或单击"标准"工具栏上的"新建"按钮▢,在弹出的如图 3-4(b)所示的对话框中选择"Part"文件类型,单击"确定"或按"Enter"回车键进入零件设计工作台。

(a)菜单法

(b)新建文档法

图 3-4 创建零件设计文档

4. 零件属性设置

零件设计的一些信息需要进行一定的修改和添加,可以在零件设计属性里完成,其操作步骤如下:

（1）在结构树中右击要修改属性的零件，选择弹出菜单中的"属性"选项，弹出"属性"对话框，在各个不同的选项卡，可以添加各属性信息，如图3-5所示。

（2）如果系统定义的属性不能满足要求，可以单击"定义其他属性"按钮定义需要的属性，如图3-6所示。

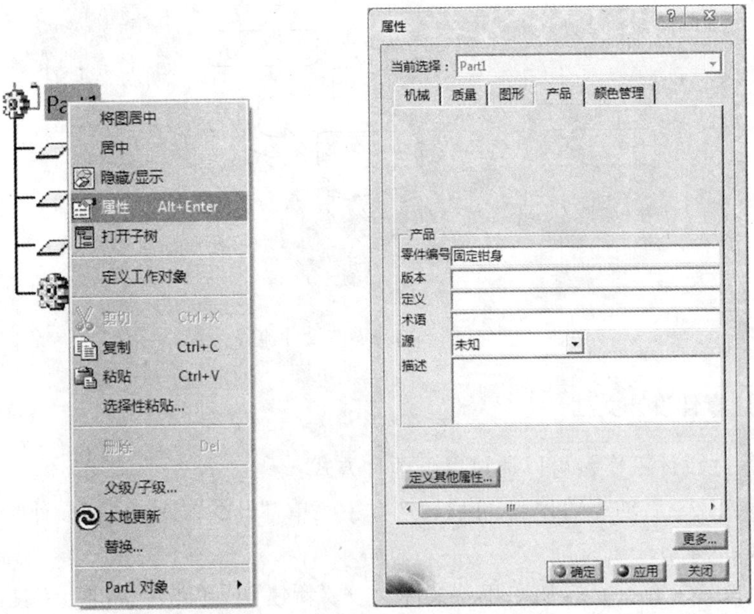

（a）右键菜单   （b）"属性"对话框

图3-5 零件"属性"对话框

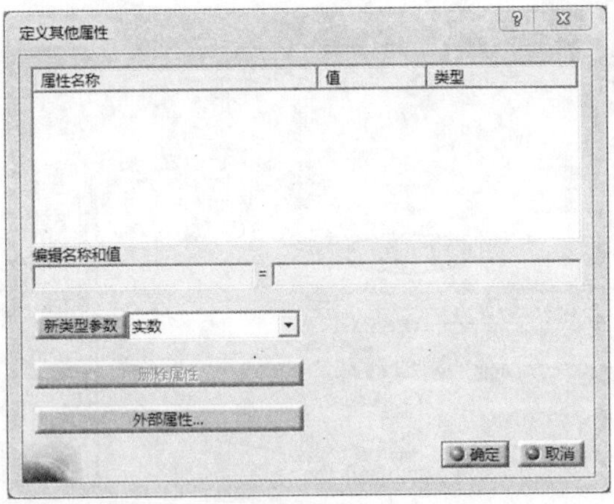

图3-6 "定义其他属性"对话框

任务1 解决方案

1. 双击电脑桌面CATIA图标快速启动CATIA。

2. 单击主菜单"开始"→"机械设计"→"零件设计"，进入零件设计工作台。

3. 右击结构树中"Part1"→"属性",打开"属性"对话框,将"零件编号"下的"Part1"修改为"固定钳身",单击"确定"按钮。

4. 单击主菜单"文件"→"保存"→在弹出的对话框中选择 D 盘→双击文件夹"CATIA 练习"→将文件命名为"gudingqianshen"→单击"保存"。

5. 选择主菜单左上角"开始"→"退出"命令,安全退出 CATIA。

任务2 基于草图的特征

任务要求

1. 打开"固定钳身"零件设计文档。
2. 完成"固定钳身"零件设计的所有基于草图特征的设计步骤。

相关知识

基于草图的零件设计是延伸草图设计概念,通过草图中所建立的二维草图轮廓,利用零件设计模块提供的三维建模功能,建立三维实体,并进行编辑修饰。

1. 凸台

凸台是根据草图轮廓线或曲面沿某一方向拉伸一定的长度得到实体的特征。其操作步骤如下:

(1)单击"凸台"工具按钮 ,以鼠标左键选取已完成的草图,弹出"定义凸台"对话框,如图 3-7(a)所示为未展开对话框。可单击对话框中的"更多"展开,如图 3-7(b)所示。

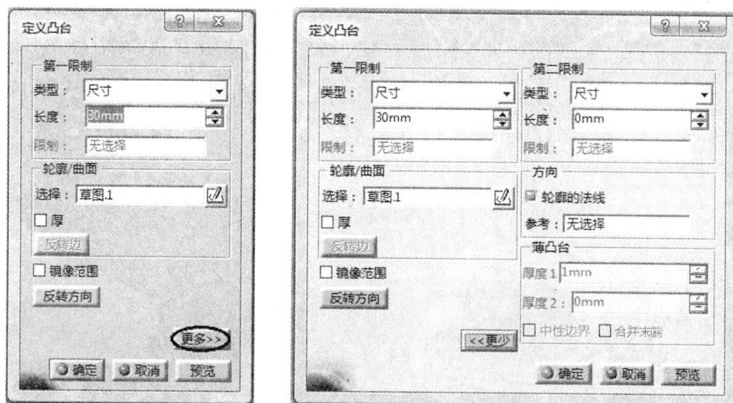

(a)未展开对话框　　　　　　　(b)展开"更多"对话框

图 3-7　"定义凸台"对话框

（2）在弹出的"定义凸台"对话框中单击"反转方向"按钮可变换拉伸的方向，也可直接单击几何区域中的箭头改变方向。

（3）在 长度"选项中输入需要拉伸长度的数值，也可以直接拖拉限制 1 及限制 2 来动态改变拉伸的高度，如图 3-8 所示。

（4）单击"确定"按钮，完成拉伸特征的创建，如图 3-9 所示。

在特征树上，用鼠标双击某个特征即可进入该特征的编辑状态对其重新定义。

图 3-8　设置凸台参数　　　　　　　　　　　　　　图 3-9　凸台

"定义凸台"对话框中的"类型"下拉列表说明：

① 尺寸：通过在"长度"文本框中输入数值来指定凸台的长度。

② 直到下一个：凸台拉伸至能够遇到的下一个面。

③ 直到最后：凸台拉伸到能够遇到的最后一个面。

④ 直到平面：凸台拉伸到所选平面。

⑤ 直到曲面：与"直到平面"相似，凸台拉伸到遇到的所选曲面。

其他说明：

① 厚：在轮廓的两侧增加厚度。

② 反转方向：仅适用于开放轮廓，可以通过此选项选择拉伸轮廓的另一侧。

③ 镜像范围：使用同一长度值反转拉伸轮廓。若希望定义此方向的另一个长度，则需要在"第二限制"选项卡中设置参数。

④ 编辑草图：点选图标✍，系统会进入草图建构的画面，编辑草图。

在"凸台"工具按钮右下角展开的三角形符号里还有"拔模圆角凸台"工具按钮和 "多凸台"工具按钮 。"拔模圆角凸台"功能是创建带有拔模角和圆角特征的拉伸实体，如图 3-10 所示；"多凸台"的功能是创建复杂拉伸实体，如图 3-11 所示。

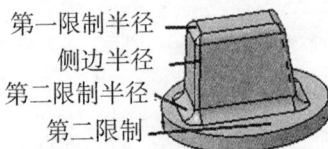

图 3-10　拔模圆角凸台　　　　　　　　　　　　　图 3-11　多凸台

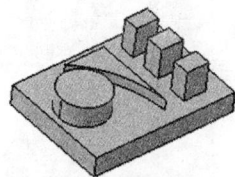

2. 凹槽

凹槽的功能是在实体上开槽、孔或移除其他形状的材料，这个功能要求必须先有实体，其操作步骤如下：

（1）单击"凹槽"工具按钮📧，弹出"定义凹槽"对话框，如图 3-12 所示。

（2）单击"定义凹槽"对话框中的"选择"选项，在几何区域中选择要挖掉的草图轮廓，如图 3-13 所示。

（3）选择相应的"类型"，输入"深度"数值及选择方向。

（4）单击"确定"按钮，完成凹槽特征的创建，如图 3-14 所示。

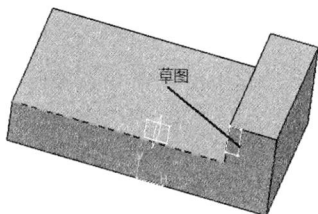

图 3-12 "定义凹槽"对话框　　　图 3-13 选择凹槽轮廓　　　图 3-14 凹槽

> 📣 **特别提示**：在使用凸台和凹槽工具时，草图需要由封闭的轮廓构成。

3. 旋转体

旋转体功能是指将一条闭合的平面曲线绕一条轴线旋转一定角度而形成形体。如果非闭合曲线的首、尾两点在轴线或轴线的延长线上，也能生成旋转形体，其操作步骤如下：

（1）单击"旋转体"工具按钮📧，弹出"定义旋转体"对话框，如图 3-15 所示。

（2）在"第一角度"和"第二角度"选项中分别输入曲线要顺时针和逆时针旋转的角度。

（3）单击"轮廓/曲面"区域下的"选择"文本框，在图形区域中选择要旋转的曲面，或者通过📧按钮进入草图空间绘制草图，如图 3-16（a）所示。

（4）单击"轴线"区域下的"选择"文本框，可以在

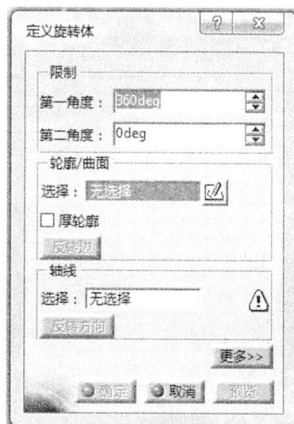

图 3-15 "定义旋转体"对话框

图形区域中选择已有的旋转特征线作为轴线，也可以利用"轴"工具按钮绘制轴线。

（5）单击"确定"按钮，完成旋转体特征的创建，如图3-16（b）所示。

（a）草图 （b 生成旋转体

图3-16 旋转体

4. 旋转槽

旋转槽的功能是轮廓绕轴旋转，从当前形体减去旋转得到的形体，从而在零件上形成旋转槽的特征，其操作步骤如下：

（1）单击"旋转槽"工具按钮，弹出"定义旋转槽"对话框，如图3-17所示。

（2）"定义旋转槽"对话框的各个区域与"定义旋转体"对话框类似，所以其以下操作步骤与"旋转体"类似。不同之处在于旋转槽是在轮廓扫掠过的空间移除材料，如图3-18所示。

（a）生成旋转槽前 （b）生成旋转槽后

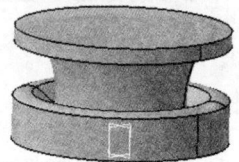

图3-17 "定义旋转槽"对话框 图3-18 旋转槽

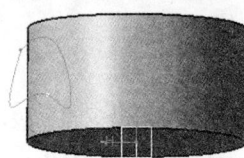

5. 孔

孔的功能是在实体上打圆孔或螺纹孔。创建"孔"特征无需创建草图轮廓，孔的相应参数可以通过尺寸定义或参考已存在的3D元素确定，其操作步骤如下：

（1）单击"孔"工具按钮，选择孔的约束边界，再选取开孔平面定义孔放置的位置如图3-19所示。也可单击对话框中的"定位草图"按钮进入草图平面精确定位孔心位置后退出草图返回"定义孔"对话框，如图3-20所示。如果选取圆弧边缘，则会建立与圆弧同圆心的孔。

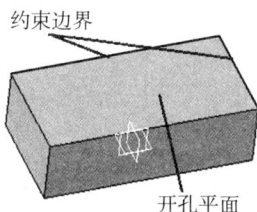

图 3-19 孔约束边界

图 3-20 "定义孔"对话框

（2）双击约束尺寸数值，弹出"约束定义"对话框，输入新的尺寸数值，定义孔的位置，如图 3-21 所示。

（3）在"定义孔"对话框中选用盲孔、直径输入 5mm、深度输入 10mm。底部选用 V 底、角度输入 120 度。

（4）在"类型"选项卡里选择"沉头孔"，沉头孔直径输入 10mm、深度输入 5mm。

（5）单击"确定"按钮，即可创建孔特征，如图 3-22 所示。

图 3-21 孔定位约束

图 3-22 孔

"定义孔"对话框中有"扩展"、"类型"和"定义螺纹"三个选项卡。

"扩展"选项卡说明

① 孔深控制方式：控制孔深的方式，有"盲孔"、"直到下一个"、"直到最后"、"直到平面"、"直到曲面"五种方式，分别表示不同的孔深限制，如图 3-23 所示。

② 直径：定义孔的直径大小。

盲孔　　　直到下一个　　　直到最后　　　直到平面　　　直到曲面

图 3-23 孔深控制方式

③ 深度：定义钻孔的深度。

④ 限制：定义及显示至平面及至曲面的图素。

⑤ 偏移：当钻孔的深度类型不是盲孔时，可定义的面偏移量。

⑥ 定位草图：单击图标☑，系统会进入草图建构的画面，供用户通过尺寸约束精确定位孔心点的位置。

⑦ 底部：可以选择孔底部类型，平底或 V 形底。

"类型"选项卡说明

① 孔的形状有简单孔、锥度孔、沉头孔、埋头孔和倒钻孔，如图 3-24 所示。

② 直径：当孔的形状不是一般孔时，定义顶部直径的大小。

③ 深度：定义沉头孔、埋头孔及倒钻孔，顶部下沉的深度。

④ 角度：定义锥度孔、埋头孔及倒钻孔的锥度角度。

⑤ 定位点：定义沉头孔及中心孔的基准点。

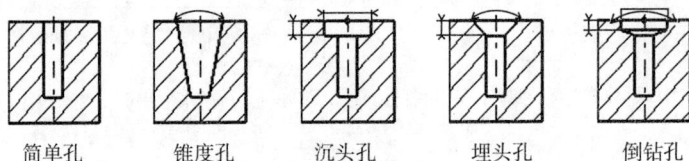

简单孔   锥度孔   沉头孔   埋头孔   倒钻孔

图 3-24   孔形状

"定义螺纹"选项卡说明

此处定义螺纹，3D 图形中并不会显示螺纹，但是在生成的 2D 视图中，会自动建立符合制图标准的螺纹图形（详见本书项目 4）。

① 螺纹孔：点选之后，启动定义螺纹参数。

② 类型：有非标准、公制细牙节距、公制粗牙节距三种。非标准由使用者指定螺纹直径。

③ 螺纹直径：定义螺纹的直径，使用公制节距时，可直接指定标准螺纹，如 M6、M8 等，孔直径也会随之改变。

④ 标准：使用添加加载使用者自定义的螺纹标准。或是使用移除将加载的螺纹标准移除。

6. 肋

"肋"的功能是将指定的一条平面轮廓线，沿指定的中心曲线扫描而生成形体。其操作步骤如下：

（1）单击"肋"工具按钮☑，弹出"定义肋"对话框，如图 3-25 所示。

（2）选取一个草图轮廓及一条中心曲线，以平面草图为端面，中心曲线为路径，沿路径建立实体。

（3）单击"确定"按钮，完成肋的定义，如图 3-26 所示。

"定义肋"对话框说明：

① 轮廓：定义肋的断面，必须是平面曲线。可以是开放的或封闭的草图。

② 中心曲线：定义肋的路径，可以是开放的或封闭的曲线，也可以使用封闭的 3D 曲线。当使用开放的曲线为路径时，还可以用断面控制，指定断面沿路径变化方向。

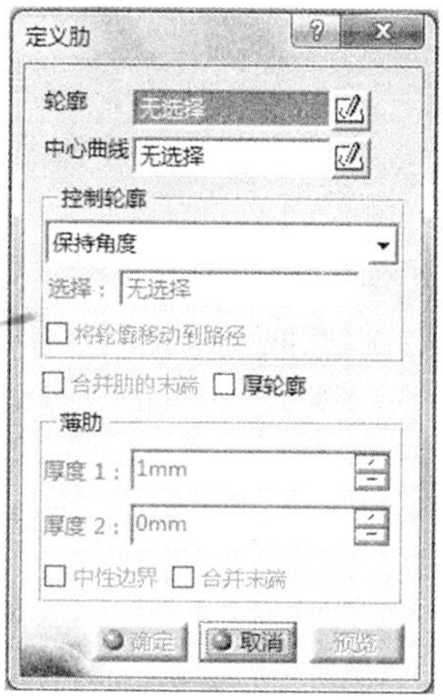

图 3-25 "定义肋"对话框

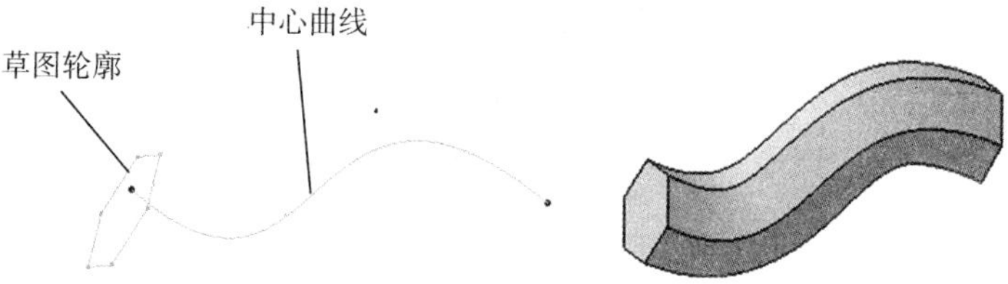

（a）轮廓的选取　　　　（b）生成肋

图 3-26　肋

③ 控制轮廓：可控制断面沿路径变化的方向。有以下几种：

• 保持角度：断面沿着路径线方向前进，Z 轴永远保持与路径切线方向贴合。即断面垂直路径扫出，如图 3-27（a）所示。

• 拔模方向：扫掠的过程中指定方向，使断面沿指定方向扫掠。定义方向时，可以选取平面或直边缘。当使用螺旋线为中心曲线时，可以选取螺旋线的中心轴为拉伸方向，如图 3-27（b）所示。

• 参考曲面：轮廓线平面的法线方向始终和指定的参考曲面夹角大小保持不变。通过"选择"项选择一个表面即可，如图 3-27（c）所示。

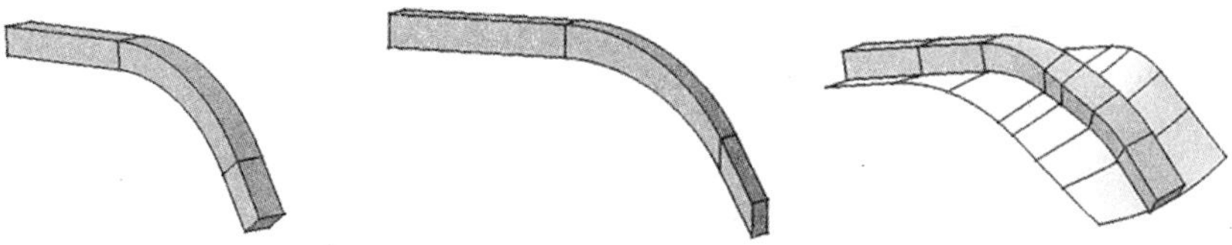

（a）保持角度　　　　（b）拔模方向　　　　（c）参考曲面

图 3-27　轮廓控制方式

④ 选择：选取并显示指定为拉伸方向或参考曲面的图素。

⑤ 合并肋的末端：当路径的长度超出实体的大小时，可以修剪肋的两端，只在原本的实体之间建立材料，如图 3-28 所示。

（a）未合并　　　　　　　　　　（b）合并

图 3-28　肋末端选取

7. 开槽

开槽的功能是在已有的特征上去除扫掠形体，与肋的功能正好相反。它的条件和操作过程与肋相同。

（1）单击"开槽"工具按钮 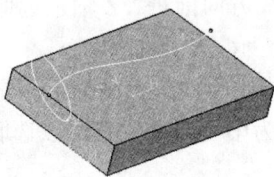，弹出"定义开槽"对话框，如图 3-29 所示。

（2）选取一个轮廓草图及一条中心曲线，以平面草图为断面，中心曲线为路径，沿路径扫掠移除实体

（3）单击"确定"按钮，完成开槽，如图 3-30 所示。

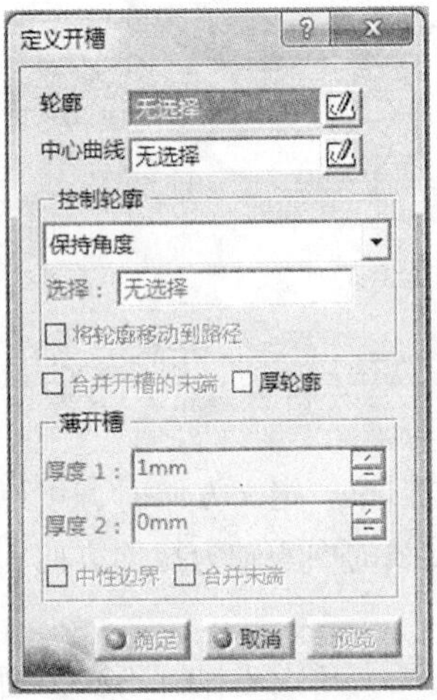

图 3-29 "定义开槽"对话框

（a）开槽前   （b）开槽后

图 3-30 开槽

8. 加强肋

加强肋的功能是在实体上做出可以增加强度的肋，与肋不同之处在于，加强肋只需有中心曲线即可，不需要轮廓，但须先有实体才能使用，其操作步骤如下：

（1）单击"加强肋"工具按钮 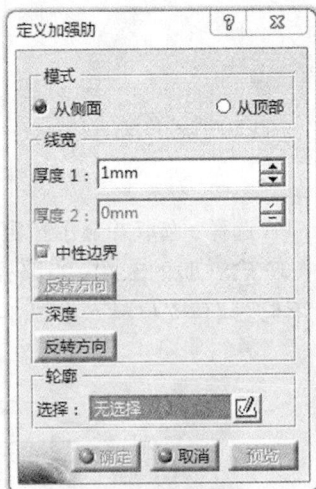，弹出"定义加强肋"对话框，如图 3-31 所示。

（2）在"定义加强肋"对话框中设置加强肋模式、厚度，选择草图，沿垂直草图方向建立实体。由于加强肋只允许使用开放的草图，故深度的方向必须指向实体。

（3）单击"确定"按钮，完成加强肋的创建，如图 3-32 所示。

"定义加强肋"对话框说明：

① 模式：加强肋的模式有两种，"从侧面"指加强肋在轮廓平面上执行拉伸，在平面的垂直方向添加厚度。"从顶部"指加强肋在垂直于轮廓的方向执行拉伸，在轮廓平面上添加厚度。

图 3-31 "定义加强肋"对话框

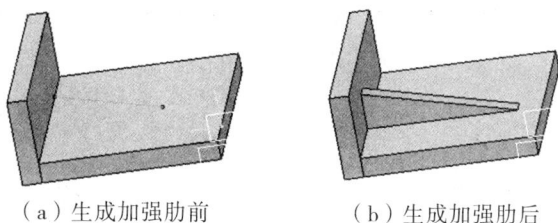

（a）生成加强肋前　　　　　　　（b）生成加强肋后

图 3-32　加强肋

② 厚度：指定加强肋的长出厚度。

③ 中性边界：以草图为基准，镜像长出特征，加强肋的厚度为指定厚度的两倍。

④ 反转方向：反转长出或材料深度的方向。

⑤ 轮廓：选取及显示长出特征的草图。

9. 多截面实体

多截面实体是利用两个或多个不同的轮廓，通过系统计算所得的路径或沿着用户定义的脊线扫掠而生成的实体特征，创建的特征可以遵循一条或多条引导曲线，结果特征是闭合的包络体。其操作步骤如下：

（1）单击"多截面实体"工具按钮 ，弹出"多截面实体定义"对话框，如图 3-33 所示。

（2）选取一个以上的平面草图为截面曲线，如图 3-34 所示，其他设置选择系统默认。

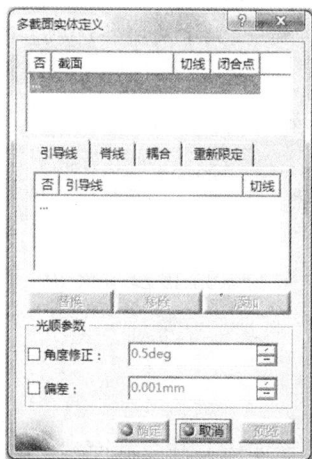

图 3-33　"多截面实体定义"对话框

图 3-34　选择草图轮廓

（3）单击"确定"按钮，完成多截面实体，如图 3-35 所示。

（4）连接断面曲线建立实体。可再选取脊椎线指定断面变化的方向。也可以加入多条导引曲线来控制实体的外形。

"多截面实体定义"对话框说明：

① 截面：显示选取草图及名称。

② 闭合点：指定断面连接的起始点，可以是选取曲线的端点或是点。闭合点的方向

决定着多截面实体的生成形状，如图 3-36 所示为更改闭合点后的多截面实体，利用右键"替换"实现。

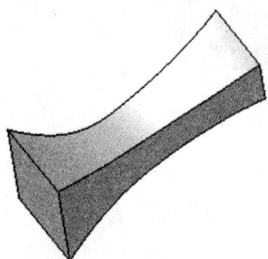

图 3-35　多截面实体

图 3-36　替换闭合点

③ 导引线：选取曲线来改变断面连接的路径，调整实体的外形。

④ 脊线：脊线用来控制多截面实体生成的形状，在"脊线"选项卡默认情况下，系统会自动计算多截面实体的脊线，用户也可选择一条曲线将其强制为脊线。

⑤ 耦合：决定断面连接的方式，有以下几种：

● 比率：依照断面曲线的长度等分，将各个断面连接在一起。

● 相切：断面中的相切曲线视为同一段曲线。以不相切的尖点连接，将各个断面连接在一起。如果断面的尖点数目不一致，就无法使用此选项。相切包括直线与圆弧相切及圆弧与圆弧相切。

● 相切后曲率：断面中以曲率相接的曲线，视为同一段曲线。以非曲率相接的点连接，将各个断面连接在一起。如果断面的相接的点数目不一致，就无法使用此选项。曲率相接指云形线的相切。

● 顶点：以断面中曲线的端点连接，将各个断面连接在一起。如果曲线端点的数目不一致，就无法使用选项。

⑥ 重新限定：用户指定特征重新限定类型，当选中其中之一或两者都选时，多截面实体限定在相应的截面上，否则沿脊线扫掠多截面实体。

⑦ 光顺参数：用户可以控制生成多截面实体的表面质量。角度修正指沿参考引导曲线光顺移动；偏差指通过偏移引导曲线对扫掠移动进行光顺。

10. 已移除的多截面实体

已移除的多截面实体功能是从已有实体上去掉多截面实体，与多截面实体结果相反，如图 3-37 所示。已移除的多截面实体的操作过程、对话框的内容及参数的含义与开槽完全相同。

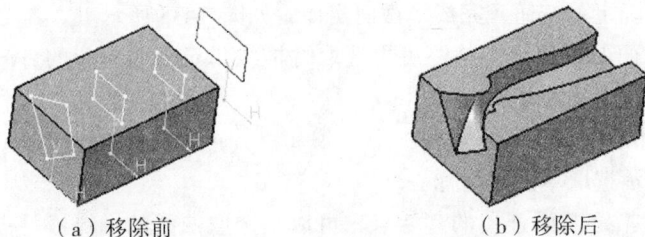

（a）移除前　　　　　　　　　　　　　　（b）移除后

图 3-37　已移除的多截面实体

任务2 解决方案

1. 双击打开目标文件"D:\CATIA 练习 \gudingqianshen"。

2. 利用"草图编辑器"画出草图轮廓，尺寸如图 3-38 所示。单击"凸台"工具按钮，在弹出的"定义凸台"对话框中"类型"选择尺寸，"长度"值为"30mm"，单击"确定"按钮，完成凸台创建，如图 3-39 所示。

图 3-38 草图轮廓 　　　　　　　　　　　　图 3-39 凸台

3. 同样利用步骤 2 的方法绘制如图 3-40 所示草图轮廓，生成一个厚度为 58mm 的凸台如图 3-41 所示。

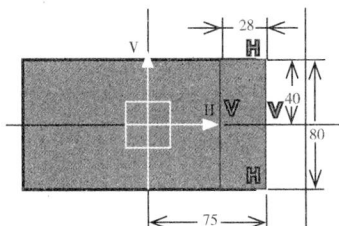

图 3-40 草图轮廓 　　　　　　　　　　　　图 3-41 凸台

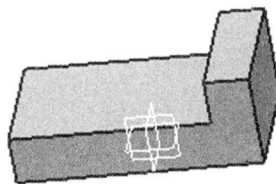

4. 根据草图轮廓（以第二个特征侧面为草图平面），如图 3-42 所示，单击"定义凹槽"工具按钮，"类型"选择"直到最后"；单击"选择"选项，在几何区域中选择草图轮廓；单击"确定"按钮完成凹槽特征，如图 3-43 所示。

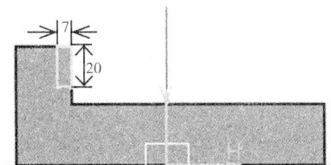

图 3-42 草图轮廓 　　　　　　　　　　　　图 3-43 凹槽

5. 同样利用步骤 4 的方法，草图轮廓如图 3-44 所示，凹槽如图 3-45 所示。

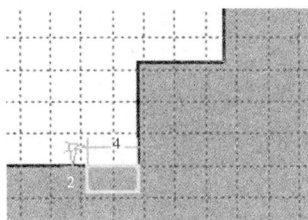

图 3-44 草图轮廓 　　　　　　　　　　　　图 3-45 凹槽

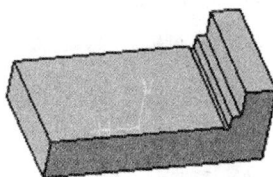

6. 同样利用步骤 4 的方法，草图轮廓如图 3-46 所示，凹槽如图 3-47 所示。

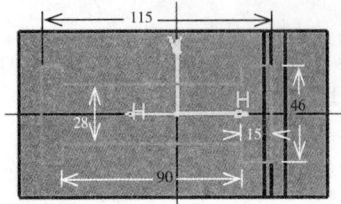

图 3-46　草图轮廓

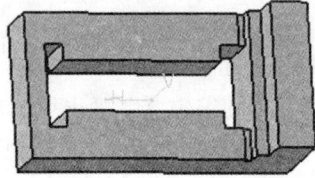

图 3-47　凹槽

7. 同样利用步骤 4 的方法，草图轮廓如图 3-48 所示，凹槽如图 3-49 所示。

图 3-48　草图轮廓

图 3-49　凹槽

8. 根据草图轮廓尺寸，如图 3-50 所示，在"定义凹槽"对话框里"类型"选择"尺寸"；"深度"输入 10mm，生成凹槽如图 3-51 所示。

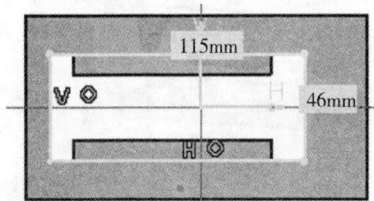

图 3-50　草图轮廓

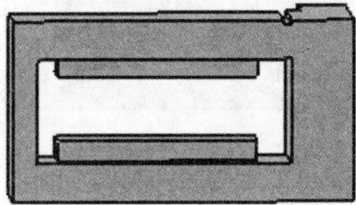

图 3-51　凹槽

9. 根据草图轮廓尺寸，如图 3-52 所示，在"定义凹槽"对话框里"类型"选择"直到下一个"，生成凹槽如图 3-53 所示。

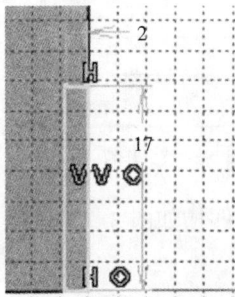

图 3-52　草图轮廓

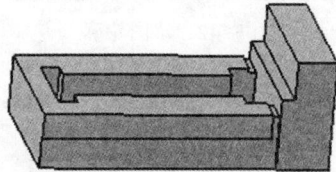

图 3-53　凹槽

10. 利用"草图编辑器"画出草图轮廓，尺寸如图 3-54 所示。利用零件设计里的凸台特征，生成高度为"14mm"的凸台，如图 3-55 所示。

11. 根据草图轮廓尺寸，单击"孔"工具按钮，完成孔特征。

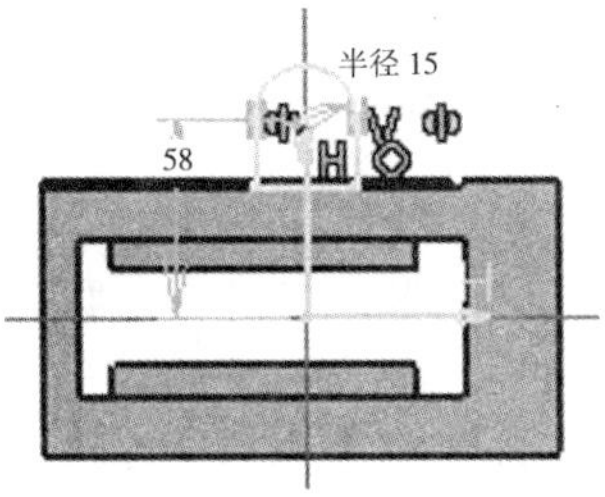

图 3-54　草图轮廓 　　　　　　　　　　图 3-55　凹槽

（1）单击"孔"特征,在几何区域中选择孔的约束边界和开孔面,弹出"定义孔"对话框,修改后的数值分别为 40mm 和 16mm，如图 3-56 所示。

约束边界　　　　　开孔面

图 3-56　约束边界和开孔面

（2）在"定义孔"对话框中,"类型"选项卡选择"沉头孔","直径"为 30mm,"深度"为 2mm,；单击"扩展"选项卡，模式选择"直到下一个面"，"直径"为 18mm。

（3）单击"确定"按钮，完成孔特征的创建，如图 3-57 所示。

12. 利用相同的方法完成"固定钳身"零件里需要打孔的地方，要注意螺纹孔的创建，最后结果如图 3-58 所示。

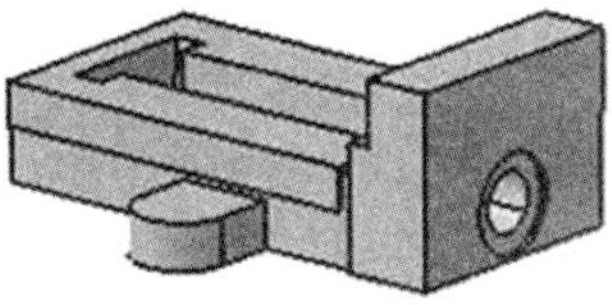

图 3-57　孔特征　　　　　　　　　　图 3-58　孔特征

任务 3　特征变换与修饰

任务要求

使用特征变换与修饰完成任务 2 中的"固定钳身"零件设计。

相关知识

特征变换是根据模型中已有的实体特征，进行移动、镜像、阵列和缩放等操作。特征修饰是指在初步完成的零件结构基础上，不改变零件的基本轮廓进行的倒圆角、倒角、拔模、抽壳、加厚、添加螺纹及移除 / 替换面等操作。通过特征变换与修饰达到进一步完善零件结构、改善产品外观、提高设计效率的目的。

1. 平移

平移的功能是将实体沿一定的方向进行平移，改变实体零件的位置，其操作步骤如下：

（1）单击"平移"工具按钮🔧，弹出如图 3-59 所示的"问题"信息框和如图 3-60 所示的"平移定义"对话框。在"问题"信息框中单击"是"继续平移操作。

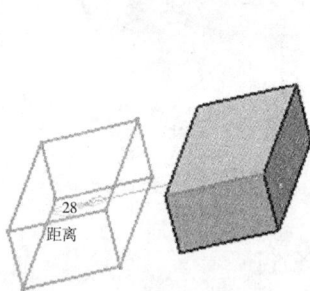

图 3-59 "问题"对话框

图 3-60 "平移定义"对话框

（2）单击"平移定义"对话框中的"方向"选项，在几何区域内选择一条直线或一个面的法线作为平移方向。

（3）输入平移的数值量。

（4）单击"确定"按钮，完成实体的平移，如图 3-61 所示。

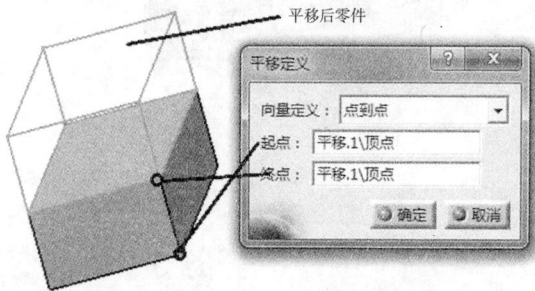

图 3-61 平移

图 3-62 "点到点"方式

"平移定义"对话框说明：

① 向量定义："方向、距离"方式通过选择平移方向和设置平移距离完成操作；"点到点"方式通过选择起点和终点的方式完成操作，如图 3-62 所示；"坐标"方式通过输入坐标点作为平移终点完成操作，如图 3-63 所示。

图 3-63 "坐标"方式

② 距离：在文本框中输入物体移动的距离值。也可以右击显示辅助表，利用量测定义距离，如图 3-64 所示。

2. 旋转

旋转的功能是使零件绕某一轴转动而产生位置变化，其操作步骤如下：

（1）单击"旋转"工具按钮，弹出"旋转定义"对话框，如图 3-65 所示。

（2）选择旋转的轴线，输入旋转的角度。

（3）单击"确定"按钮，完成旋转特征，如图 3-66 所示。

图 3-64 距离

图 3-65 "旋转定义"对话框

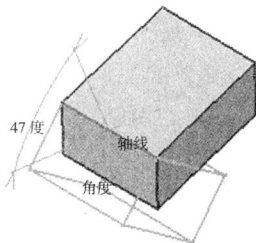

图 3-66 旋转

"旋转定义"对话框说明：

① 轴线：定义旋转物体的旋转中心，可选取直线或是直边缘。

② 角度：指定物体旋转的角度。

③ 定义模式："轴线－角度"方式旋转轴由线性元素定义，角度由输入值定义；"轴线－两个元素"方式中旋转轴同上，角度由两个几何元素（点、线或平面）定义；"三点"方式中旋转轴由通过三点创建的平面的法线定义，旋转角度通过三点创建的两个向量定义。

3. 对称

对称的功能是通过参考平面将实体移动到对称位置，其操作步骤如下：

（1）单击"对称"工具按钮，弹出"对称定义"对话框，如图 3-67 所示。

（2）选择参考元素，可以是点、线或平面。

（3）单击"确定"按钮，完成对称，如图 3-68 所示。

图 3-67　"对称定义"对话框

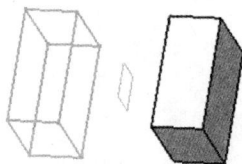

图 3-68　对称

4. 镜像

镜像的功能是将零件实体复制到参考元素的对称位置。其与"对称"不同之处在于"对称"不产生新的实体，而"镜像"产生一个对称的新实体特征，其操作步骤如下：

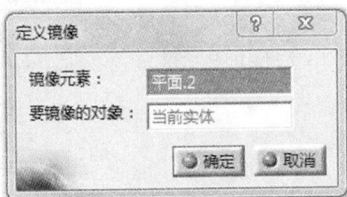

图 3-69　"定义镜像"对话框

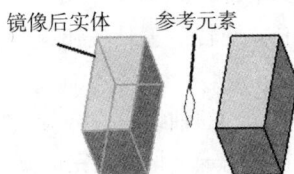

图 3-70　镜像

（1）单击"镜像"工具按钮，弹出"定义镜像"对话框，如图 3-69 所示。

（2）选择要镜像的元素，可以是线或平面。

（3）单击"确定"按钮，完成镜像特征，如图 3-70 所示。

5. 矩形阵列

矩形阵列的功能是将整个零件或几个特征复制为 m 行 n 列的矩形阵列，其操作步骤如下：

（1）单击"矩形阵列"工具按钮，弹出"定义矩形阵列"对话框，如图 3-71 所示。

（2）单击激活"对象"选项，在几何图形区域或结构树中选择要实现阵列的特征。

（3）在"第一方向"选项卡的"实例"中输入数量值，在"间距"中输入间隔距离。

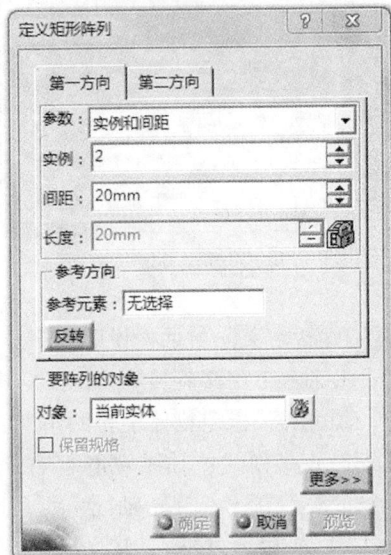

图 3-71　"定义矩形阵列"对话框

（4）单击"参考元素"选项，在几何图形区域中选择第一方向的参考元素，系统箭头表示阵列的方向，如图 3-72 所示。

（5）单击"更多"，打开"第二方向"选项卡，设置"第二方向"选项卡阵的"实例"和"间距"，如图 3-73 所示。

（6）单击"确定"按钮，完成矩形阵列，如图 3-74 所示。

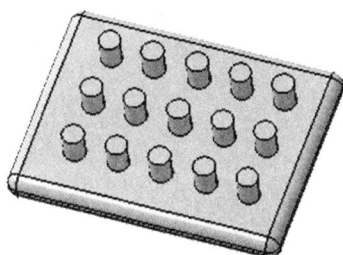

图 3-72　第一方向阵列　　　　图 3-73　第二方向阵列　　　　图 3-74　矩形阵列

"定义矩形阵列"对话框的"参数"下拉列表有 4 种阵列方式可选：

①"实例和长度"方式定义阵列中需要建立的重复特征个数和这些特征分布区间的总长度数值；

②"实例和间距"方式定义阵列中需要建立的重复特征个数和特征之间的距离；

③"间距和长度"方式定义重复特征之间的间距和其分布的总长度；

④"实例和不等间距"方式定义重复特征之间间距不等的矩形阵列。

6. 圆形阵列

圆形阵列的功能是创建环形排列的重复特征，其操作步骤如下：

（1）单击"圆形阵列"工具按钮 ⚙，弹出"定义圆形阵列"对话框，如图 3-75 所示。

（2）单击"对象"选项，在几何图形区域中选择要实现圆形阵列的特征。

（3）在"轴向参考"选项卡的"实例"中输入重复的数量，"角度间距"中输入重复特征之间的角度。

（4）单击"参考元素"选项，在几何图形区域中选择面或指定轴向作为参考元素，系统箭头表示阵列的方向，如图 3-76 所示。

（5）在"定义径向"选项卡的"圆"中输入环形阵列的数量，"圆间距"中输入相差的距离，如图 3-77 所示。

（6）单击"确定"按钮，完成环形阵列，结果如图 3-78 所示。

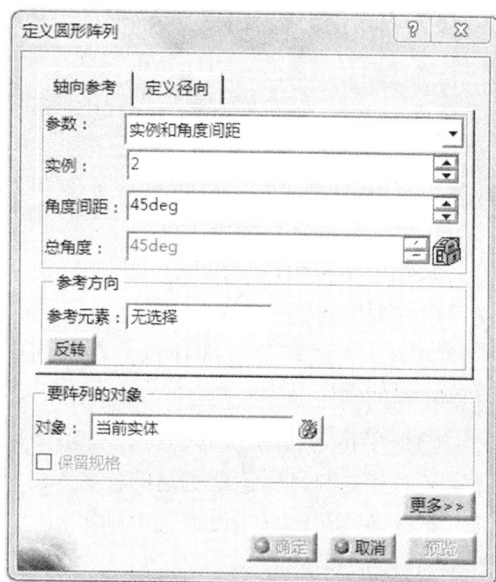

图 3-75　"定义圆形阵列"对话框

图 3-76 轴向设置

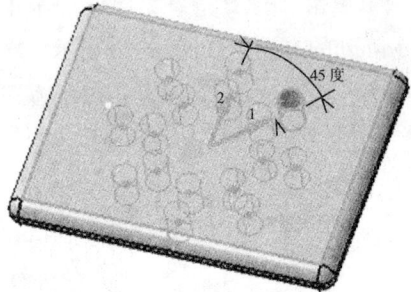

图 3-77 径向设置

图 3-78 圆形阵列

"定义圆形阵列"对话框说明：

① 参数：定义阵列的方式，可依照拥有的条件更改。下拉列表中有实例和总角度、实例和角度间距、角度间距和总角度、完整径向和实例和不等角度间距等选项供用户选用。

②"定义径向"选项卡可以定义多重圆环。

③ 圆：定义圆环的数量。

④ 圆间距：定义不同圆环之间的距离。

⑤ 径向厚度：定义圆环分布的总厚度值。

7. 用户阵列

用户阵列的功能是将目标特征复制到用户定义的任意位置上，其操作步骤如下：

（1）单击"用户阵列"工具按钮，弹出"定义用户阵列"对话框，如图 3-79 所示。

（2）单击"对象"选择框，在几何区域中选择要阵列的实体。

（3）单击"位置"选择框，在绘图区域中选择定义需要复制目标特征到达的位置参考元素，该参考元素必须在"草图设计"中画出相应的点，如图 3-80 所示。

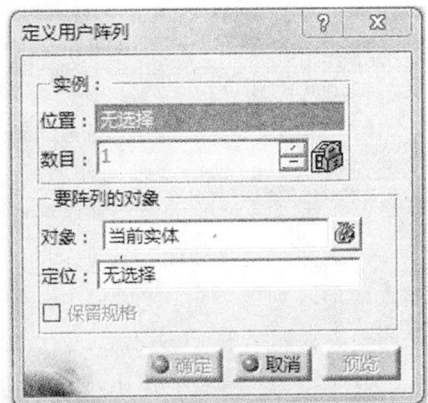

图 3-79 "定义用户阵列"对话框

（4）单击"确定"按钮，完成用户阵列，结果如图 3-81 所示。

图 3-80　参考元素　　　　　　　　　　　图 3-81　用户阵列

8.缩放

缩放的功能是通过基准面和比例因子缩放零件，在缩放过程中零件只在基准面的法线方向缩放。其操作步骤如下：

（1）单击"缩放"工具按钮 ，弹出"缩放定义"对话框，如图 3-82 所示。

（2）输入缩放的比率。

（3）单击"参考"选择框，在几何区域中选择要缩放的基准面。

（4）单击"确定"按钮，完成缩放，如图 3-83 所示。

图 3-82　"缩放定义"对话框　　　　　　　（a）缩放前　　　　（b）缩放后

图 3-83　缩放

9.倒圆角

倒圆角的功能是创建两个相邻平面之间的平滑过渡曲面，将两个棱角过渡的平面改成圆滑过渡，操作步骤如下：

（1）单击"倒圆角"工具按钮 ，弹出"倒圆角定义"对话框，如图 3-84 所示。

（2）在"半径"选项里输入半径值；单击"要圆角化的对象"选项，选择要倒圆角的边线或面，也可同时选取多个边缘，建立等半径值的圆角。

（3）单击"预览"按钮观察效果；单击"确定"

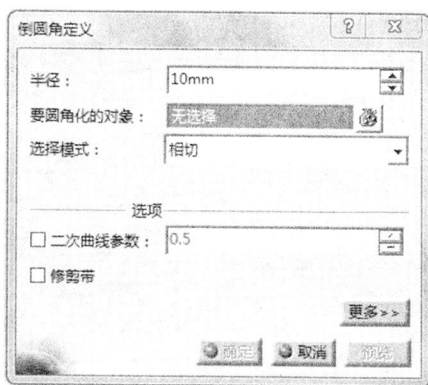

图 3-84　"倒圆角定义"对话框

按钮，完成倒圆角特征，如图 3-85 所示。

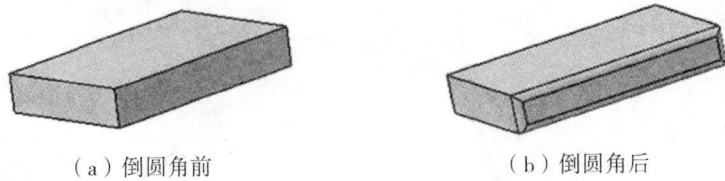

（a）倒圆角前   （b）倒圆角后

图 3-85　倒圆角

"倒圆角定义"对话框说明：

① 半径：定义倒圆角的半径值。

② 要圆角化的对象：加入并显示欲倒圆角的对象及数量。

③ 选择模式：设定边缘增加的范围。"最小"选项只加入选取的边缘，不考虑任何相切性质；"相切"选项包含选取的边缘及与其相切的所有边缘；"相交"选项指当选择已创建的倒圆角特征时与之相交的边线均会自动选择并创建圆角特征。如图 3-86 所示。

（a）最小   （b）相切

要圆角化的对象：倒圆角 .3

（c）相交

图 3-86　倒圆角三种选择模式

④ 修剪带：用于对以相切拓展方式创建圆角特征时产生的重叠部分进行自动修剪。

⑤ 二次曲线参数：通过勾选"二次曲线参数"复选框，可以改变圆角截面。

单击"倒圆角"工具按钮 ，右下角的三角符号，展开圆角子工具栏，还有另外 4 种圆角创建命令：可变半径圆角 ，、弦圆角 、面－面圆角 、三切线内圆角 。

可变半径圆角功能是沿圆角棱边的方向用不同的圆角半径对棱边进行圆角，如图 3-87所示，双击半径数值即可修改半径值。

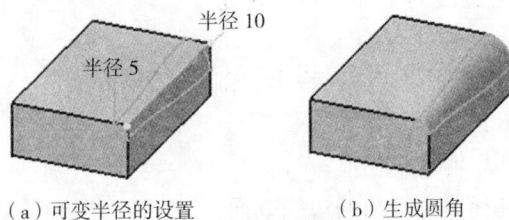

半径 10

半径 5

（a）可变半径的设置   （b）生成圆角

图 3-87　可变半径圆角

弦圆角的功能是控制圆角的宽度，即两个滚动边线之间的距离，如图 3-88 所示。

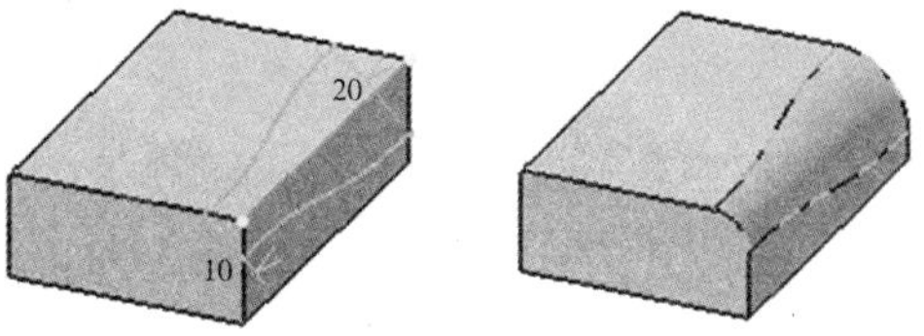

（a）弧长度的设置　　　　　　　（b）生成弦圆角

图 3-88　弦圆角

面 – 面圆角的功能是在两个面之间进行倒圆角，通常在面与面不相交或存在两条以上锐化边线时使用，如图 3-89 所示。

（a）生成面 – 面圆角前　　　　　　　（b））生成面 – 面圆角后

图 3-89　面 – 面圆角

三切线内圆角的功能是生成与三个面相切的圆角，如图 3-90 所示。

（a）面的选择　　　　　　　　　　（b）生成三切线内圆角

图 3-90　三切线内圆角

10. 倒角

倒角的功能指以一个小的斜面来代替两个相交平面的公共棱边的几何特征，其操作步骤如下：

（1）单击"倒角"工具按钮，弹出"定义倒角"对话框，如图 3-91 所示。

（2）选择要倒角的边线或面，设置"长度"、"角度"和"拓展"关系。

（3）单击"确定"按钮，完成倒角，如图 3-92 所示

"定义倒角"对话框说明：

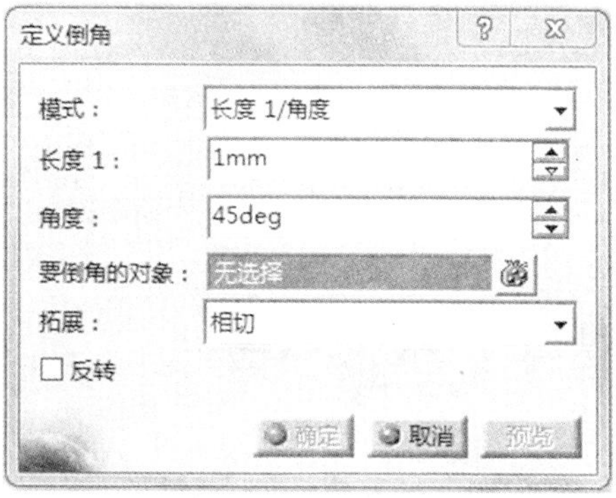

图 3-91　"定义倒角"对话框

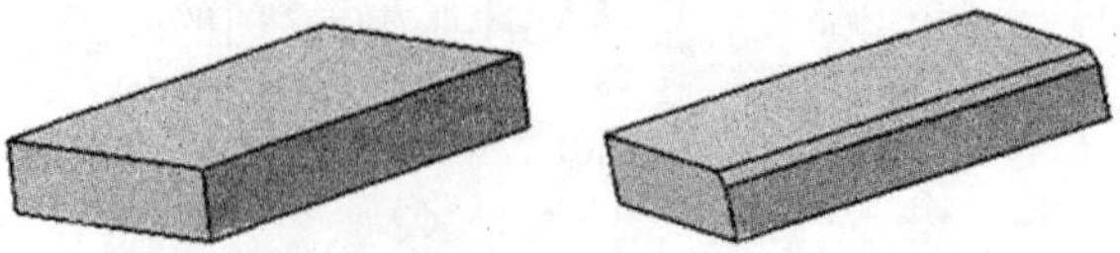

图 3-92　倒角

① 模式："长度 / 角度"模式通过设置倒角的长度和斜度来定义倒角,如图 3-93 所示;"长度 / 长度"模式通过设置两侧倒角的除料距离来定义倒角,如图 3-94 所示。

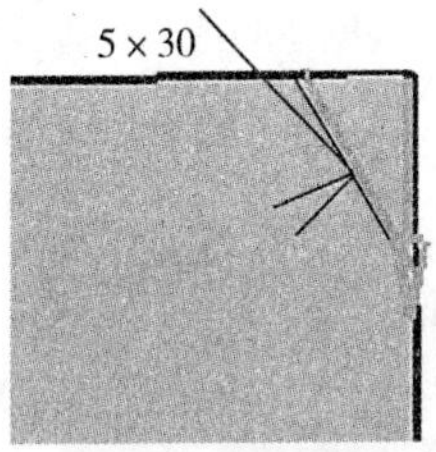

图 3-93　长度和角度

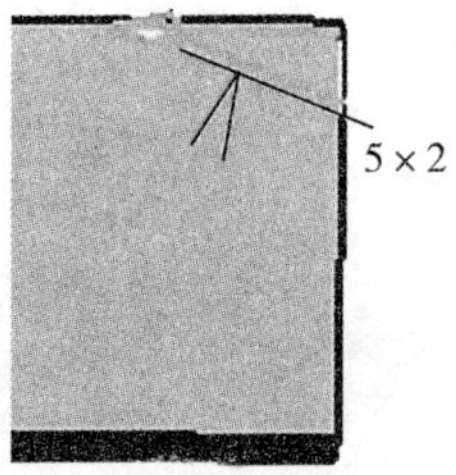

图 3-94　长度和长度

② 反转:当选择实体边线作为倒角特征时,默认情况下,箭头指向方向对应倒角的"长度 1"选项。若勾选"反转"复选框,可以改变方向。也可以单击箭头改变方向。

11. 拔模

拔模功能是在零件表面上产生一个小的倾斜角度,其操作步骤如下:

(1) 单击"拔模斜度"工具按钮 ,弹出"定义拔模"对话框,如图 3-95 所示。

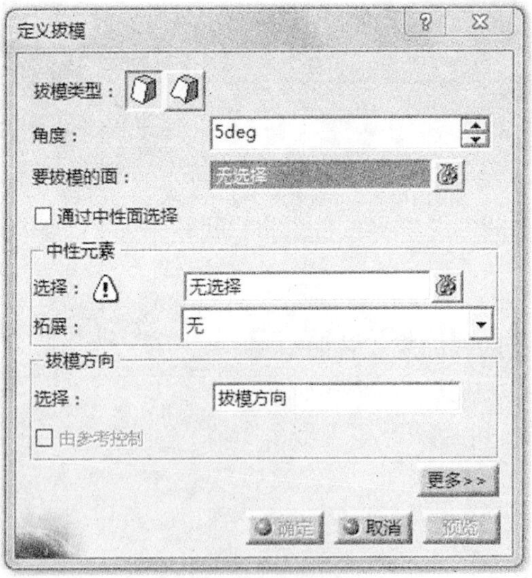

图 3-95　"定义拔模"对话框

(2) 选择要拔模的面,以暗红色显示。

(3) 单击"中性元素"下的"选择",然后在实体中单击面,选择固定不变的面,以蓝色显示；单击箭头可修改拔模方向，如图 3-96 所示。

（4）单击"确定"按钮，完成拔模斜度特征，如图 3-97 所示。

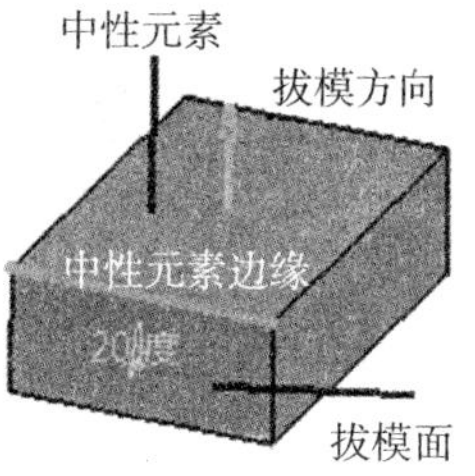

图 3-96 拔模面和方向定义

图 3-97 拔模斜度

"定义拔模"对话框说明：

① 拔模类型："常量" ⚙以一固定角度建立拔模角。"变量" ⚙以两个或以上的变化角度建立拔模角。

② 角度：定义拔模的角度。角度可以是负值。

③ 要拔模的面：选取欲建立拔模角的面，以暗红色显示。

④ 通过中性面选择：当此参数作用时，欲拔模的面将无法作用。与中立面相邻的面，全部都会成为要拔模的面。

⑤ 选择：定义建立拔模时，拔模面的尺寸维持固定不变的位置。中立面以蓝色显示，中性元素的边缘以紫色显示。当没有指定分模面时，中性元素也是分模面。

⑥ 扩展："无"只加入选取的面，不考虑任何相切性质。"顺滑"包含选取的面及与其相切的所有的面。

⑦ 拔模方向：定义拔模方向，内定值为垂直中立面。若是选取多个中立面时，则方向为垂直第一个中立面。当中立面不是平曲面或是欲改变拔模方向时，可选取平面、直线或是直边缘，来定义参考的方向。

单击"更多"按钮，会增加以下的选项：

① 分离 = 中性：当勾选时，中立面也是分模面，定义分模面的选项将无法作用。而"双侧拔模"的选项，才可以被打开。

② 双侧拔模：实体被分模面切割的上下两个部分，均建立拔模角。

③ 定义分离元素：当此开关打开时，才可选取分模面。

④ 选择：选取并显示分模面的图素。

⑤ 拔模形式：设定欲拔模的面，斜率变化的形式。"圆锥"曲面边缘的变化是类似圆锥的形状，彼此间成一个角度。"方形"曲面边缘的变化类似方形，彼此间相互平行。当拔模角度过大，造成边缘的变化太陡峭时，可使用此选项建立拔模。

⑥ 限制元素：根据用户的需要，可以在创建拔模特征的同时，选择一个或多个与拔模面完全相交的平面来限制拔模区域。

单击"拔模斜度"工具按钮 ⚙右下角的三角符号，展开拔模子工具栏，还有另外 2 种拔模创建命令：拔模反射线 ⚙，可变角度拔模 ⚙。

拔模反射线的功能是将零件中的曲面以某一条反射线作为基准线进行拔模，如图 3-98

所示。

可变角度拔模的功能是在实体上放置变化角度的拔模特征，如图 3-99 所示。

（a）拔模前   （b）拔模后
图 3-98   拔模反射线   图 3-99   可变角度拔模

12. 抽壳（又译盒体）

抽壳的功能是保留实体表面的厚度，挖空实体的内部，也可以在实体表面外增加厚度，其操作步骤如下：

（1）单击"抽壳"工具按钮 ⊘ ，弹出"定义盒体"对话框，如图 3-100 所示。

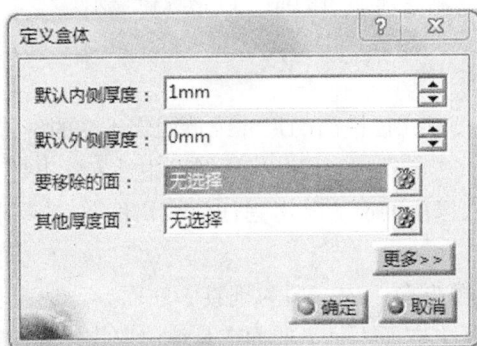

图 3-100   "定义盒体"对话框

（2）输入"内侧厚度"和"外侧厚度"数值，在实体上选择欲移除的面，以紫红色显示。

（3）单击"确定"按钮，完成抽壳特征，如图 3-101 所示。

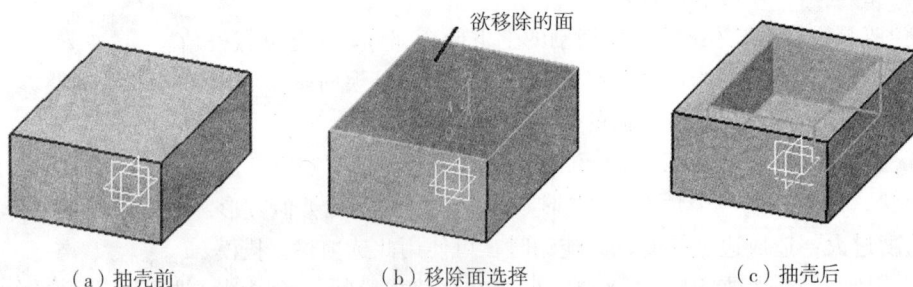

（a）抽壳前   （b）移除面选择   （c）抽壳后
图 3-101   抽壳特征

"定义盒体"对话框说明：

① 内侧厚度：定义指向实体内侧的厚度。当对个别的曲面指定不同厚度时，其指向实体内侧的厚度也在此定义。

② 外侧厚度：定义指向实体外侧的厚度。当对个别的曲面指定不同厚度时，其指向实体外侧的厚度也在此定义。

③ 要移除的面：选取及显示欲移除的面，被选取的面将被直接移除，不产生任何的厚度。一般以紫红色显示。

④ 其他厚度的面：定义不同厚度的面，生成一个壁厚不均匀的壳体。其厚度值必须在内侧厚度及外侧厚度中指定。以暗红色显示，如图3-102所示。

（a）抽壳前　　　　　　　　　　　（b）抽壳后

图3-102　其他厚度的面壳体

📢 **特别提示**：抽壳的值必须小于输入几何体厚度的一半，否则，可能会因自相交而无效。

13. 厚度

厚度的功能是为实体表面增加厚度，其操作步骤如下：

（1）单击"厚度"工具按钮 ，弹出"定义厚度"对话框，如图3-103所示。

（2）输入需要增加的厚度数值，选择要增加厚度的面，颜色变为暗红色。厚度数值也可为负值，即减小相应的厚度。

（3）单击"确定"按钮，完成厚度特征，如图3-104所示。

图3-103　"定义厚度"对话框

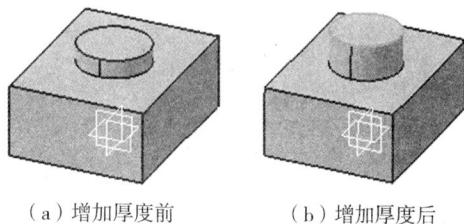

（a）增加厚度前　　　（b）增加厚度后

图3-104　厚度特征

"定义厚度"对话框与"定义盒体"对话框类似，不再说明。

14. 内螺纹 / 外螺纹

内螺纹 / 外螺纹的功能是在圆柱体表面生成外螺纹或在圆孔的表面生成内螺纹，其操作步骤如下：

（1）单击"内螺纹/外螺纹"工具按钮⊕,弹出"定义外螺纹/内螺纹"对话框,如图 3–105 所示。

（2）选择圆柱体外表面作为螺纹支持面，圆柱体的端面作为螺纹限制面，并设置螺纹种类为外螺纹，右旋螺纹。

（3）设置螺纹的类型、螺纹直径、螺纹深度及螺距等选项，其他默认。

（4）单击"确定"按钮，生成螺纹特征，如图 3–106 所示。

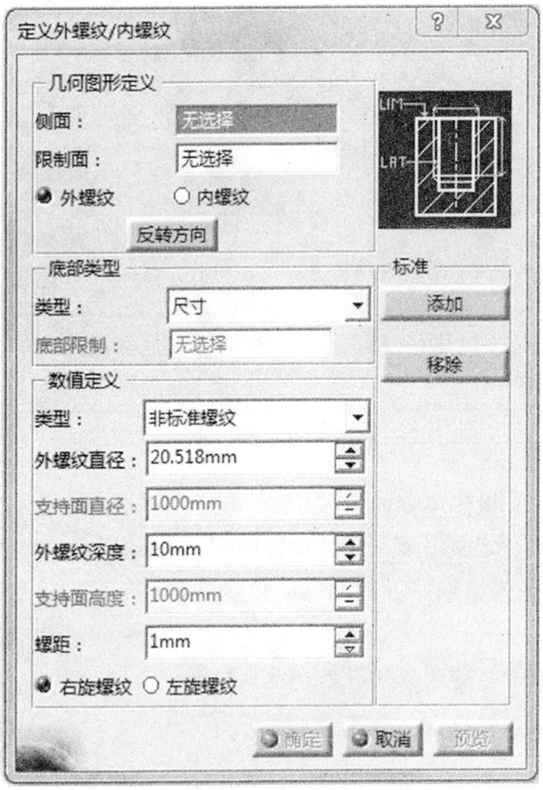

图 3–105　"定义外螺纹/内螺纹"对话框 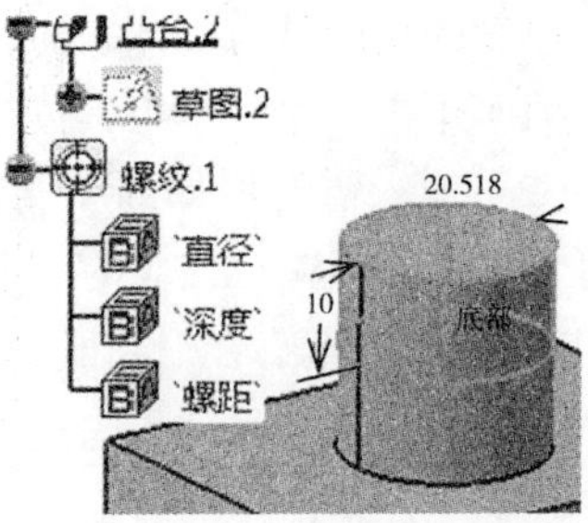　　　　图 3–106　创建内螺纹/外螺纹特征

"定义外螺纹/内螺纹"对话框说明：

① 侧面：选取创建螺纹定义的圆柱面。

② 限制面：限制螺纹起始位置的实体表面，该图形元素必须为平面。

③ 类型："非标准螺纹"需设计者指定螺纹直径。"公制细牙螺纹"和"公制粗牙螺纹"可以通过对话框右侧"添加"和"移除"按钮来添加或移除标准螺纹文件。

④ 螺纹直径：定义螺纹的直径，使用公制螺纹时，可直接指定标准螺纹，如 M6、M8 等。

⑤ 支持面直径：螺纹支持面的直径，由几何定义中指定的螺纹侧面确定，不可更改。

⑥ 螺纹深度：定义螺纹的深度。

⑦ 支持面高度：螺纹支持面的高度，由几何定义中指定的螺纹侧面确定，不可更改。

⑧ 螺距：定义螺纹的节距。

⑨ 右／左旋螺纹：定义螺纹为右旋螺纹或左旋螺纹。

15. 移除面

移除面的功能是移除模型上的某些修饰表面来对模型加以简化，在不需要简化模型时，只需将移除面特征删除，即可快速恢复零件的细致模型，其操作步骤如下：

（1）单击"移除面"工具按钮⎙，弹出"移除面定义"对话框，如图 3-107 所示。

（2）选择需要移除的实体表面和需要保留的实体表面，分别以紫色和蓝色显示。

图 3-107 "移除面定义"对话框

（3）单击"确定"按钮，完成移除面特征，如图 3-108 所示。

（a）移除面前 （b）移除面后

图 3-108 移除面

16. 替换面

替换面的功能是根据已有外部曲面的形状来对零件的表明形状进行修改，以得到特殊形状的零件，其操作步骤如下：

（1）单击"替换面"工具按钮⎙，弹出"定义替换面"对话框，如图 3-109 所示。

（2）选择图形区域中适当的曲面作为替换曲面，选择零件模型上需要删除的表面。

图 3-109 "定义替换面"对话框

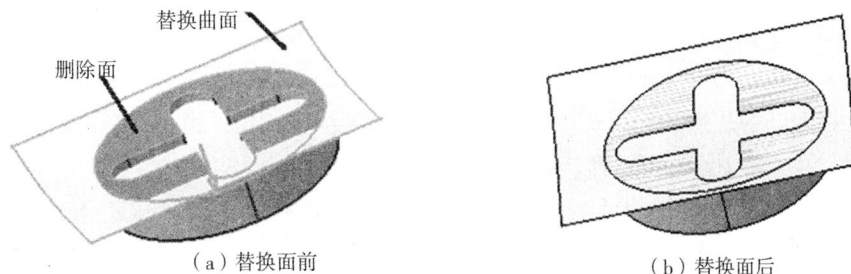

（3）单击"确定"按钮，完成替换面特征，如图 3-110 所示。

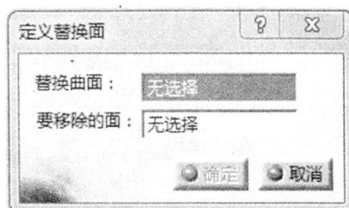

（a）替换面前 （b）替换面后

图 3-110 替换面

任务3   解决方案

1. 双击打开目标文件"D:\CATIA 练习 \gudingqianshen"。

2. 选择要镜像的"支座"特征，单击"镜像"工具按钮，弹出"定义镜像"对话框，右击"镜像元素"选框，选择"ZX 平面"，单击"确定"按钮，完成镜像。

3. 重复步骤 2，完成需要镜像的所有特征，结果如图 3-111（b）所示。

4. 单击"倒圆角"工具按钮，弹出"定义倒圆角"对话框，"半径"设置为 10mm，选取需要倒角的棱边（依次选中相同半径的棱边一次完成，下同），倒角结果如图 3-112 所示。

5. 同样利用"倒圆角"工具按钮，"半径"设置为 2mm，选取需要倒角的棱边，倒角结果如图 3-113 所示。

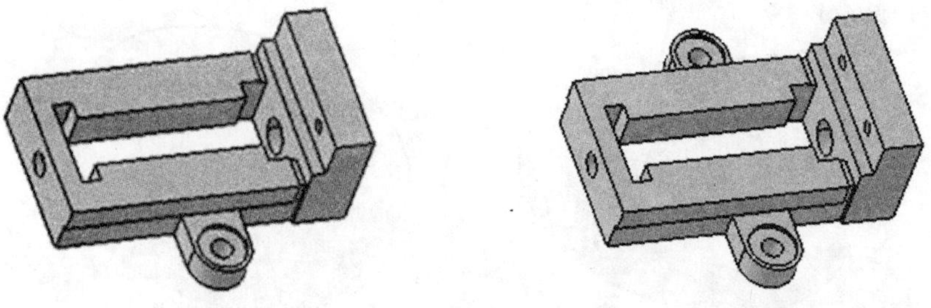

（a）镜像前   （b）镜像后

图 3-111   "固定钳身"零件部分特征镜像

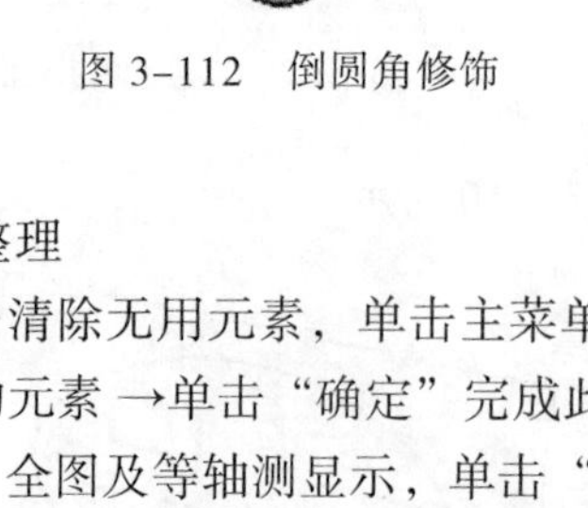

图 3-112   倒圆角修饰 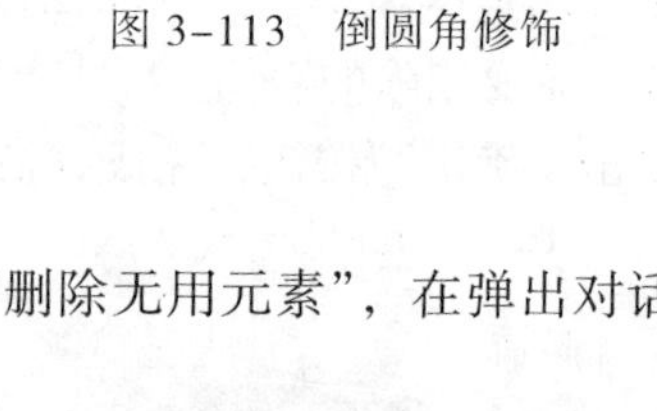   图 3-113   倒圆角修饰

6. 整理

（1）清除无用元素，单击主菜单"工具"→"删除无用元素"，在弹出对话框中确认要删除的元素 →单击"确定"完成此项操作。

（2）全图及等轴测显示，单击"视图"工具栏上的⊞按钮，模型以最合适大小在工作窗口显示；单击◻按钮，模型默认以西南等轴测视角显示。

（3）为零件赋予材料并显示材质效果，单击"应用材质"按钮⬚→在弹出的"库"对话框中选择一种材料 →在特征树上单击模型名称 →单击"库"对话框中的"确定"按钮完成材料添加，此时在特征树上增加一项材料特征，双击该特征可以对其进行相关编辑操作；单击"视图"工具栏上 ⬛.右下黑三角选择展开工具栏上的"含材料着色"按钮 ⬛，模型显示材质效果（为减轻计算机负荷，设计阶段一般不显示材质）。

（4）隐藏所有草图及平面，单击主菜单"工具"→"隐藏"→"隐藏所有平面"。同理完成其他点、线、草图的隐藏操作，使模型空间干净整洁。

7.快速保存文件并安全退出 CATIA。

本例给出的是一种容易让初学者理解的建模方式，随着学习的深入，读者可以在实践中总结归纳出快速、简洁的零件设计方法。

任务4 基于曲面的特征与布尔操作

任务要求

运用基于曲面的特征与布尔操作进行零件设计。

相关知识

基于曲面的特征就是以曲面为基础而进行特征的编辑和操作，包括分割，曲面的加厚、封闭、缝合等。布尔操作就是对两个以上的组件进行交集、并集、差集等运算形成新的三维特征，具体包括装配、添加、相交、移除、联合修剪、移除块等。

1. 分割

分割的功能是使用平面或曲面剪切实体，以达到通过曲面分割几何体的目的，其操作步骤如下：

（1）单击"分割"工具按钮 ⬛，弹出"定义分割"对话框，如图 3-114 所示。

（2）选择要切割的元素。

（3）单击"确定"按钮，完成分割，如图 3-115 所示。

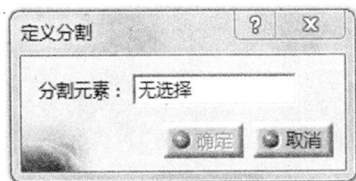

图 3-114 "定义分割"对话框

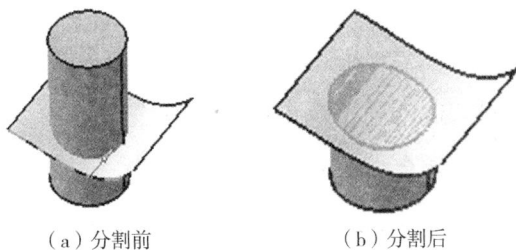

（a）分割前　　　　（b）分割后

图 3-115 分割

2. 厚曲面

厚曲面的功能是在曲面的两个相反方向添加材料，其操作步骤如下：

（1）单击"厚曲面"工具按钮 ，弹出"定义厚曲面"对话框，如图3-116所示。

（2）单击"要偏移的对象"选择框，在几何区域中选择加厚的曲面。

（3）设置"第一偏移"和"第二偏移"的数值。

（4）单击"确定"按钮，完成厚曲面，如图3-117所示。

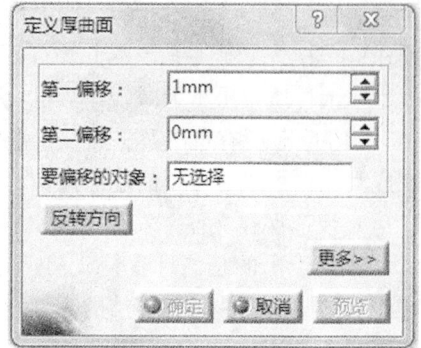

图 3-116 "定义厚曲面"对话框

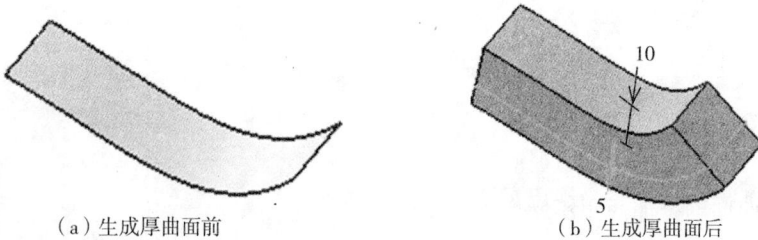

（a）生成厚曲面前　　　　　　　　　　　　（b）生成厚曲面后

图 3-117 厚曲面

3. 封闭曲面

封闭曲面的功能是将曲面构成的封闭体积转换成实体，若不是封闭体积，也可以自动以线性的方式封闭，其操作步骤如下：

（1）单击"封闭曲面"工具按钮 ，弹出"定义封闭曲面"对话框，如图3-118所示。

（2）选择要封闭的曲面。

（3）单击"确定"按钮，生成实体完成封闭曲面，如图3-119所示。

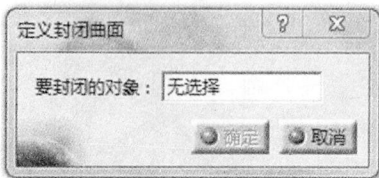

图 3-118 "定义封闭曲面"对话框

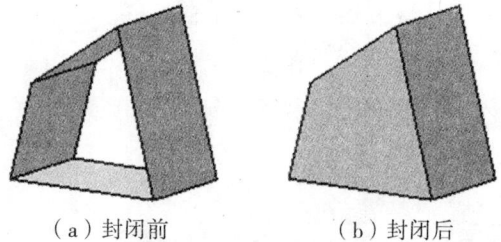

（a）封闭前　　　　（b）封闭后

图 3-119 封闭曲面

4. 缝合曲面

缝合曲面的功能是将曲面与实体缝合在一起，是零件实体保持与曲面一致的外形，是一种曲面和实体之间的布尔运算，其操作步骤如下：

（1）单击"缝合曲面"工具按钮，弹出"定义缝合曲面"对话框，如图3-120所示。

图3-120　"定义缝合曲面"对话框

（2）选择要缝合的对象，将曲面缝合到几何体上。

（3）单击"确定"按钮，完成缝合曲面，如图3-121所示。

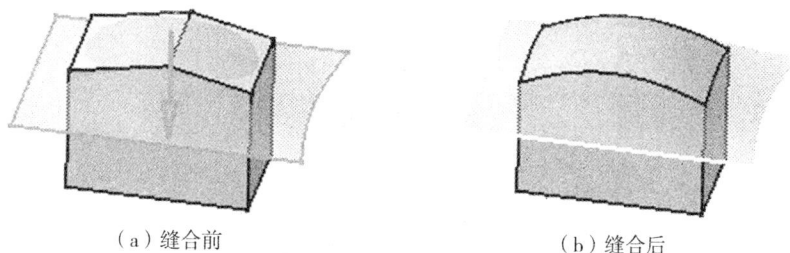

（a）缝合前　　　　　　　　　　　　　（b）缝合后

图3-121　缝合曲面

5. 装配

装配的功能是将两个形体组合在一起，形成一个新的形体，彼此之间有层级关系，其操作步骤如下：

（1）单击"装配"工具按钮，弹出"装配"对话框，如图3-122所示。

（2）选择"几何体3"特征，系统默认将"几何体3"装配到"零件几何体"特征上，如图3-123所示。

（3）若需要将"几何体3"装配到"几何体2"上，则

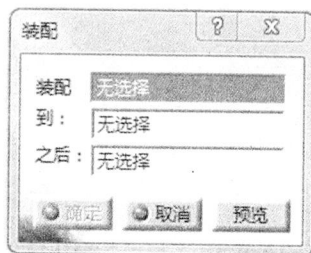

图3-122　"装配"对话框

（a）装配前　　　　　　　　　　　　　（b）装配后

图3-123　装配

需单击"到"选项，选中"几何体 2"，如图 3-124 所示。

（4）单击"确定"按钮，完成装配特征。

图 3-124 "几何体 3"装配到"几何体 2"

6. 添加

添加的功能是将一个几何体添加到另一个几何体上，其操作步骤与"装配"类似，如图 3-125 所示。

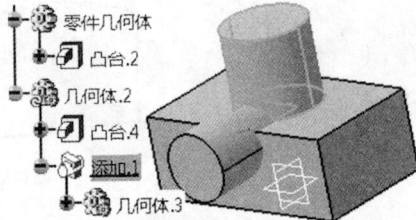

图 3-125 添加

7. 移除

移除的功能是从当前形体里减去某些形体，其操作步骤与"装配"相类似，如图 3-126 所示。

图 3-126 移除

8. 相交

相交的功能是保留两个形体的共有部分，形成一个新的形体，其操作步骤与"装配"相类似，如图 3-127 所示。

图 3-127 相交

9. 联合修剪

联合修剪的功能是在两个以上的组件之间同时进行添加、移除、相交等操作，其操作步骤如下：

（1）单击"联合修剪"工具按钮，选择要修剪的几何体"几何体3"，弹出"定义修剪"对话框，如图 3-128 所示。

（2）单击"与"选项，选择"零件几何体"，如图 3-129 所示。

（3）单击"要移除的面"选项，选择长方体的上表面，以紫色显示，如图 3-130 所示。

图 3-128 "定义修剪"对话框

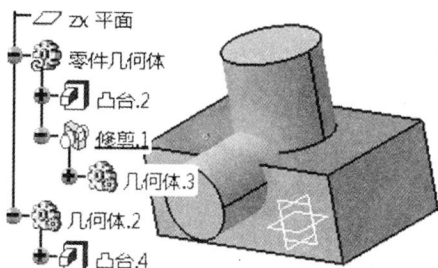

（4）单击"要保留的面"选项，选择圆柱体的侧面，以蓝色显示，如图 3-131 所示。

（5）单击"确定"按钮，完成修剪特征，如图 3-132 所示。

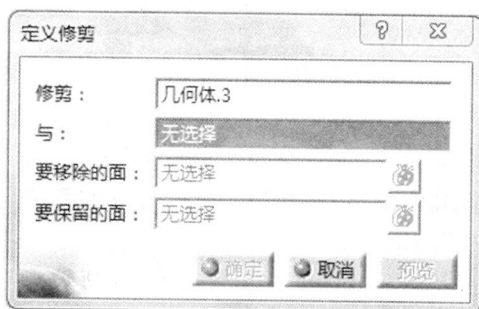

图 3-129 "与"选择

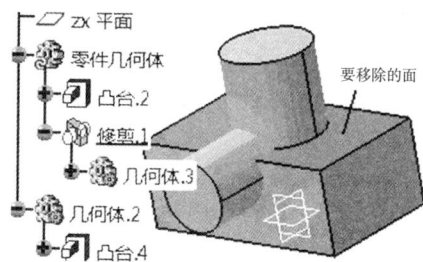

图 3-130 "要移除面"选择

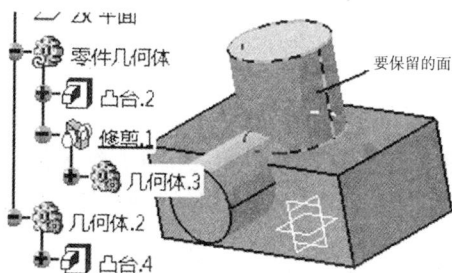

图 3-131 "要保留的面"选择

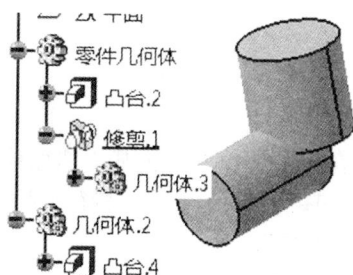

图 3-132 联合修剪

10.移除块

移除块的功能是从形体中移除某些部分，其操作步骤如下：

（1）该例是利用"移除"工具按钮，先从一个长方体上移除一个圆盒，如图 3-133 所示。

（a）移除前　　　　　　　　　（b）移除后

图 3-133　"移除"操作

（2）单击"移除块"工具按钮，选择"零件几何形体"，弹出"定义移除块"对话框，如图 3-134 所示。

（3）单击"要移除的面"选项，选择要移除的面，显示为紫色，如图 3-135 所示。

（4）单击"预览"按钮，观察移除效果。也可单击"要保留的面"选项，选择"零件几何形体"底面作为保留面。

图 3-134　"定义移除块"对话框

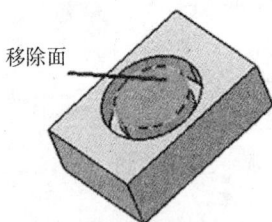

（5）单击"确定"按钮，完成移除块特征，如图 3-136 所示。

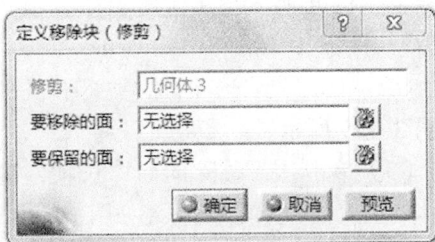

移除面

图 3-135　选择"要移除的面"　　　　图 3-136　移除块

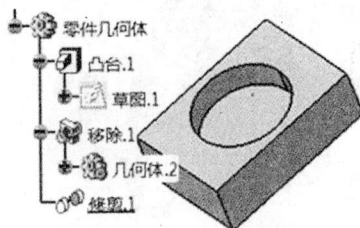

任务4　解决方案

在零件设计中许多基于曲面构成的特征和通过布尔操作得到的特征，绝大部分都可以通过基于草图的特征、特征变换与修饰得到，所以任务 4 将不列举解决方案，读者可以在学习与实践中体会。

思考与练习 3

1. 实体零件的创建方法有哪些？参考元素能否直接生成实体零件？

2. 参考平面的创建方法有哪几种？

3. 根据"思考与练习1-9"附图完成"机用虎钳"所有零件的三维设计。

4. 创建图 3-137~ 图 3-140 所示形体的三维模型。

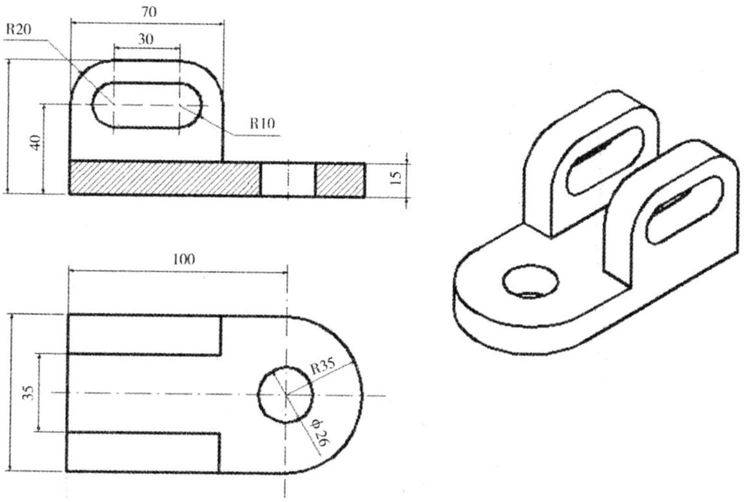

图 3-137

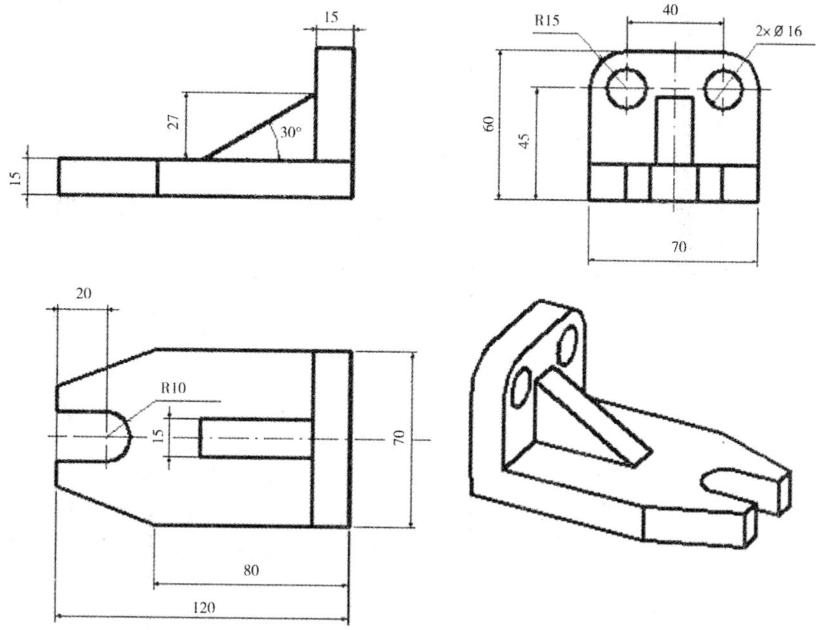

图 3-138

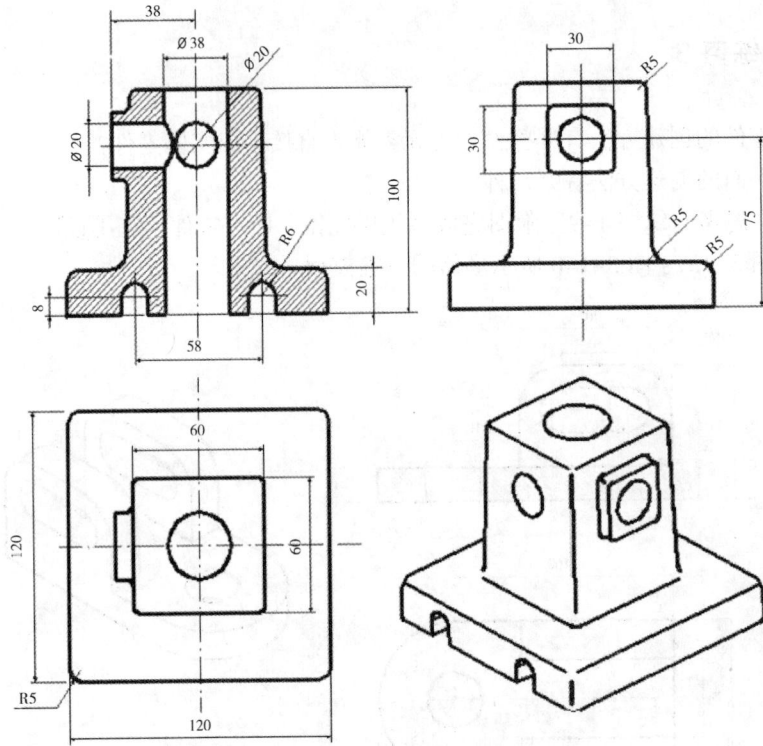

图 3-139

图 3-140

项目 4

工程制图

学习目标

1. 熟悉工程制图工作环境的设置。
2. 熟悉各种视图的生成。
3. 掌握各种尺寸的标注。
4. 熟悉图框和零件物料清单的生成。

任务 1　工程制图环境设置

任务要求

1. 启动 CATIA 软件，进行工程制图个性化设置。
2. 采用多种方式进入 CATIA 工程制图模块。
3. 将机用虎钳的零件导入工程制图模块，使用 A3 的空白图纸生成简单的视图。

相关知识

1. 工程制图模块简介

产品在研发、设计和制造过程中只有三维模型通常是不够的，因为诸如尺寸精度、形位公差、表面结构等技术要求尚不能完整地表达清楚，还需要借助于二维的工程图来描述相关技术指标。这些二维的工程图与传统的图纸所表达的内容是相同的，但主要的内容不是逐笔画出来的，而是从三维模型中直接获取的，CATIA 可以通过工程制图模块直接创建产品的工程图。

（1）工程制图模块的基本组成

CATIA V5 的工程制图模块由创成式工程绘图和交互式工程绘图组成。创成式工程绘图可以很方便地从 3D 模型直接生成相关联的 2D 视图，包括各向视图、剖面图、剖视图、局部放大图、轴测图等；2D 图尺寸可自动标注，也可手动标注；最终生成符合国标的生产用图纸、材料明细表等。交互式工程绘图以高效、直观的方式进行产品的二维设计，可以很方便地转换成 DXF 和 DWG 等其他格式的文件。

（2）工程制图模块的功能

工程制图模块的功能：将零件的 3D 模型映射为指定方向的投影图、剖视图或断面图，通过添加尺寸、尺寸公差和形位公差，添加表面结构、焊接等工程符号，添加文本注释、零件编号、标题栏和明细表等，创建产品在研发、设计和制造过程中所需的工程图。工程制图模块生成的文件类型为 .CATDrawing。

工程制图模块也可以不依赖三维模型，使用绘制和编辑功能直接创建工程图。工程制图与草图设计一样，都能够创建和编辑二维图形，不同的是前者绘制的工程图是相对独立的文件，既可以打印输出，也可以和其他 CAD 系统交换图形信息，而后者绘制的二维图形只能提供给零件设计等模块，用于创建三维的形体或曲面等对象。

（3）工程图设计流程

使用 CATIA 工程制图模块进行产品工程图设计的流程如图 4-1 所示。

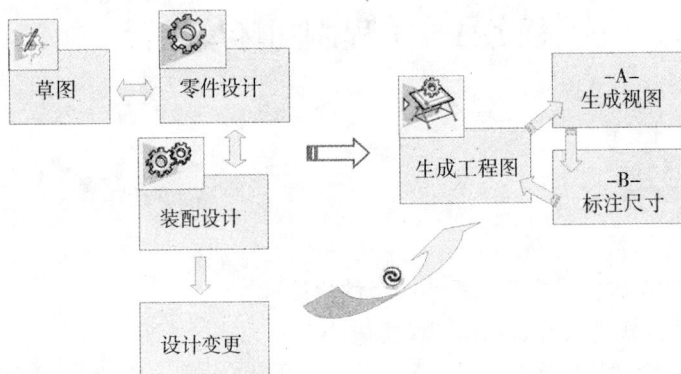

图 4-1　工程制图流程

2. 工程制图环境设置

在使用 CATIA 创建工程图时，需要对工程制图模块的环境参数进行相关的设置，这样可以提高制图的效率，而且一次设置后对所有图纸都有效。

（1）工程制图环境参数的设置

单击主菜单"工具"→"选项"，弹出"选项"对话框，单击该对话框左边目录树"机械设计"→"工程制图"节点，即可显示"常规"、"布局"等多个选项卡。

①"常规"选项卡。

• 标尺：该选项选中后，在图纸的顶部和左侧将出现标尺，通常情况下该选项无需选中。

• 网格：包括 3 个选项，选中"显示"后，图纸上将会显示网格。选中"点捕捉"后，绘图时会自动捕捉网格节点，类似于 AutoCAD 中"栅格捕捉"的功能，CATIA 默认为选中，建议常规设计关闭。"允许变形"选中后，可以修改竖直方向计算基准和竖直方向等分数，每格水平宽度为竖直方向计算基准除以竖直方向等分数。竖直方向计算基准缺省值为 100mm，竖直方向等分数缺省值为 10，此项一般不作修改。

- 颜色：包括 2 项，"图纸背景"可根据需要选择图纸背景颜色；"细节图纸背景"可根据需要选择细节图纸背景颜色。

- 结构树：结构树又叫历史树，选中"显示参数"将在历史树中显示参数。选中"显示联系"将在历史树中显示联系，"显示视图特征"一般不常用。

- 视图轴：选中"当前视图中显示"则在当前视图中可见视图坐标。选中"缩放"则可以缩放视图坐标；"参考大小"为视图坐标参考尺寸，默认为 30mm。

- 启动工作台："启动工作台时隐藏对话框"是操作提示的向导，一般要求显示。

- 纸张单元：用来设置绘图尺寸的基准单位。

② "布局"选项卡。

- 创建视图："视图名称"选中后创立视图时会自动生成视图名称标注。"比例系数"选中后创立视图时会自动生成比例系数标注。"视图框架"选中后创立视图时会自动生成视图框，而不是图框。

- 新建图纸："复制背景视图"选中后在新图纸中会拷贝背景视图。"源图纸"中选中"第一张图纸"后，源视图则为第一张图纸；选中"其他工程图"后，源视图则为其他图纸。

- 背景视图：C:\Program Files\CATIA\intel_a\VBScript\FrameTitleBlock\ 该目录为默认的框架标题的保存目录，使用者可以将自己设计的图纸保存为模版，供日后使用。

③ "视图"选项卡。

- 生成 / 修饰几何图形："生成轴"选中后，在创建视图时可以直接生成轴线。"生成螺纹"选中后，在创建视图时对于三维实体中有螺纹特征的零件，可以直接在工程图中显示螺纹。"生成中心线"复选框选中后，在创建视图时可以直接生成孔的中心线。"生成隐藏线"复选框选中后，在创建视图时可以直接生成不可见的隐蔽线。"生成圆角"复选框选中后，在创建视图时可以控制圆角的显示方式，单击配置按钮可弹出生成圆角对话框，可根据需要选择相应的选项，一般选择"边界"。"视图线型"复选框选中后，可以控制生成视图的线型。

- 生成的几何图形。

- 生成视图。

④ "生成"选项卡。

- 尺寸生成：该选项主要控制尺寸生成方式，一般选择"生成后分析"。

- 零件序号生成："为每个产品实例创建零件序号"在生成总装图时经常使用。

⑤ "几何图形"选项卡

- 几何图形：在绘图时自动创建几何图形的特征，如圆心和椭圆中心等。

- 创建约束："创建检测到的和基于特征的约束"选项可以用来设置智能拾取的类型，具备自动捕捉的功能，但是有时为了特殊作图的需要此项不勾选。

- 约束显示：可以设置约束的类型，包括水平、垂直、平行、同心、相合、相切和对称等，方便草图的绘制。

• 颜色:该选项可以设置过分约束的元素、不一致的元素、未更改的元素、等约束元素、构造元素和智能拾取元素的颜色,使用者可以通过颜色判断元素的情况。

⑥ "尺寸" 选项卡。

• 创建尺寸:该选项用来设置标注尺寸线与几何图形之间的距离,此外还可以检测倒角。

• 移动:该选项可以进行捕捉的配置。

• 排列:对于多个尺寸集中的情况,该选项可以实现按要求自动标注。

• 分析显示模式:激活分析显示方式后,可以设置不同性质尺寸的颜色。

⑦ "操作器" 选项卡。

• 操作器:该选项用来设置任何形式的操作器,如文字、中心线和尺寸等,"参考大小" 用来控制操作器的大小,"可缩放" 是指操作器本身大小的缩放。

• 旋转:控制旋转捕捉的角度,特殊情况下开启该项功能。

• 尺寸操作器:"修改超限" 复选框选中后,可以手动拖拽控制柄,调节尺寸限制线的顶部长度。"修改消隐" 复选框选中后,可以手动拖拽控制柄,调节尺寸限制线的底部长度。"在此之前插入文本" 复选框选中后,在尺寸文字的前面可以手动加入文本,单击红色箭头就会出现文本输入框,输入相关的文字即可。"在此之后插入文本" 复选框选中后,在尺寸文字的后面可以手动加入文本,单击红色箭头就会出现文本输入框,输入相关的文字即可。"移动值"复选框选中后,可以手动拖拽上方的控制柄,可以移动尺寸值的位置。"移动尺寸线" 复选框选中后,可以手动拖拽上方的控制柄,可以移动尺寸线的位置。"移动尺寸线次要零件"复选框选中后,可以手动移动尺寸水平线节点的位置。"移动尺寸引出线" 复选框选中后,可以手动移动尺寸引出线的位置。

⑧ "标注和修饰" 选项卡。

• 创建标注:"在文本和参考之间创建方向链接"复选框选中后,可以在文字和参考方向之间建立链接。例如,选择文字工具后,选择一条直线作为参考,这样建立的文字将跟随直线方向,类似于曲线排位。"创建要参考的引出线末端法线"复选框选中后,在创建带引出线的文本时,可以选择一条直线,这样引出线将垂直于选择的直线。该选项对于 "文本" 和 "形位公差" 有效。"创建刚性位置链接"复选框选中后,如 "文本" 复选框,则建立的文本将不能使用鼠标移动,为刚性链接。

• 移动:"默认捕捉" 用来设置捕捉的方式。

• 创建零件序号:对于总装配图或者爆炸图,需要对各零部件进行标识时,采用该项功能。其中有编号、实例名称和零件编号三种方式可供选择,对应生成相应的标注。

• 表:"编辑单元格时重新计算表"复选框选中后,当编辑一个单元时,表格大小将调整。

• 区域填充:填充区域设定,一般默认。

⑨ "管理" 选项卡。

管理选项卡一般采用默认的设置。

此外,利用主菜单 "工具" → "自定义" 弹出对话框也可以进行工作环境的个性化设置。

(2)CATIA 工程制图模块的启用

① 从 "开始" 菜单启动工程制图模块。

单击主菜单"开始"→"机械设计"→"工程制图"启动 CATIA 工程制图工作台。

② 从"文件"菜单启动"工程制图"模块。

单击主菜单"文件"→"新建"在弹出的对话框中选择新建的文件类型为 Drawing，然后单击"确定"按钮进入绘制工程图的环境，开始建立一个新的图形文件。

③ 利用现有文件启动工程制图模块。

选择主菜单"文件"→"新建自"，将弹出"文件选择"对话框。选择一个已存在的图形文件，然后单击"确定"按钮，即可进入绘制工程图的环境，以该文件为起点建立一个新的图形文件。

3. 工程制图图纸的生成

图形文件的下一级对象是图纸。一个图形文件可建立多个图纸 (Sheet)，图形、尺寸和注释等对象就绘制在图纸上。图纸分为图纸和详细图纸两种，前者接受来自三维形体的投影图，后者不接受来自三维形体的投影图，主要用来放置一些常用的平面图形、专用符号、文字说明等。后者可以被图纸引用。一个图纸包含工作视图和图纸背景，两者可以同时显示。但是，若处于工作视图时，不能够编辑图纸背景，反之亦然。通常将图框、标题栏作为背景图，其余作为工作视图。就像不同文档的内容可以相互复制一样，一个图纸上的对象也可以剪切、复制到另一个图纸。

（1）生成图纸的方法

生成工程图主要有以下四种方法：

① 从"文件"菜单"新建"或"新建自"生成图纸。

② 利用工程制图模块的"插入"菜单生成图纸如图 4-2（a）所示。

③ 使用绘图工具栏生成图纸如图 4-2（b）所示。

④ 利用向导生成图纸。通过主菜单进入工程制图模块，利用弹出的"新建工程图"进行简单的设置，即可进入图纸空间。

（a）由"插入"菜单生成图纸　　　　（b）由绘图工具栏生成图纸

图 4-2　图纸的生成

（2）图纸设置

图纸设置主要有以下四种途径：

① 通过"新建工程图"进行图纸设置。

进入工程制图模块后会自动弹出以下对话框，直接设置即可生效，如图 4-3 所示。

② 通过"创建新工程图"进行图纸设置。

在零件设计或装配设计工作完成后，单击主菜单"开始"切换进入工程制图工作台，会弹出"创建新工程图"对话框，根据需要设置即可，如图 4-4 所示。

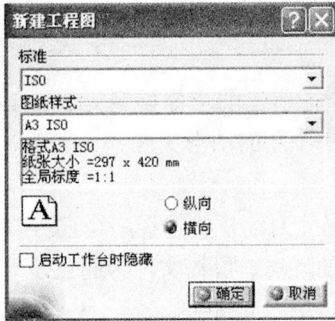

图 4-3　"新建工程图"对话框　　　　　　　　图 4-4　"创建新工程图"对话框

③ 通过"图纸属性"进行图纸设置。

在工程制图工作台，鼠标右击特征树上的"图纸"，利用"属性"对话框设置。

④ 通过"页面设置"进行图纸设置。

（3）图纸操作。

① 建立新图纸。

建立新图纸方法很多，前面已经讲述过，不再赘述。

② 删除图纸。

单击特征树上的图纸节点，按"Del"键或右击，利用右键菜单删除选中的图纸。

③ 激活图纸。

双击特征树上的图纸节点或单击作图区的图纸标签，相应的图纸即被激活，被激活的图纸显示在最上面。

④ 创建图纸背景。

选择菜单"编辑"→"图纸背景"，进入绘制图纸背景的环境。

任务 1　解决方案

1. 启动 CATIA 软件，进行常规的个性化设置。

双击桌面 CATIA 图标或其他快捷方式，启动 CATIA 软件。然后，根据机械制图国家标准和相关规定进行工程制图绘图环境的设置。

2. 采用多种方式启动 CATIA 工程图模块。

（1）从"开始"菜单启动工程制图模块

单击主菜单"开始"→"机械设计"→"工程制图"，启动 CATIA 工程制图模块。

（2）从"文件"菜单启动工程制图模块

单击主菜单"文件"→"新建"，在弹出的对话框中选择新建的文件类型为 Drawing，然后单击"确定"按钮，进入绘制工程图的环境，开始建立一个新的图形文件。

（3）利用现有文件启动工程制图模块

选择主菜单"文件"→"新建自"，弹出"文件选择"对话框，浏览并选择一个已存在的图形文件，然后单击"确定"按钮，即可进入绘制工程图的环境，以该文件为起点建立一个新的图形文件。

3.将机用虎钳的螺母模型导入工程制图模块，使用 A3 的空白图纸生成简单的视图。

打开机用虎钳零件螺母的三维实体模型，将视图调整为等轴测视图。然后，从主菜单"开始"→"机械设计"→"工程制图"进入工程制图工作台，创建螺母的三视图，如图 4-5 所示。

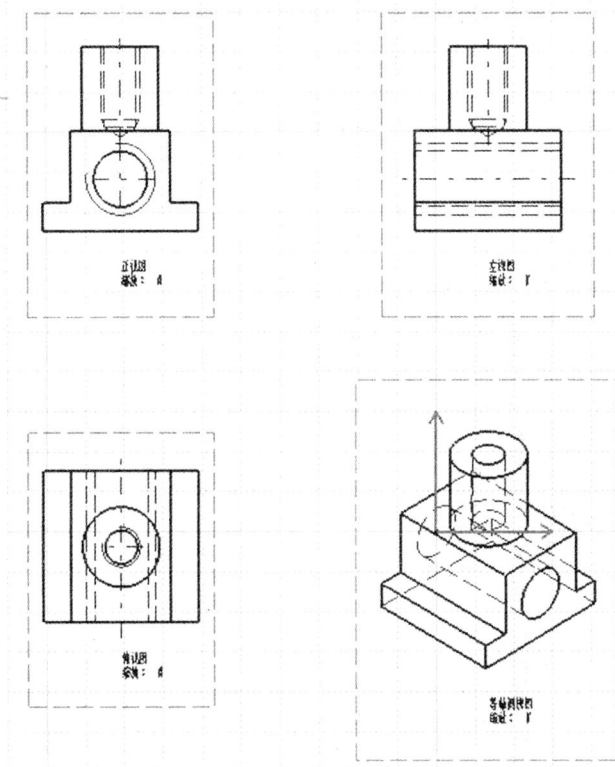

图 4-5　螺母三视图

任务 2　工程视图的生成

任务要求

根据固定钳身的 3D 模型（如图 4-6 所示）创建工程图，使之符合机械制图国家标准。

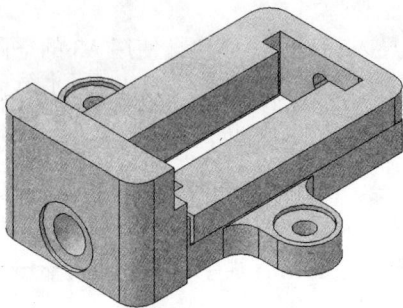

图 4-6   固定钳身

相关知识

1. 工程图

绘图功能包括生成图纸、新建视图和实例化 2D 部件，工具栏如图 4-7 和图 4-8 所示。

图 4-7   "视图"操作的相关菜单   图 4-8   "视图"操作的相关工具栏

（1）图纸

"新图纸" □：该功能用于生成新图纸，类似于 Word 中新建的功能，单击"工程图"工具栏中的"新图纸"按钮，就可以自动生成一张空白的新图纸。

"新建详图" ▣：该功能用于生成新的细节图纸，类似于一个二维图纸模版，创建好后，使用快速实例化功能，可以调用详细视图。单击"工程图"工具栏中的上述按钮，就可以自动生成一张新的细节图纸。

（2）新建视图

"新建视图" ▦：该功能用于生成新的视图，并且生成的视图可以用于工程师在其中进行图纸的绘制说明。单击"工程图"工具栏中的"新建视图"按钮，就可以自动生成新的视图。

（3）实例化 2D 部件

"实例化 2D 部件" ▨：该功能用于重复使用二维元素，与"新建详图"工具连用，可以将细节视图的内容存入到二维库中，方便其他零件工程图调用，此功能类似于 AutoCAD 图块的功能，具体操作步骤如下：

① 新建详图，在其中绘制一个图形，该图形会在各个不同的图纸空间中显示。

② 单击"实例化 2D 部件"按钮，选择在详图中需要实例化的 2D 部件，移动至合适位置，单击左键确定。

③ 确定位置后，软件会自动弹出"工具控制板"工具栏，用于对象的翻转、对称和缩放等操作。

2. 工程视图的创建

（1）视图

视图是图纸的下一级对象。CATIA 既可以根据三维模型创建产品的投影视图，也可以不依赖三维模型以交互方式绘制工程图。视图具有以下特点：

① 一个图纸可含有多个视图。视图可分为基本视图、辅助视图和局部视图。基本视图包括正（主）视图、俯视图、左视图、右视图、仰视图和后视图。

② 视图内容是从形体的三维模型获取的，但也可以在此基础上以交互方式进行修改。

③ 每个视图有一个虚线的方框，方框的大小随图形对象的大小自动调整，可以隐藏或显示。方框内还有视图的名字和比例。视图的名字或比例也可以被修改或隐藏。

④ 视图可以被锁定或解锁，锁定的视图不能被修改，但可以被整体移动。

⑤ 整个视图也可以被隐藏或显示。

（2）创建工程视图

CATIA 提供了强大的视图支持功能，几乎可以生成所有的视图。菜单和工具栏都可以用来生成各种视图，由于功能相同，这里只介绍"视图"工具栏的使用。"视图"工具栏提供了多种视图生成方式，可以方便地从三维模型生成各种二维视图。在创建视图时，会经常用到视图转盘（如图 4-9），其功能类似于罗盘，利用视图转盘可以垂直翻转视图平面，还可以以任意角度旋转视图。

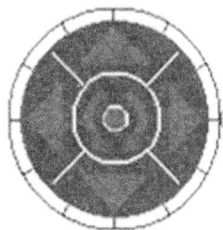

图 4-9　视图转盘

① 投影：展开包括如下多个工具按钮。

"正视图" ▨：该功能用于生成产品零件的主视图。使用该功能时需要从二维工作台切换到三维模型中进行投影，具体操作步骤如下：

• 打开三维实体，进入工程制图工作台。

• 单击前视图生成图标，通过窗口菜单切换到三维工作台。然后在三维模型工作台中调整三维实体的位置，单击实体平面选择一个投影平面。

• 在右下角弹出的实时小窗口中可以微调，还可以配合视图转盘进行调整。此时，出现三维实体的正视图，边框为绿色，工程图为未确定状态。单击视图窗口的空白处，即可生成所需要的正视图，如图4-10所示。

图 4-10　由实体生成正视图

"展开视图" 🖼：该功能用于生成钣金件的展开图，具体操作步骤如下：

● 打开三维实体，进入工程制图工作台。

● 单击展开视图生成图标，通过窗口菜单切换到三维工作台。然后在三维模型工作台中调整三维实体的位置，单击实体平面选择一个投影平面。

● 在图纸中适当位置鼠标单击一下，即生成所需的钣金件的展开图。跟正视图的生成情况不同的是，生成的展开视图会以点画线的方式显示零件的折弯线，是否显示折弯线与选项中的设置有关。

"3D 视图" 🖼：3D 视图是指从三维模型生成视图，与前面两种方法不同的是使用该功能可以直接生成带特定标注信息的视图，具体操作步骤如下：

● 在工程制图工作台中单击 3D 视图图标，切换至三维实体中，单击三维实体的标注信息，再切换至工程制图工作台。

● 在工程制图界面单击确认，即可生成 3D 视图。此时，三维实体中的 3D 信息将会保留在视图中。

"投影视图" 🖼：该功能用于以已有二维视图为基准生成其投影图，具体操作步骤如下：

● 首先生成一个投影视图，然后双击生成的视图边框激活视图，绿色边框为未激活状态，红色边框为激活状态。

● 激活视图后，单击投影工具栏中的投影视图图标。

● 拖动鼠标单击确定即可生成相应的视图，光标的移动方向为投影的方向。该命令功能可以重复使用生成多个投影视图，如图4-11所示。

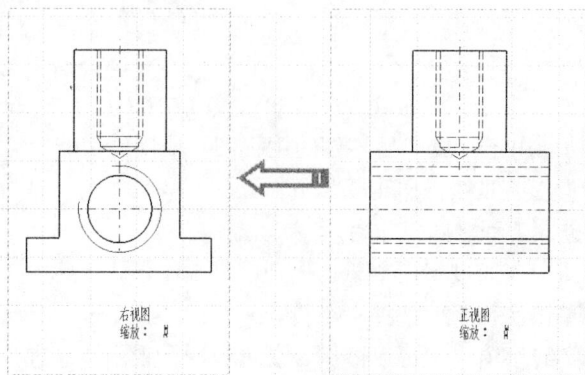

图 4-11　创建投影视图

"辅助视图" ：该功能用于生成特定方向的向视图，具体操作步骤如下：

• 单击工具栏中"辅助视图"图标，在当前激活的视图中选择一个面作为参考面。

• 用鼠标单击两下确定一条直线，用来确定投影的方向。

• 单击鼠标左键确认，即可生成辅助视图。

"等轴测视图" ：该功能用于生成等轴测视图，有时为了便于识图，往往在图纸的右上角或者右下角放置一个等轴测视图，具体操作步骤如下：

• 单击工具栏的等轴测视图图标，切换至三维实体窗口，选择适当的位置和基准平面。

• 单击鼠标左键，自动生成等轴测视图，如图4-12所示。

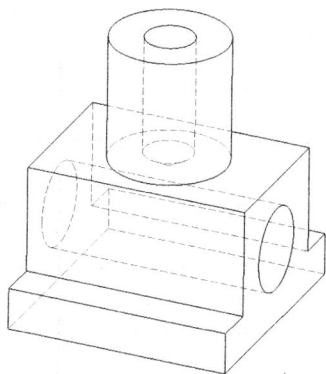

图4-12 螺母的等轴测视图

② 截面。截面工具栏主要包括偏移剖视图、对齐剖视图、偏移截面分割视图和对齐截面分割视图。

"偏移剖视图" ：为了表达零件的内部结构特征，往往需要定义一个剖视图，该功能用于生成偏移剖视图，具体操作步骤如下：

• 先生成一种视图，以生成正视图为例。

• 激活当前视图，单击偏移剖视图图标、用鼠标单击两次定义一条剖切线。

• 移动鼠标，单击确认放置位置，即可自动生成偏移剖视图，如图4-13所示。

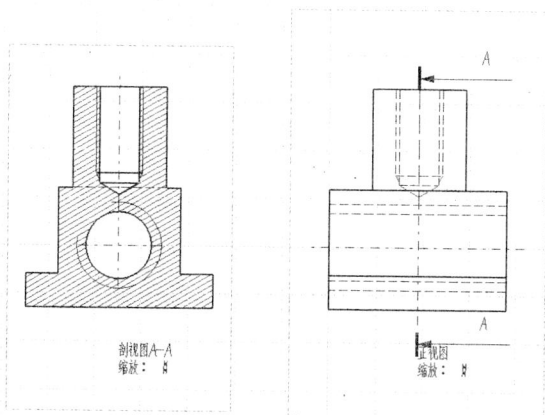

图4-13 创建偏移剖视图

"对齐剖视图" ⬚：该功能用于生成对齐剖视图，又叫转折剖视图或旋转剖视图，具体操作步骤如下：

● 先生成一种视图，以生成的活动钳身正视图为例。

● 激活当前视图，单击对齐剖视图图标，定义一条剖切线，然后旋转一定角度，双击结束。

● 移动鼠标确定位置，即可生成对齐剖视图。

"偏移截面分割视图" ⬚：该功能不同于偏移剖视图之处在于剖切后只保留断面视图，具体操作步骤与偏移剖视图的创建完全相同。

"对齐截面分割视图" ⬚：该功能不同于对齐剖视图之处在于剖切后只保留断面视图，具体操作步骤与对齐剖视图的创建完全相同。

③ 详细信息。"插入"菜单子菜单"视图"选项下拉菜单中"详细信息"包括详细视图、草绘的详图轮廓、快速详图和草绘制的快速详图轮廓四种类型。

"详细视图" ⬚：详细视图也叫圆形局部放大视图，在机械制图中常常用详细视图来表达零件的细节部分，该功能用于生成圆形区域的局部放大视图，具体操作步骤如下：

● 新建一个视图，然后在局部放大图工具栏中选择详细视图图标。

● 单击需要局部放大的细节处，拖动鼠标缩放至合适大小，单击"确认"按钮。

● 将局部放大视图拖动至合适位置，即可生成详细视图，如图 4-14 所示。

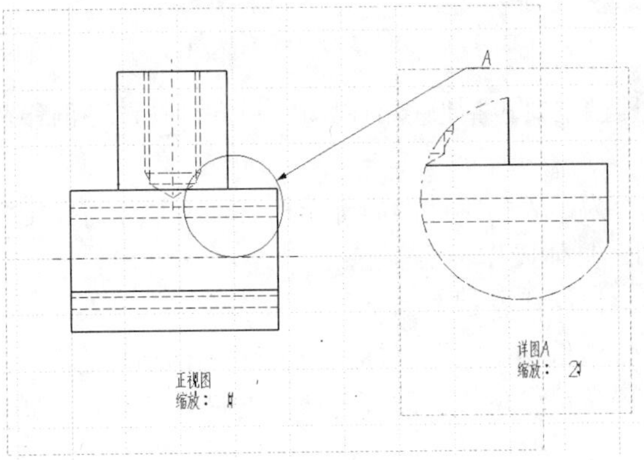

图 4-14　详细视图的创建

● "草绘的详细视图轮廓" ⬚：草绘的详图轮廓也叫多边形局部放大视图，它的功能与详细视图完全相同，不同之处在于选择放大细节的视图轮廓不是圆形而是像草图绘制的多边形。

"快速详细视图" ⬚：此功能同详图的区别在于快速详细视图直接生成详细视图，而详图则要计算三维实体。

"草绘的快速详细视图轮廓" ⬚：草绘的快速详细视图轮廓同草绘的详细视图轮廓的区别同上，具体操作完全一样。

④ 裁剪。

"裁剪视图" ⬚：裁剪视图又称局部视图，也可以用来表达局部的细节。与详细视图不同的是，详细视图是把视图的某一部分复制出来加以放大显示，而裁剪视图是对当前的视图进行裁剪得到局部视图，裁剪后原视图被删除，其具体操作步骤同详细视图完全相同，如图 4-15 所示。

"草绘的裁剪轮廓" ⌖：草绘的裁剪轮廓又称多边形局部视图，与裁剪视图不同之处在于草绘的裁剪轮廓是多边形而不是圆形，具体操作步骤同裁剪视图相同，如图 4-16 所示。

图 4-15　裁剪视图的创建　　　　图 4-16　草绘裁剪轮廓的创建

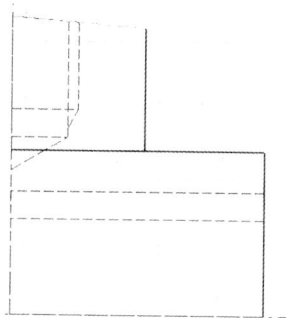

⑤ 断开视图。断开视图功能包括局部视图、剖面视图和添加 3D 裁剪视图。

"局部视图" ⌖：局部视图又称断开视图，用于表达较长的零件，将零件切断，而标注时长度还是实际模型的长度，具体操作步骤如下：

• 以螺杆为例，新建螺杆的正视图。

• 激活视图，单击需要断开的位置，出现一条绿色的直线，然后选择断开方向，重复操作一次，建立两个断开点。

• 左键确定，即可生成局部视图，如图 4-17 所示。

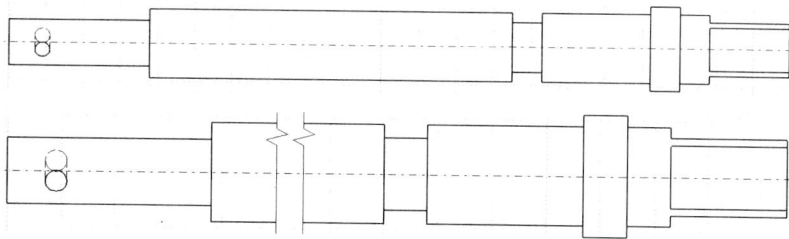

图 4-17　螺杆局部视图的创建

"剖面视图" ⌖：剖面视图又称局部剖视图，是为了方便检查零件的内部结构而形成的剖视图，与普通剖视图不同的是普通剖视图使用一个平面整个切除，而剖面视图只是切除零件的一部分，具体操作步骤如下：

• 新建视图窗口两个，一个作为参考标准视图，另一个为剖切操作对象视图，必须有两个视图，才能设置剖切的深度。

• 激活剖切操作对象，单击剖面视图图标，绘制剖切边界区域，然后会自动弹出 "3D 观察器"。

• 选中 "动画" 复选框，然后单击参考视图的边线，设置剖切的深度，确定即可生成剖面视图。

⑥ 向导。使用向导工具可以自动创建视图，该功能包括视图创建向导、创建三视图和所有视图。

"视图创建向导" 🖼：该功能用于直接从三维实体直接生成各种基本视图，适合初学者使用，简单方便，具体操作步骤如下：

- 单击视图创建向导图标，弹出"视图向导"对话框。
- 选择合适的三视图后，单击"下一步"添加一个视图，单击"确认"完成。
- 切换至三维实体窗口，选择参考平面，确定即可自动生成基本视图。

"正视图、俯视图和左视图" ✛：该功能用于一次性生成基本的三视图，操作比视图向导更简单，只需单击图标，在三维实体模型中选择合适的参考平面，即可自动生成基本三视图。

"正视图、仰视图和右视图" ✛：该功能用于直接由三维模型生成正视图、仰视图和右视图，具体操作方法同上。

"所有的视图" ✛：该功能用于一次性生成所有的视图，操作同上。

3. 几何元素的创立与修改

（1）几何元素的创立

几何元素的创立包括点、直线、曲线、圆、椭圆和轮廓线等的创立，具体使用方法与草图编辑器中使用方法相同，在此不再赘述。

（2）几何元素的修改

几何元素的修改包括轮廓的倒角、切角、裁剪、移动和约束，功能类似于 Auto CAD 修改命令，在此不再赘述。

任务 2　解决方案

CATIA 工程制图工作台生成视图的方法很多，这里只列举一种作为参考。

1. 启动 CATIA，设置工程制图工作环境。

2. 打开固定钳身的 3D 模型，从主菜单"开始"进入工程制图工作台。

3. 单击弹出对话框中的"修改"按钮选择 A3 图纸。利用视图向导创建固定钳身的常见三视图和等轴测图，并作相应的调整，如有必要可以插入其他的视图，如图 4-18 所示。

4. 将主视图改画成全剖视图，如图 4-19 所示。

要将主视图改画成全剖视图，采用偏移剖视图工具，在生成的俯视图中设置剖切线，将会自动生成全剖视图。此外，也可以使用剖面视图工具直接在主视图中改画成全剖视图。

5. 将左视图改画成半剖视图，如图 4-20 所示。

6. 调整好各视图的相对位置，得到满足要求的三视图，如图 4-21 所示。

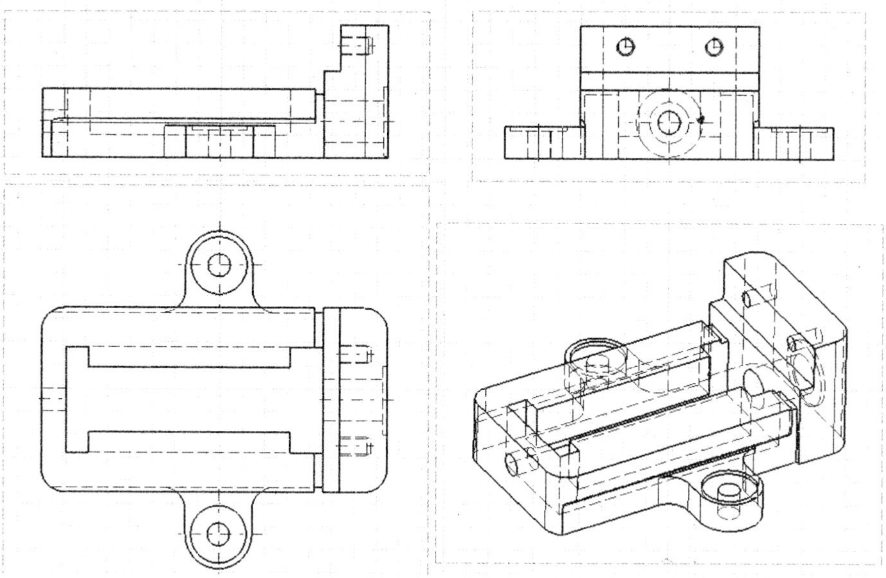

图 4-18 固定钳身三视图

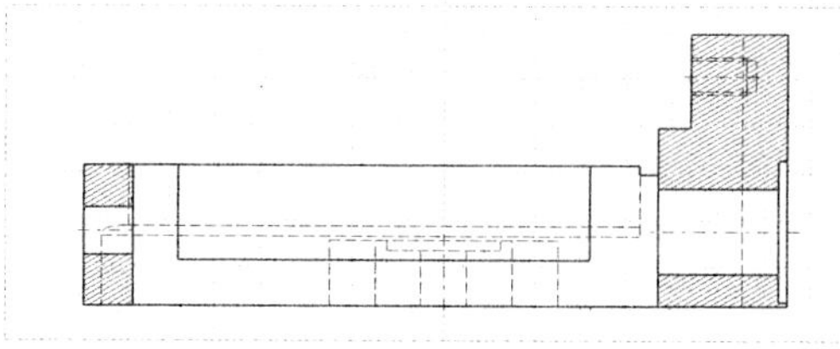

图 4-19 将主视图改画成全剖视图图

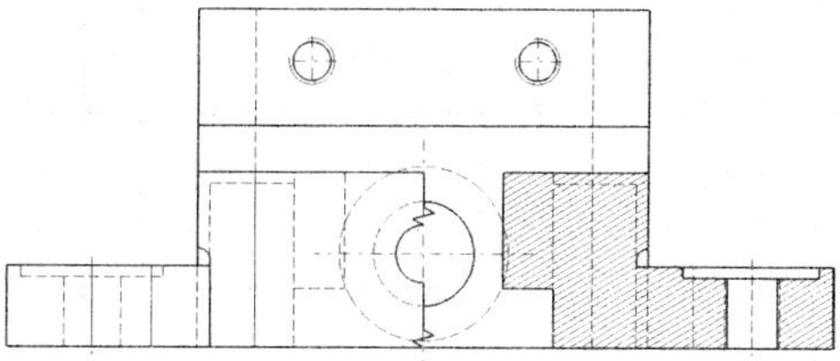

图 4-20 将左视图改画成半剖视图

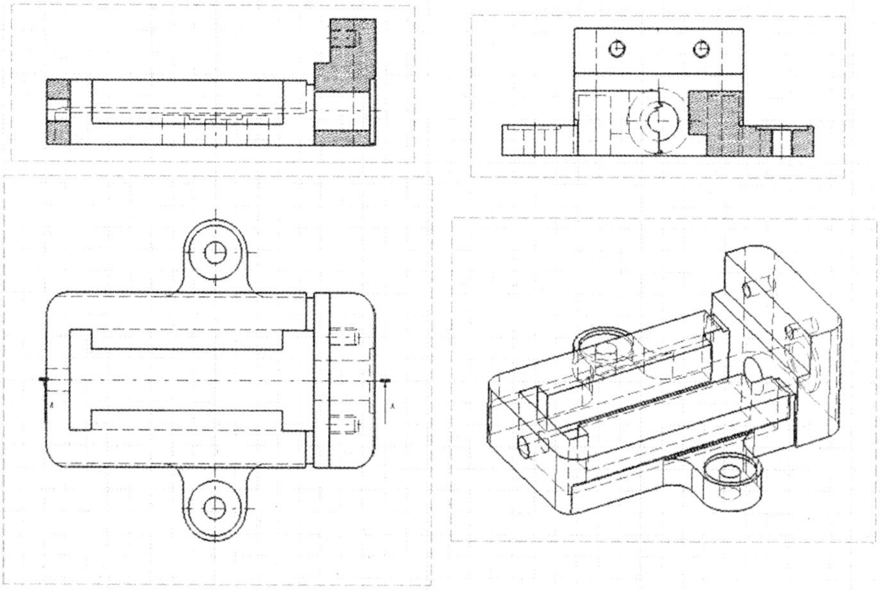

图 4-21 固定钳身标准三视图

任务 3　工程图尺寸标注

任务要求

将固定钳身三视图（图 4-21）按机械制图国家标准进行尺寸标注，完成后如图 4-30 所示。

相关知识

1. 尺寸标注

（1）尺寸

该工具栏能提供工程标注需要的 13 种标注方式，使用方法大同小异，如图 4-22 所示。

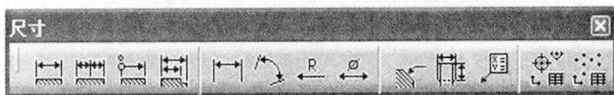

图 4-22　"尺寸"工具栏

"尺寸" ⬚：这是尺寸标注最为常见的一种，使用方法简单，与 Auto CAD 中尺寸标注的方法一样，不同的是当选择该功能时，会自动弹出"工具控制板"以控制不同直线长度的测量。

"累计尺寸" ⬚：该功能相当于基准尺寸，鼠标选择的第一点为标注尺寸的起点，以后每选择一段，即可进行分段标注。

"堆叠式尺寸" ⬚：堆叠式尺寸又称阶梯尺寸标注，同累计尺寸类似，都有一个起点基准，所不同的是，堆叠式尺寸每次标注都标注起点和选择点之间的距离。

"长度 / 距离尺寸标注" ⬚：该功能用于长度和距离的尺寸标注，使用方法与尺寸相同。

"角度尺寸标注" ⬚：角度尺寸标注专门针对角度尺寸进行标注，使用方法与 Auto CAD 角度标注的相同。

"半径尺寸标注" ⬚：半径尺寸标注就是在长度标注前，添加前缀 R，在视图中标注其特征。

"直径尺寸标注" ⬚：直径尺寸标注就是在长度标注前，添加前缀，在视图中标注其特征。

"倒角尺寸标注" ⬚：倒角尺寸标注功能是指对普通倒角和圆角倒角进行特征标注。

"螺纹尺寸标注" ⬚：螺纹尺寸标注与直径尺寸标注相同，就是添加一个前缀 M。

"坐标标注" ⬚：坐标标注用于标注点的相对坐标值。

（2）尺寸编辑

尺寸编辑主要包括重设尺寸、创建中断、移除中断等操作，该工具栏主要是对已生成的尺寸标注进行重新生成，并且可以根据突出主要尺寸的要求和相关标准，将尺寸引出线打断

（3）公差

该工具栏用于创建基准特征和形位公差。

"基准特征" 　：基准特征的建立方法非常简单，单击"基准特征"图标，单击"选择合适的位置"，拖动鼠标至适当的位置，单击"确认"按钮就可以生成基准特征，并且还可以在弹出的对话框中修改基准特征的属性，如图4-23所示。

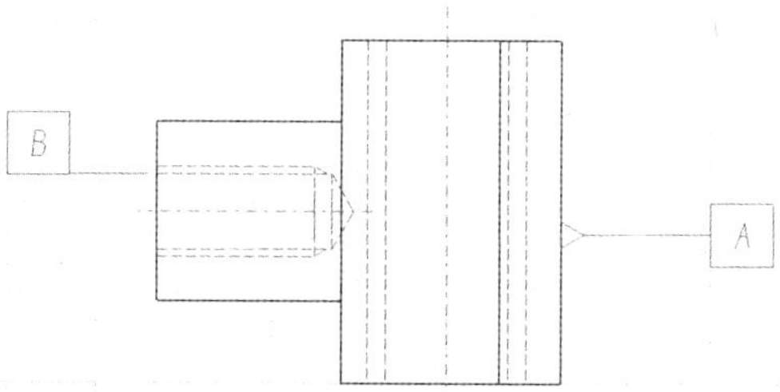

图 4-23　添加基准特征

"形位公差" 　：形位公差，即形状及位置公差，在工程制图时经常会用到，具体操作步骤如下：

- 在已生成的视图中，单击形位公差工具图标，选择需要创建形位公差的几何元素。
- 拖动鼠标到合适的位置，单击左键，会弹出"形位公差"对话框。
- 根据机械设计的精度要求，选择形位公差类型，并给定公差值，单击"确认"即可。

> 📢 **特别提示**：在零件的工程图中时常有公差标注，如 ϕ39±0.05 的公差标注，CATIA 默认字体 SICH 无法按要求进行标注，标出的是 ϕ39 0.05 的形式。这时，可以将公差类型设置为 TOL-1.0 并用 α CATIA Symbol 字体标注。

2. 生成

生成工具栏包括尺寸自动生成、逐步生成尺寸、生成零件序号和材料表，其中材料表的生成在此处不作讲解。

"生成尺寸" 　：该功能用于对于已知的视图一次性自动生成所有尺寸标注，但需要手动调整位置，具体操作步骤如下：

（1）激活已知的视图，单击"生成尺寸"图标，弹出"尺寸生成过滤器"对话框，如图4-24所示。选择要添加的约束，单击"确认"按钮。

（2）设置好"尺寸生成过滤器"对话框后单击"确认"按钮会弹出"生成的尺寸分析"。选择需要进行尺寸分析的约束及尺寸，确认后自动生成所有的尺寸标注。

（3）手动调整尺寸使之较为协调，如图4-25所示。

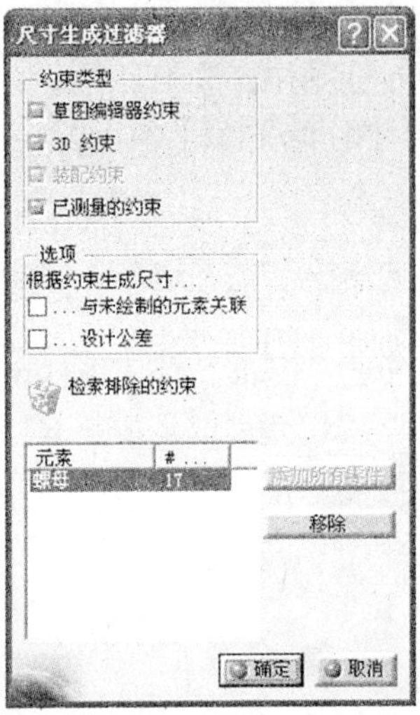

图 4-24 "尺寸生成过滤器"对话框

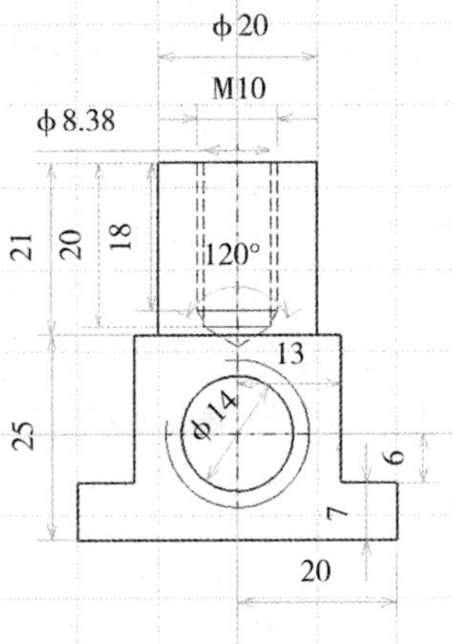

图 4-25 自动生成的尺寸

"逐步生成尺寸" ：逐步生成尺寸顾名思义就是一步一步生成尺寸，主要是用于半自动生成尺寸，具体操作步骤同生成尺寸大体上相同，只是在操作中会弹出"逐步生成"对话框。通过对话框，可以设置"3D 可视化"及超时的时间，此外，该对话框会有控制操作按钮，用于手动控制逐步生成尺寸，也可利用"直到生成结束"按钮，一次性生成所有尺寸的标注。

3. 标注

（1）文本

"文本" T：在工程制图中，往往需要标注技术指标，该功能用于标注文字，使用方法很简单。单击文本图标，在适合的位置单击，弹出"文本编辑器"对话框，输入文本内容，确认即可。双击文本，右键属性中可以修改文本属性，如图 4-26 所示。

图 4-26 "技术指标"文本标注

"带引出线的文字" ：带引出线的文字标注同文本标注一样，不同之处在于带引出线的文字标注是在单击"带引出线的文字"图标选择合适位置后，进行鼠标拖动，单击"确认"按钮，再输入文本信息。

"文本复制" Tr：使用文本复制功能时要注意首先要在结构树中选中复制目标的特征，然后再单击"文本复制"按钮，再次选择复制的文本信息，单击要粘贴的位置即可，无特征的纯文本文字无法复制。

"零件序号" ：零件序号的标注类似于文本标注，只是输入的文本信息不同，零件序号输入的是数字序号，该功能用于标注装配中的各个零件。

"基准目标" ⊖：基准目标的创建方法同零件序号的标注基本相同。

（2）符号

工程制图中有一类符号比较复杂，不易标注，主要包括文字标注、粗糙度标注和焊接符号标注。

"粗糙度符号" ✓：该工具用于标注工件的表面粗糙度，具体操作步骤如下：

• 单击表面粗糙度标注图标，选择合适位置，弹出"粗糙度符号"对话框，如图4-27所示。

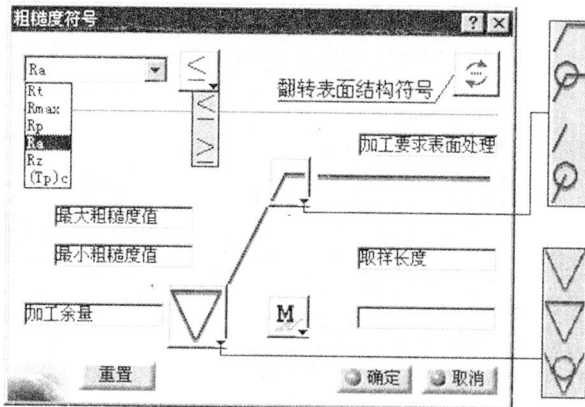

图4-27 "粗糙度符号"对话框

• 按图示要求设置好对话框，填写表面粗糙度的值，确定即可。

• 调整表面粗糙度的位置。

"焊接符号" ✓：标注焊接符号的用法同标注粗糙度符号的用法相同，设置好"焊接创建"对话框即可，如图4-28所示。

图4-28 "焊接创建"对话框

"焊接" ⬙：该功能用于焊接位置标注，单击需要焊接的两个表面，弹出"焊接编辑器"对话框，设置对话框参数即可，如图 4-29 所示。

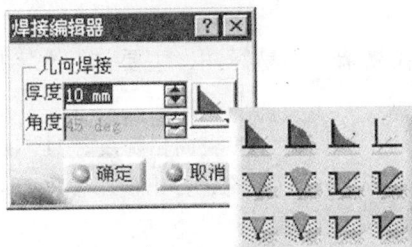

图 4-29　"焊接编辑器"对话框

（3）表

CATIA 工程制图工作台中也可以用来创建表格。主要有两种方式：一种是生成符合行列要求的表格，另一种是插入一个已经编辑好的 CSV 格式的表格，直接调用。

4. 修饰

（1）轴和螺纹

"中心线" ⊕：单击生成中心线图标，选择相应的圆特征，即可自动生成轴的中心线。

"具有参考的中心线" ⊙：与直接生成中心线不同，生成具有参考的中心线时，必须有参考元素特征。

"螺纹" ⊕：该功能用于生成螺纹线，只要选择圆形特征，则可以认为地添加螺纹标注。

"具有参考的螺纹" ⊙：与生成螺纹不同的是生成具有参考的螺纹线时，必须有参考元素特征。

"轴线和中心线" ⬙：选择该功能可以自动生成轴线和中心线。

（2）区域填充

区域填充功能和用法与 Auto CAD 软件相同。

任务 3　解决方案

将固定钳身三视图（图 4-21）按机械制图国家标准进行尺寸标注。

1. 按机械制图国家标准进行固定钳身的尺寸标注。

2. 调整标注使之符合相关要求和原则，会出现重复标注和错误标注的情况。

3. 标注形位公差。

4. 标注表面粗糙度。

5. 标注文本。

6. 整体微调得到已经标注的固定钳身的视图，如图 4-30 所示。

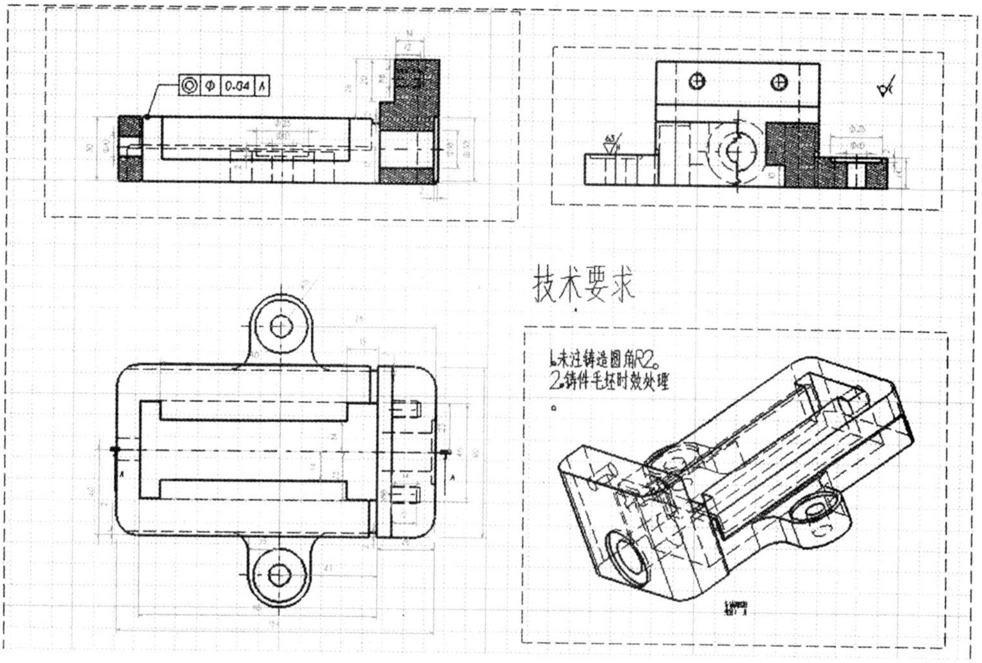

图 4-30 固定钳身的标注

任务 4 图框和零件物料清单的生成

任务要求

1. 给已经标注好的固定钳身，添加标题栏和图框，使之成为一张标准完整的工程图。
2. 生成机用虎钳装配图的物料清单。

相关知识

1. 零件序号的生成

"生成零件序号"：该功能用于生成装配图中各组件的零件符号，使用时必须是在装配视图中，并且对各零部件要事先进行编号，才可以使用该工具，具体操作如下：

（1）先打开设计装配好的装配体，进入装配设计工作台。

（2）单击左侧结构树中装配的名称，选择需要编号的装配。

（3）单击右侧生成编号图标，会弹出"生成编号"对话框，如图 4-31 所示，单击"确认"按钮即可。如果该装配体已经编号，会激活"现有数字"复选框。

（4）切换至工程制图工作台，生成等轴测视图。

（5）激活等轴测视图，单击生成零件序号图标即可，如图 4-32 所示。

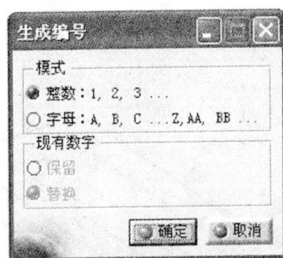

图 4-31 "生成编号"对话框   图 4-32 生成单摆的零件序号

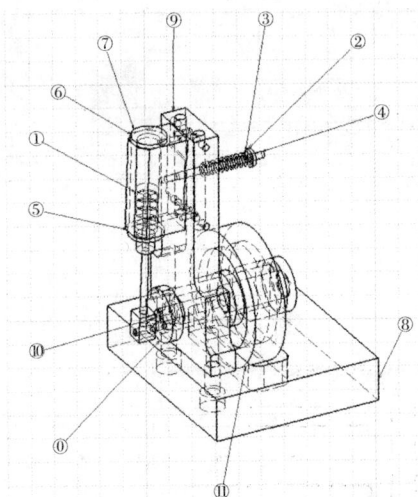

2. 标题栏和图框的生成

CATIA 提供了利用脚本自动生成图框和自定义图框模版两种创建图框的方法，方便用户根据需要选择方法。

（1）利用脚本自动生成图框

CATIA 跟大多数软件一样，都具备二次开发的功能，很多企业开发了自己的图框脚本，具体操作步骤如下：

① 在工程制图工作台下，创建好视图。

② 选择菜单"插入"下的子菜单"图纸背景"，进入图纸背景编辑空间。

③ 选择菜单"插入"下的子菜单"工程图"，进入菜单"框架和标题"，弹出"管理框架和标题块"对话框，如图 4-33 所示。

④ 选择标题块的样式，即可自动生成标题栏和图框。

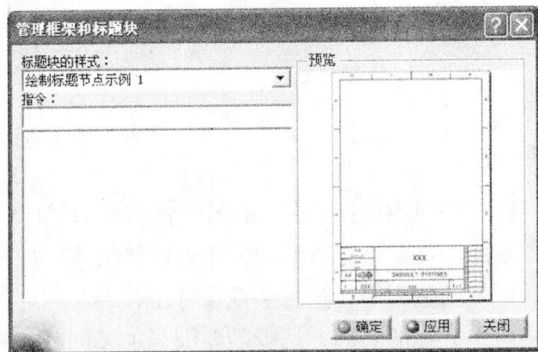

图 4-33 "管理框架和标题块"对话框

> **特别提示**：利用脚本自动生成图框的方法，简单方便，但是必须先对 CATIA 进行二次开发，先定义好脚本。否则，利用此方法不能生成标题栏和图框。

（2）自定义图框模版生成

该功能主要用于调用现有的图纸模板，也可以修改创建好的新模板。当然，用户也可以在 CATIA 工程图工作台中手动绘制标题栏和图框，具体操作步骤如下：

① 在 CATIA 中打开 Auto CAD 中设置好的文件格式为 .dwg 模板，修改后确认保存。

② 打开三维实体，切换至刚修改保存过的图纸模板，创建相关视图，方法同基本视图的创建。

③ 确认后，即可生成带标题栏和图框的工程图，如图 4-34 所示。当然，也可以从"文件"子菜单"页面设置"单击"插入背景视图"选择模板，调用已经设置好的模板。

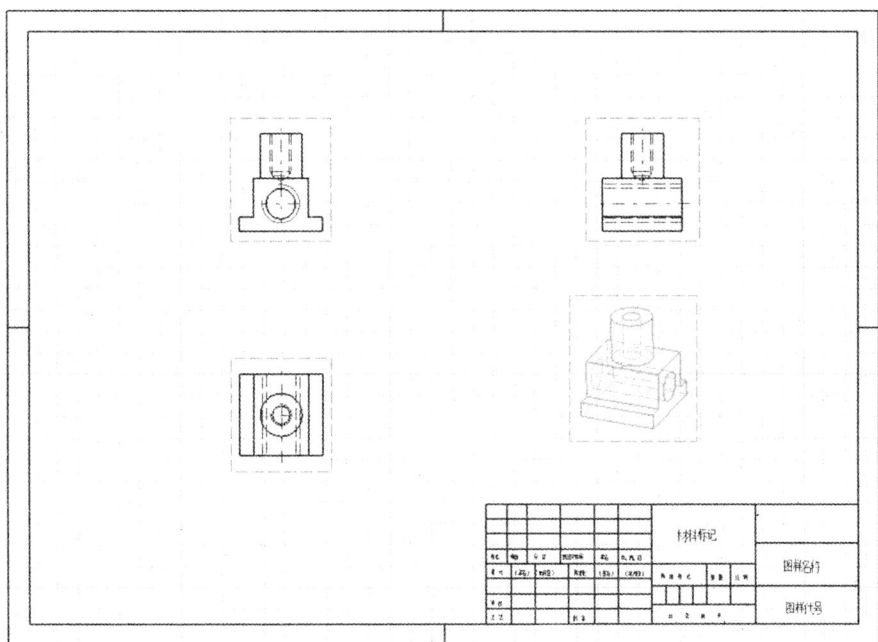

图 4-34 带图框和标题栏的三视图

3. 零件物料清单的生成

利用该功能可以方便生成零件物料清单列表，零件物料清单列表是进行产品设计中必不可少的零件列表，其针对的是总装配图，而非单个零件。零件物料清单列表中显示了零件数量、零件编号、零件类型、术语、版本等内容，具体操作步骤如下：

（1）打开三维装配体模型进入工程图工作台，在"编辑"菜单下选择"图纸背景"，进入图纸背景编辑空间。

（2）在图纸背景编辑空间中，选择菜单"插入"，单击"工程图"，选择"物料清单"。

（3）选择三维实体（装配图或子装配图），单击确认零件物料清单的生成位置即可，如图 4-35 所示。

生成零件物料清单的标题栏信息除了可以通过"属性"查看外，还可以在装配设计工作台中，选择菜单"分析"子菜单"物料清单"，弹出"物料清单"对话框，通过该对话框可以设置物料清单属性，如图 4-36 所示。

数量	零件编号	类型	术语	版本
1	7	CATPart	7	
1	5	CATPart	5	
1	6	CATPart	6	
1	3	CATPart	dizuo	
1	1	CATPart	jiliang	
1	14	CATPart	14	
1	11	CATPart	feilun	
1	12	CATPart	12	
1	13	CATPart	13	
1	8910	CATPart	8910	
1	17	CATPart	17	
1	15	CATPart	15	
1	16	CATPart	16	

图 4-35　单摆的物料清单

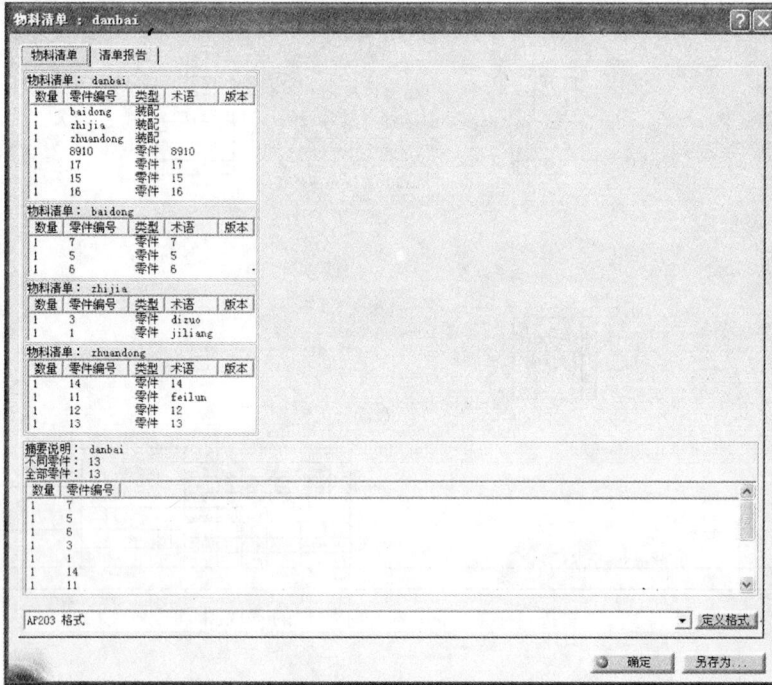

图 4-36　"物料清单"对话框

任务 4　解决方案

1.给已经标注好的固定钳身，添加标题栏和图框，使之成为一张完整的工程图。

（1）打开已经标注好的固定钳身和已经制定好的模板（在 CAD 或者 CATIA 中已完成）。

（2）切换到标注好的固定钳身的窗口，单击"编辑"菜单下的"图纸背景"，进入图纸背景编辑空间。

（3）切换到制定好的模板的窗口，复制标题栏和图框。

（4）进入图纸背景编辑空间，粘贴标题栏和图框。

（5）单击"编辑"菜单下的"工作视图"重新回到图纸空间，调整题栏、图框和视图的相对位置。

（6）隐藏无关的边框。隐藏操作时，先选中左边的结构树中需要隐藏视图边框的视图，然后右键单击"属性"，弹出"属性"对话框，最后将"属性"对话框中的"显示视图框架"复选框不勾选，即可隐藏视图框架，其他隐藏直接右击，选中"隐藏"即可，如图 4-37 所示。

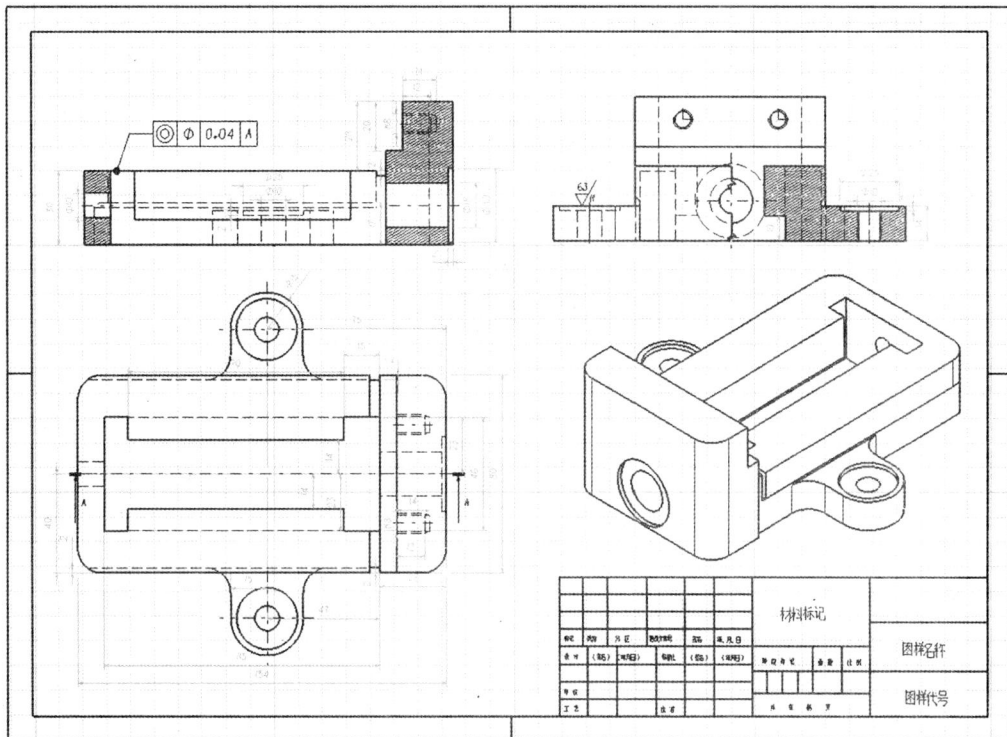

图 4-37　固定钳身工程图

2. 生成机用虎钳装配图的物料清单。

（1）打开机用虎钳装配图进入工程制图工作台，在"编辑"菜单下选择"图纸背景"。

（2）在图纸背景编辑空间中，选择菜单"插入"，单击"工程图"，选择"物料清单"。

（3）切换至装配工作台，选中产品结构树的根目录，单击确认零件物料清单的生成位置即可，如图 4-38 所示。

数量	零件编号	类型	术语	版本
1	固定钳身	CATPart	-	-
2	钳口板	CATPart	-	-
1	螺钉	CATPart	-	-
1	活动钳身	CATPart	-	-
1	圆环	CATPart	-	-
1	螺杆	CATPart	-	-
1	螺母	CATPart	-	-

图 4-38　机用虎钳装配图物料清单

思考与练习 4

1. 将机用虎钳各零件的 3D 模型生成工程图纸。

2. 将机用虎钳的 3D 模型生成装配图（参照思考与练习 1-9 附图）。

3. 由单摆的 3D 模型生成工程图纸，要求符合机械制图国家标准，如图 4-39 所示。

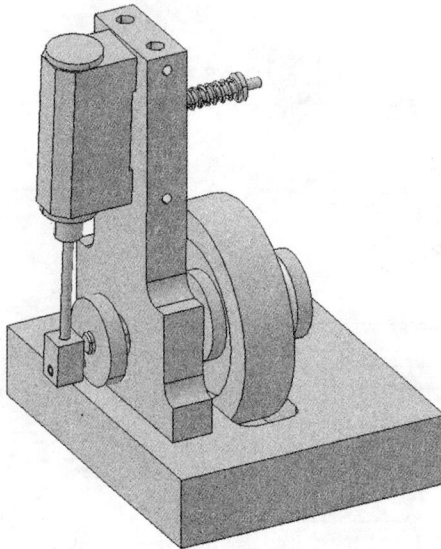

图 4-39　单摆装配图

项 目 5

装配设计

学习目标

1. 了解 CATIA 装配设计的流程。
2. 掌握装配设计工具栏组成及功能。
3. 熟悉 CATIA 装配分析。

任务 1　建立装配文档

任务要求

1. 了解 CATIA 装配设计流程，创建 CATIA 装配设计文档。
2. 建立"机用虎钳"装配设计文档，设置相应属性。
3. 按规则命名保存文件并安全退出 CATIA。

相关知识

1. CATIA 装配设计基础

将零件组合成大型器件（产品）的过程称为装配。装配设计用于定义零部件间的约束关系及位置关系，并使其保持应有的自由度，整个系统能够实现预定的运动功能。其文件扩展名为"CATProduct"，设计环境如图 5-1 所示。

装配中的部件可以是产品或者组件，也支持其他格式的文件直接插入到装配中，常用工具栏如图 5-2 所示。

将一个零部件放入装配体中时，这个零部件会与装配体产生联结关系，对零件所做的任何改变都会反映到装配体中。

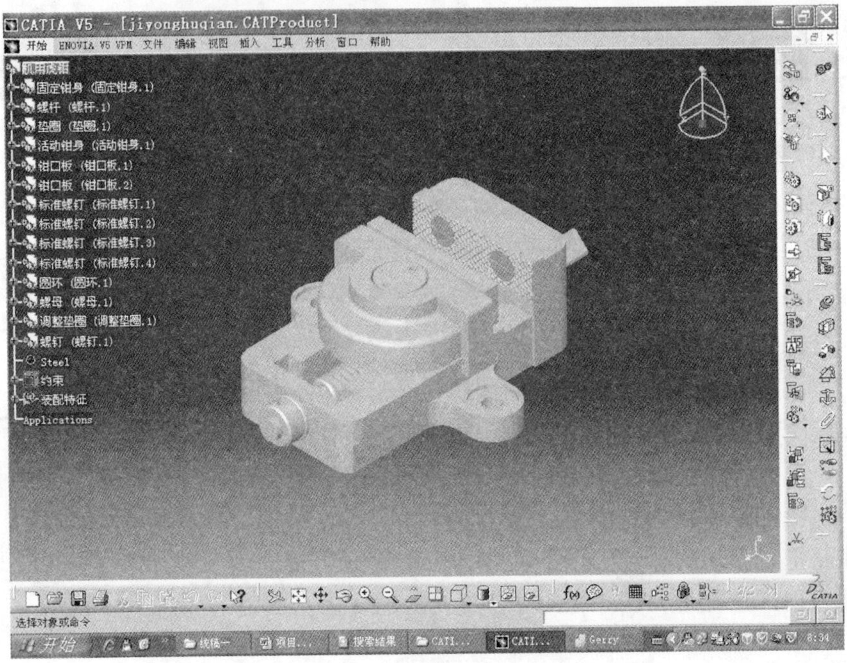

图 5-1　装配设计环境

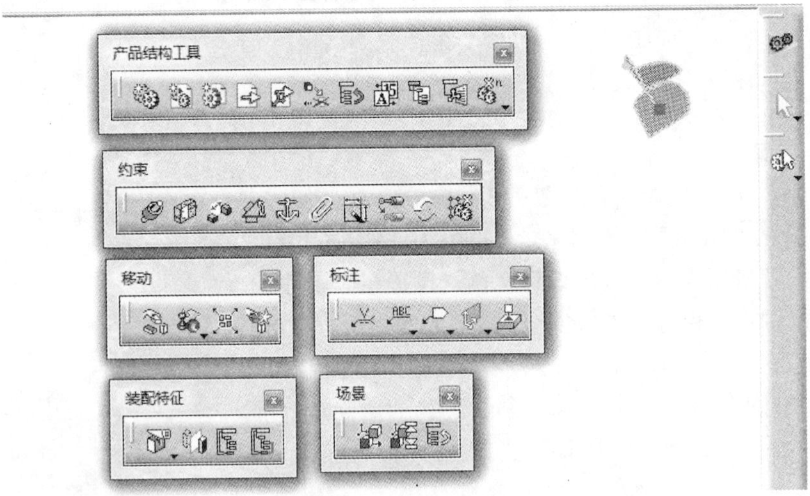

图 5-2　常用的工具栏

产品、组件（部件）、零件是相对于层次而言的，产品处于最高地位。组件至少由两个零件组成，零件是组成组件和产品的基本单位。

2. 装配设计流程

装配设计的方法有两种：

（1）自上而下：由整体来决定布局。先进入装配设计工作台，依次插入各个零部件，再分别设计各个零部件，零部件的位置已事先确定，不需要重新装配。

（2）自下而上：由局部来组合成整体。先设计各个零部件，再进入装配设计工作台，确定各零部件的相对位置，进行装配。

一般来讲，装配设计的操作流程可分为创建产品文档、添加组件、添加约束关系、装配分析及后续其他操作等，如图 5-3 所示。

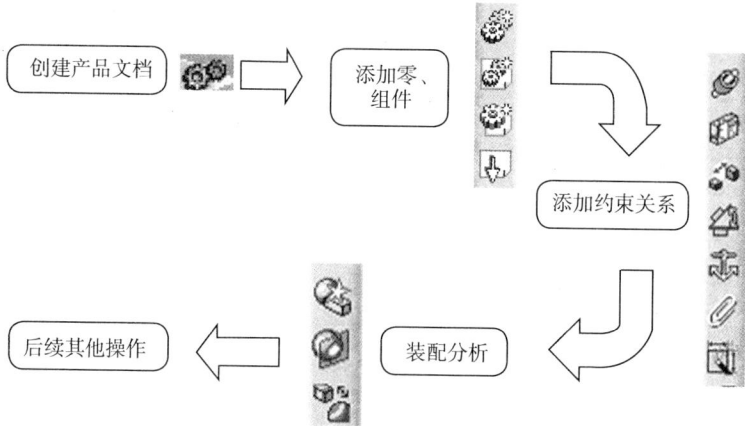

图 5-3 装配设计流程

3. 创建装配文档

创建新装配文件可以通过以下两种方式：

（1）菜单法：启动 CATIA 软件，选择主菜单"开始"→"机械设计"→"装配设计"或选择主菜单"开始"→"装配设计"进入三维装配设计工作环境，如图 5-4（a）所示。

（2）新建文档法：选择主菜单"文件"→"新建"或单击"标准"工具栏上的"新建"按钮，在弹出的如图 5-4（b）所示的对话框中选择"Product"文件类型，单击"确定"或按"Enter"键进入三维装配设计工作环境。

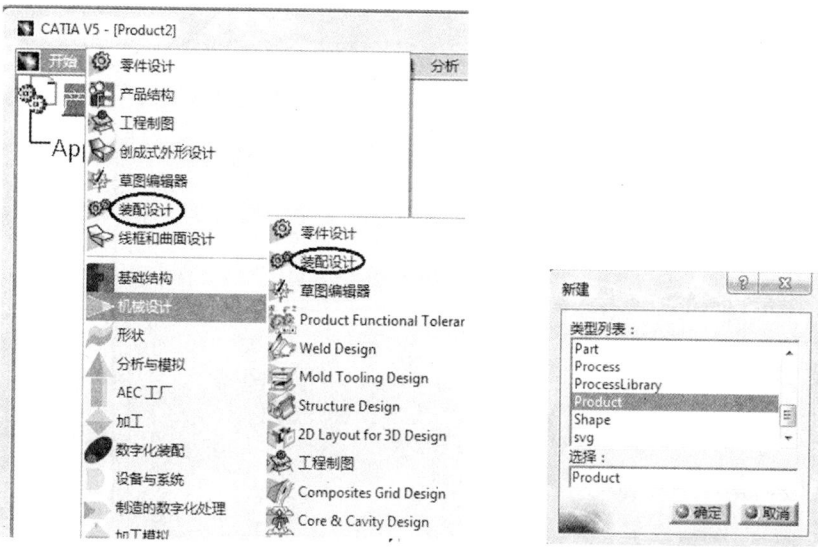

（a）菜单法 （b）新建文档法

图 5-4 创建装配文档

4. 装配件的"属性"设置

装配体的一些信息需要进行一定的修改和添加，可以在产品"属性"里完成，其操作方法如下：

（1）在结构树中右键单击要修改属性的组件，选择菜单中的"属性"选项，弹出"属性"对话框，选择各个不同的选项卡，可以修改或添加各属性信息，如图5-5所示。

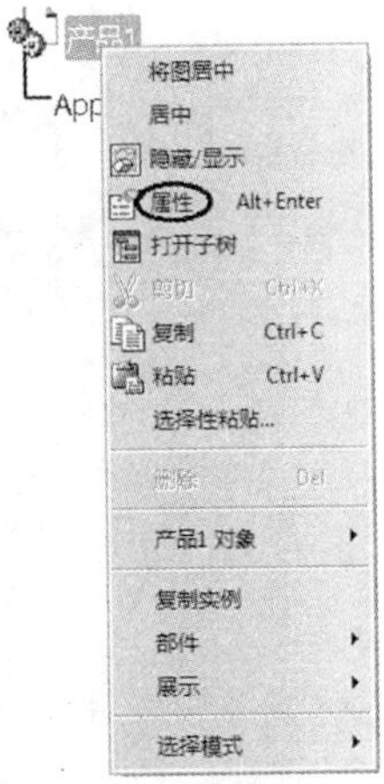

（a）右键菜单 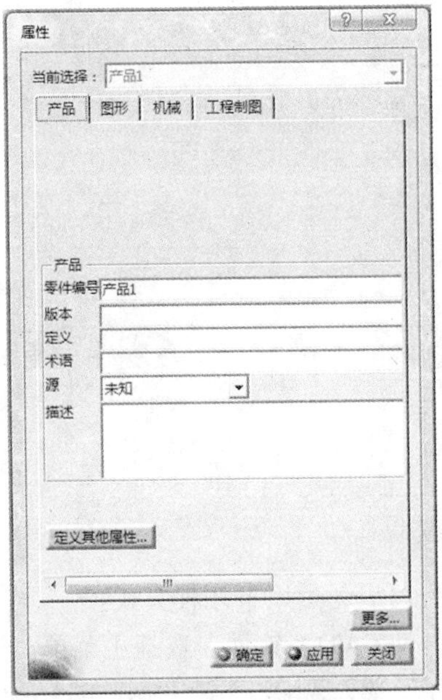　　　　　（b）"属性"对话框

图5-5　"属性"对话框

（2）如果系统的属性选项不能满足要求，可以单击"属性对话框"中的"定义其他属性"按钮定义需要的属性，如图5-6所示。

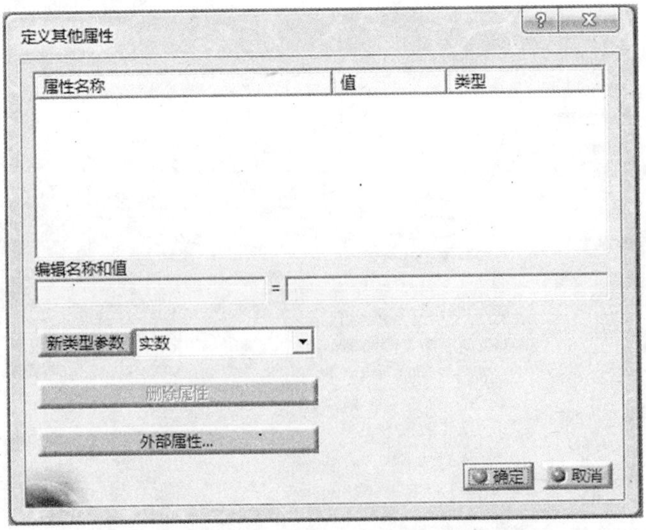

图5-6　"定义其他属性"对话框

任务1　解决方案

1. 双击电脑桌面 CATIA 图标，快速启动 CATIA。

2. 单击主菜单"开始"→"机械设计"→"装配设计"。

3. 右击结构树中"产品1"→"属性"，打开"属性"对话框，将"零件编号"下的"产品1"修改为"机用虎钳"，单击"确定"按钮。

4. 单击"文件"→"保存"→在弹出的对话框中选择 D 盘→双击文件夹"CATIA 练习"→将文件命名为"jiyonghuqian"→单击"保存"按钮。

5. 选择主菜单左上角"开始"→"退出"命令，安全退出 CATIA。

任务2　添加装配组件

任务要求

1. 启动"机用虎钳"装配设计文档。

2. 添加"机用虎钳"现有零件"固定钳身"和"活动钳身"。

3. 保存文件并退出 CATIA。

相关知识

新建的装配文档中没有任何几何形体，在逻辑装配关系上也没有任何子装配和零件。利用插入工具可以从逻辑和几何两个方面添加装配组件。可以添加的文件类型包括：*.CATPart、*.CATProduct、*.Model（V4）、*.IGES 等。

1. 零件的添加

将零件添加到装配文件中有三种方法：

（1）部件选择：在结构树中右击选择需要添加零部件的产品，在弹出的菜单中选择"部件"选项，选择相应的选项即可添加零部件到装配文件中，如图 5-7（a）所示。

（2）插入法：选择主菜单"插入"，在子菜单中选择相应的选项，可以添加零部件到装配结构中，如图 5-7（b）所示。

（3）工具栏法：选择"产品结构工具"工具栏中的相应按钮选项，可以添加零部件到装配结构中，如图 5-7（c）所示。

（a）部件选择   （b）插入法   （c）工具栏法

图 5-7   产品中插入零部件的方法

2. 添加新部件

单击新建"部件"按钮，在结构树上单击想要插入部件的上一级（父级）产品，结构树下方即添加一个新的部件"产品 1"，如图 5-8 所示。

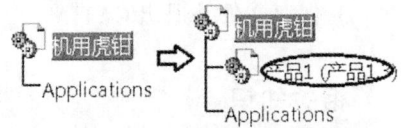

图 5-8   添加新部件

3. 添加新零件

单击"零件"工具按钮，然后在结构树上单击"产品 1"，由于新增的零件需要定位原点，因此设计环境弹出询问对话框。根据设计情况选择"是"或"否"，结构构上新增"零件 1"，如图 5-9 所示。

图 5-9   添加新零件

4. 添加新产品

"添加新产品"的功能是在一个装配文件中插入产品级别的子装配。

单击"产品"工具按钮，在结构树的产品位置上单击，即可在结构树下方添加一个新的产品，如图 5-10 所示。

图 5-10　添加新产品

5. 添加现有部件

"添加现有部件"功能是在一个装配文件中，可以直接添加已经存在的零件或产品文档。当添加一个只读文件时，如果进行保存，只读属性将不再存在。其操作步骤如下：

（1）单击"现有部件"工具按钮，在结构树的产品位置上单击，弹出"选择文件"对话框，如图 5-11 所示。

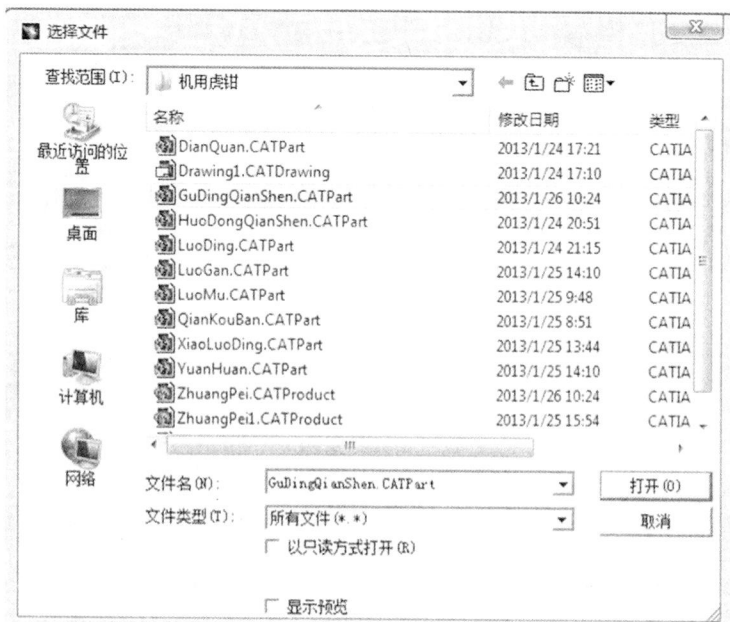

图 5-11　"选择文件"对话框

（2）浏览文件夹并选择需要的目标文件，在结构树和工作窗口中显示出添加的现有零部件，如图 5-12 所示。

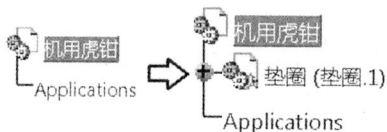

图 5-12　添加现有部件

6. 添加具有定位的现有部件

该功能是"添加现有部件"命令的增强版本。可以在添加部件时对部件进行一次空间定位并可创建约束。如果添加部件时不需要对几何图形定位，则该工具和"添加现有部件"功能相同，其操作步骤如下：

（1）单击"具有定位的现有部件"工具按钮，在结构树中选择部件插入的位置，弹出"文件选择"对话框。

（2）选择需要插入的部件，打开后弹出"智能移动"对话框，如图 5-13 所示。在此对话框中选择添加零件（螺杆）的轴线，再选择装配体（固定钳身）中对应的装配位置，如图 5-14 所示。

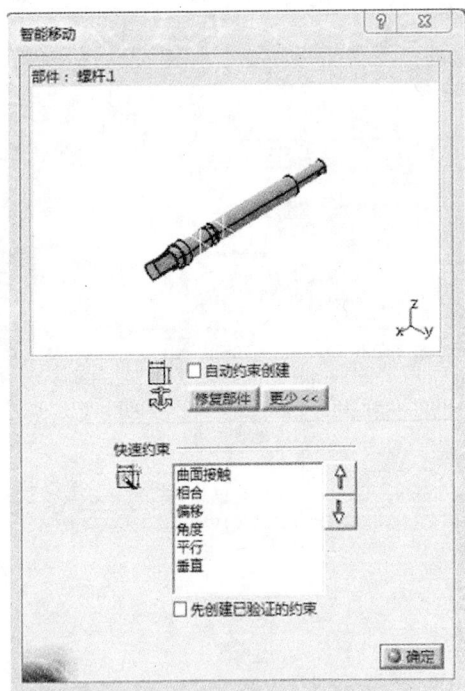

图 5-13 "智能移动"对话框

图 5-14 选择约束条件

（3）勾选"自动约束创建"复选框，单击"确定"按钮，则系统自动按照"快速约束"列表框中提供的约束优先顺序创建第一个可能的约束，如图 5-15 所示。

7. 替换部件

"替换部件"是用其他产品或零件替换当前产品下的产品或零件，并保持实例不变。替换操作之后，部件实例名称不会改变，可以手动修改实例名称属性，操作步骤如下：

（1）单击"替换部件"工具按钮，然后单击结构树

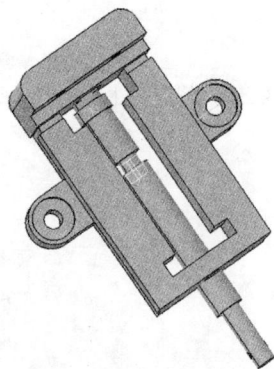

图 5-15 约束后状态

中需要替换的部件，弹出"选择文件"对话框。

（2）选择用于替换的文件，打开后弹出"对替换的影响"对话框，如图5-16所示，如果选择"是"选项，则对所有实例进行替换，如果选择"否"选项，则只对当前选择的实例进行替换。

（3）单击"确定"按钮，完成替换。

图5-16 "对替换的影响"对话框

8.图形树重新排序

"图形树重新排序"的功能是重新排列特征树中各部件的顺序，其操作步骤如下：

（1）单击"图形树重新排序"工具按钮，然后单击结构树，弹出"图形树重新排序"对话框，并列出了构成产品的所有部件，如图5-17所示。

（2）单击选定要移动的部件，利用右侧三个按钮重新排序。

① "上移选定产品" ⬆: 将选到的部件上移一个位置。

② "下移选定产品" ⬇: 将选到的部件下移一个位置。

③ "移动选定产品" : 将先选到的部件放在随后选到的部件后面。

（3）单击"确定"按钮完成排序，如图5-18所示。

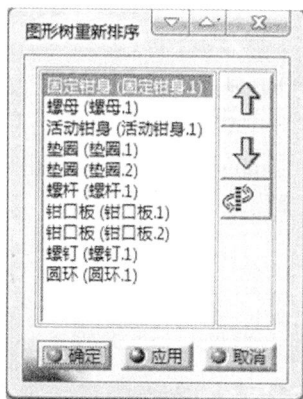

图5-17 "图形树重新排序"对话框

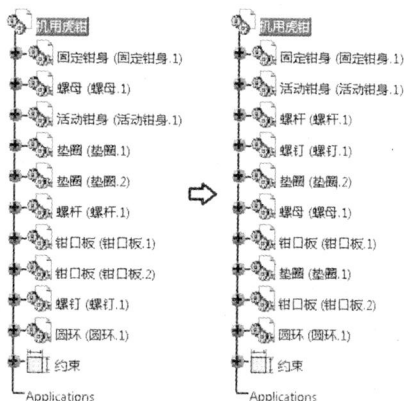

图5-18 排序前后对比

9. 生成编号

"生成编号"功能是将产品内的零件编上序号，其操作步骤如下：

（1）单击"生成编号"工具按钮，在结构树中选择要编码的产品，弹出如图 5-19 所示的"生成编号"对话框，选择"整数"或"字母"。

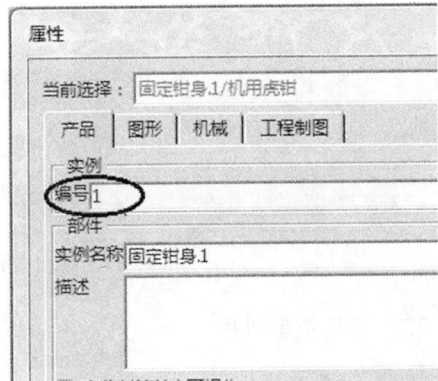

（2）如果要编码的零件已经有了编号，"现有数字"栏将被激活，可以选择保持或替换。单击"确定"按钮，完成编号。

（3）在结构树或模型窗口右击目标零件，通过"属性"选项可以看到零件的编号，如图 5-20 所示。

图 5-19 "生成编号"对话框   图 5-20 "属性"对话框

10. 选择性加载

"选择性加载"工具按钮的功能是设置产品的状态。该功能可以由用户决定，在打开一个产品时，哪些部件加载，哪些部件不加载。当产品含有大量的部件时，该功能可以减轻系统的负担，提高系统的运行效率。此外，该功能还可以隐藏或显示已加载的部件。

任务 2   解决方案

1. 启动 CATIA，双击打开装配文档"jiyonghuqian.CATproduct"。

2. 单击工具栏"现有部件"工具按钮 →单击结构树中"机用虎钳"名称以选择插入的目标位置 →弹出的"选择文件"对话框 →选择"gudingqianshen"零件 →单击"打开"，完成"固定钳身"零件的添加。

3. 利用步骤 2 添加"活动钳身"零件。

4. 单击主菜单"文件" → "保存"。

5. 安全退出 CATIA。

任务3　移动装配组件

任务要求

1. 打开"机用虎钳"装配设计文档。
2. 将添加好的"固定钳身"和"活动钳身"零件移动到适宜的位置。
3. 保存并退出 CATIA。

相关知识

在添加完组件后，会发现有些零件叠加在一起，而且位置也不恰当。那么就可以通过装配组件的移动工具，改变零件的位置，大致地排列零件的位置，然后再通过约束工具将零件装配起来。

1. 用罗盘移动零件

使用罗盘进行移动时，选中的零件可以脱离整个装配的约束条件，进行自由的移动。使用罗盘操作的步骤如下：

（1）将鼠标移动到罗盘的底座红点处，此时鼠标形状变化为✥。

（2）按住鼠标左键拖动罗盘到要移动的模型上，放开鼠标左键，罗盘颜色随即变成绿色，自动吸附在部件上。

（3）罗盘的三条轴/三个面/三半圆弧分别代表 X/Y/Z 方向、XY/YZ/ZX 平面、绕 X/Y/Z 轴旋转。根据需要在罗盘的上述特定位置按住鼠标左键拖动可以使零件沿指定轴线、平面移动或绕指定轴线旋转，如图 5-21 所示。

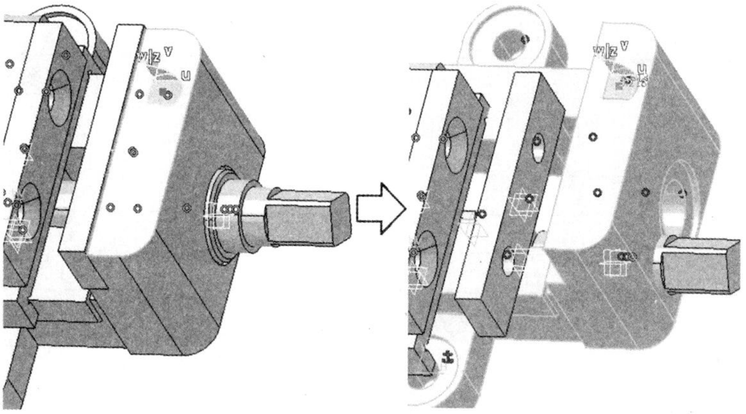

图 5-21　用罗盘移动零件

2. 操作工具移动部件

"操作"的功能是调整部件之间的位置，其操作步骤如下：

（1）单击"操作"工具按钮，弹出如图 5-22 所示的调整部件位置的"操作参数"对话框。

图 5-22 "操作参数"对话框

（2）在对话框中单击以指定零件移动的方向或平面或旋转的轴线，左键按住零件模型拖动即可。

（3）单击"确定"按钮，完成移动。

3. 捕捉

"捕捉"是通过对齐改变形体之间的相对位置。

单击"捕捉"工具按钮，依次选择两个零件需要对齐的元素，第一个元素移动到第二个元素处与之对齐，从而实现实体的移动，如图 5-23 所示。表 5-1 给出了用"捕捉"定义移动的结果。

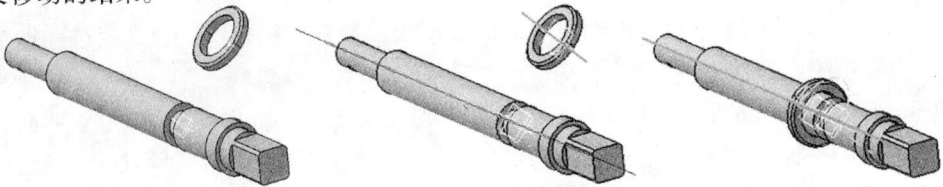

图 5-23 "捕捉"工具移动组件

表 5-1 用"捕捉"定义移动的结果

第一被选元素	第二被选元素	结果
点	点	两点重合
点	线	点移动到直线上
点	平面	点移动到平面上
线	点	直线通过点
线	线	两线重合
线	平面	线移动到平面上
平面	点	平面通过点
平面	线	平面通过线
平面	平面	两面重合

4. 智能移动

"智能移动"功能是约束和对齐的结合,不仅将形体对齐,而且产生约束。其操作与"捕捉"工具按钮类似,其操作步骤如下:

(1)展开"捕捉"工具右下三角符,单击"智能移动"工具按钮，弹出如图5-24所示的"智能移动"对话框。

图5-24 "智能移动"对话框

(2)打开"自动约束创建"切换开关,在"快速约束"栏选取约束条件,用向上的箭头将其移至顶部,以下操作同"捕捉"。

(3)单击"确定"按钮,完成移动。

该过程除了两零件实现对齐之外,两零件也建立了给定的约束关系。

5. 爆炸

"爆炸"功能是将产品中的各部件炸开,产生装配体的三维爆炸图,其操作步骤如下:

(1)单击"爆炸"工具按钮，弹出如图5-25所示的"分解"对话框。

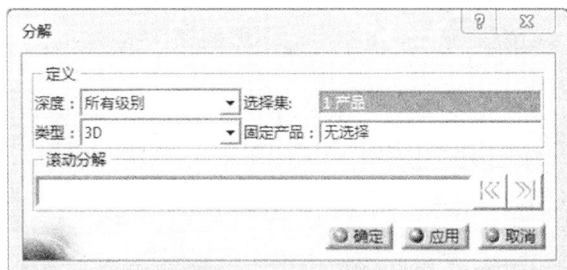

图5-25 "分解"对话框

(2)在对话框的"选择集"域显示选择的产品,在"深度"下拉列表可以选择"所有级别"或"第一级别"。在"类型"下拉列表可以选择"3D"、"2D"和"受约束"。

(3)单击按钮"应用"或"确定"即可,不同的效果图如图5-26所示。

机用虎钳（未爆炸）   3D 爆炸图

2D 爆炸图   受约束爆炸图

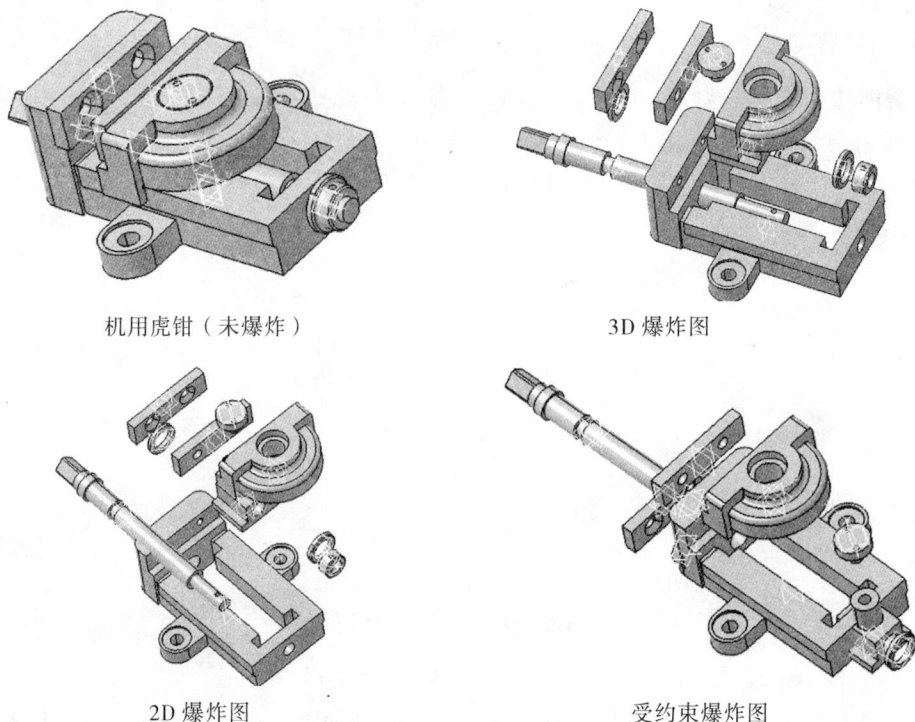

图 5-26   不同效果爆炸图

6. 干涉检查

在装配设计移动零件时，可以利用"碰撞时停止操作"工具按钮检查装配件是否有干涉。在移动组件时，可以停止正在进行的移动，前提是必须先用"固定"约束固定装配体中的一个零件，其操作步骤如下：

（1）单击"碰撞时停止操作"工具按钮，再单击"操作"工具按钮移动组件，此时需要选中"遵循约束"复选框或利用罗盘移动组件。

（2）在移动组件过程中，有干涉发生时，干涉的零件加亮显示。系统制止移动，如图5-27 所示。

（3）再次单击"碰撞时停止操作"工具按钮，可取消干涉的检查。

（a）未发生碰撞   （b）发生碰撞后

图 5-27   干涉检查

任务3 解决方案

1. 启动 CATIA,打开"jiyonghuqian"装配设计文档。

2. 单击"移动"工具栏中的"操作"工具按钮🖰→弹出"操作参数"对话框→选择"X"轴→在"活动钳身"零件上按住左键拖动到适宜的位置。

3. 快速保存文件并安全退出 CATIA。

任务4 装配约束

任务要求

1. 打开"jiyonghuqian"装配设计文档。

2. 将"固定钳身"设置为"固定"。

3. 将"活动钳身"与"固定钳身"进行装配。

相关知识

装配约束指的是零、部件之间相对几何位置关系的限制条件。

1. 相合约束

"相合约束"用于对齐元素,根据选定元素可获得同心、同轴或同面,其操作步骤如下:

(1)单击"相合约束"工具按钮🖉,依次选择要相合的元素。

(2)单击"刷新"工具🖯按钮,则第一元素移动到第二元素位置,完成相合约束,如图 5-28 所示。

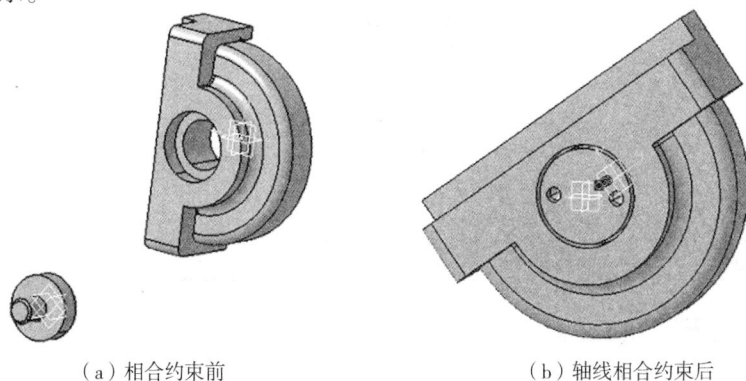

(a)相合约束前   (b)轴线相合约束后

图 5-28 相合约束

表 5-2 给出了可进行相合约束的元素。

表 5-2 用于相合约束的元素

	点	直线	平面	曲线	曲面	轴
点	可以	可以	可以	可以	可以	——
直线	可以	可以	可以	——	——	——
平面	可以	可以	可以	——	——	——
曲线	可以	——	——	——	——	——
曲面	可以	——	——	——	——	——
轴	——	——	——	——	——	可以

2. 接触约束

"接触约束"可以在两个定向曲面之间创建接触约束。约束的结果是两平面或表面的外法线方向相反，其操作步骤如下：

（1）单击"接触约束"工具按钮 ，依次选择要接触的两个元素。

（2）单击 按钮，第一元素移动到第二元素位置，两面外法线方向相反，完成接触约束，如图 5-29 所示。

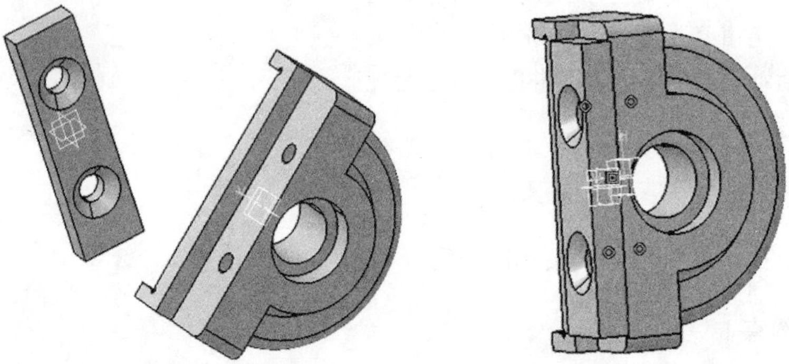

（a）面接触约束前   （b）面接触和轴线相合约束后

图 5-29　接触约束

表 5-3 给出了可进行相接触约束的元素。

表 5-3 接触约束可以选择的对象

	形体表面	球面	柱面	锥面	圆
形体表面	可以	可以	可以	——	——
球面	可以	可以	——	可以	可以
柱面	可以	——	可以	——	——
锥面	——	可以	——	可以	可以
圆	——	可以	——	可以	——

3. 偏移约束

"偏移约束"用于定义两元素之间的偏移量，并确定两选择面法向方向是相同还是相反，其操作步骤如下：

（1）单击"偏移约束"工具按钮，依次选择两个元素，弹出"约束属性"对话框，如图5-30所示。

图5-30　"约束属性"对话框

（2）输入偏移量，确定法线的方向，单击"确定"按钮，再单击按钮，完成偏移约束，如图5-31所示。

表5-4给出了可进行偏移约束的元素。

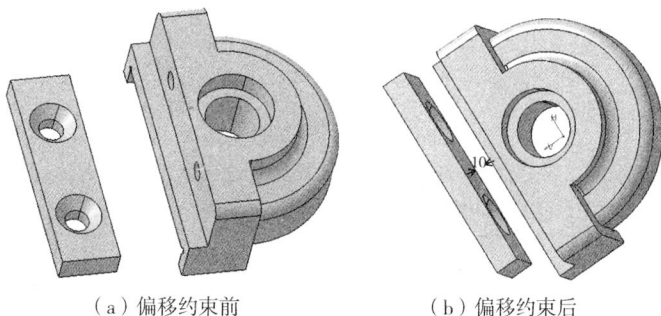

（a）偏移约束前　　　　　　　　　（b）偏移约束后

图5-31　偏移约束

表 5-4 偏移约束可以选择的对象

	点	线	平面	形体表面
点	可以	可以	可以	——
线	可以	可以	可以	——
平面	可以	可以	可以	可以
形体表面	——	——	可以	可以

4. 角度约束

"角度约束"用于定义零部件元素之间的位置关系为平行、垂直及任意角度。约束的对象可以是直线、平面、形体表面、柱体轴线和锥体轴线，其操作步骤如下：

（1）单击"角度约束"工具按钮，依次选择两个要形成角度的元素，弹出"约束属性"对话框，如图5-32所示。

图 5-32　"约束属性"对话框

（2）在"约束属性"对话框中输入角度，单击"确定"按钮，再单击 ◎ 按钮，完成角度约束，如图 5-33 所示。

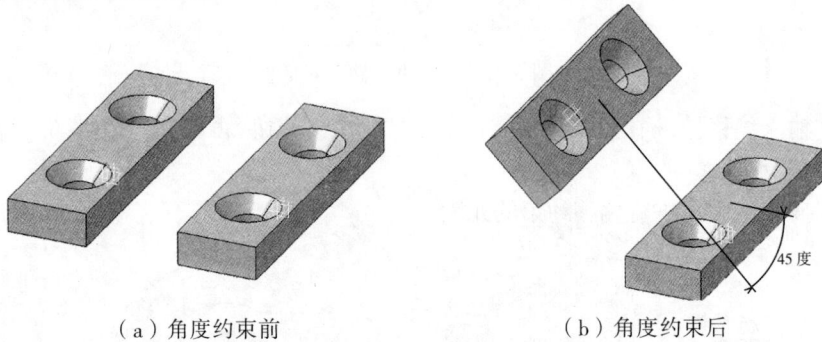

（a）角度约束前　　　　　　　　　　　　（b）角度约束后

图 5-33　角度约束

> **特别提示**：装配约束两零件时，第一选择的零件将移向第二选择的零件。

5. 空间固定约束

"固定约束"用于固定形体在空间的位置，其操作步骤如下：

（1）单击"固定约束"工具按钮 💤，选择待固定的形体，即可施加固定约束。

（2）利用"操作"工具按钮 💤，将固定组件进行移动，然后进行更新，已经被固定的组件重新恢复到原始的空间位置，如图 5-34 所示。

（a）固定约束　　　　　　　　（b）移动固定组件　　　　　　　（c）更新后

图 5-34　固定约束

（3）相对固定约束的设置：双击"固定约束"标志 ，打开"约束定义"对话框，单击 更多>> 按钮展开对话框，如图 5-35 所示，取消选中的"在空间中固定"复选框。

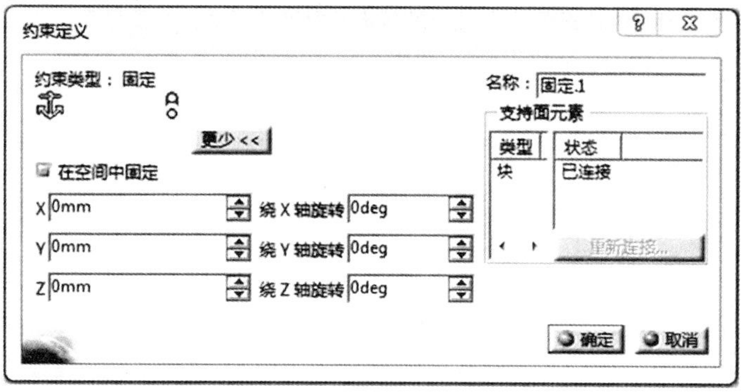

图 5-35　"约束定义"对话框

（4）利用罗盘移动固定约束的零件（零件之间有约束关系），固定约束的零件位置发生变化，并且有坐标的显示，相关部件移动到相应位置，部件之间的约束关系不变，这种固定方式称为"相对固定"，如图 5-36 所示。

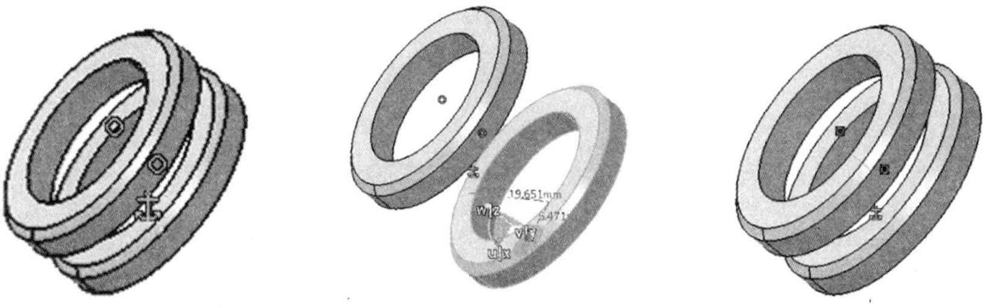

（a）轴约束　　　　　　　（b）移动固定组件　　　　　　　（c）更新后

图 5-36　相对固定

6. 固联

"固联约束"是将多个组件固定在一起，使它们彼此之间相对静止，没有任何相对运动，作为一个整体移动，其操作步骤如下：

（1）单击"固联约束"工具按钮 ，弹出"固联"对话框，如图 5-37 所示。

（2）依次选择固联的形体，单击"确定"按钮，即可施加该约束。

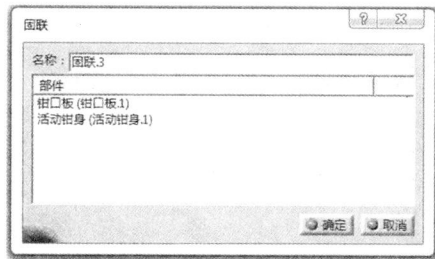

图 5-37　"固联"约束对话框

7. 快速约束

在约束时,可以利用"快速约束"工具按钮添加一些已经设置成功的约束,"快速约束"的约束命令顺序,通过 CATIA 环境设置来完成:单击主菜单"工具"→"选项"→"机械设计"→"装配设计"→"约束"→"快速约束窗口"里的顺序决定, 如图 5-38 所示。

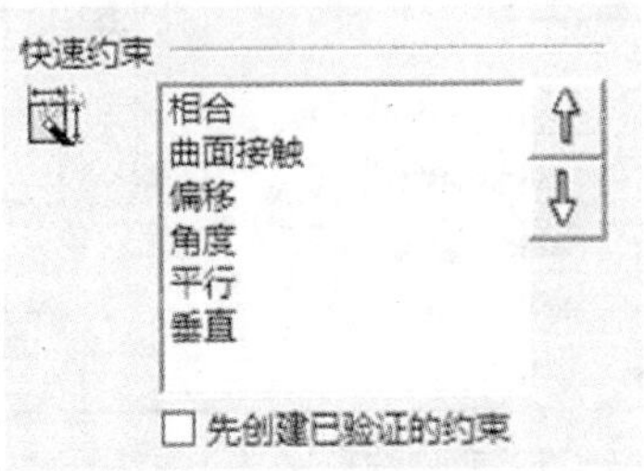

图 5-38 "快速约束"对话框

8. 柔性 / 刚性子装配

在装配设计中, 往往无法单独移动子装配中的组件, 一个子装配往往作为一个刚性整体来移动。利用"柔性 / 刚性子装配"工具按钮,可以对一个子装配中的组件进行单独处理。

9. 更改约束

对于一个已经完成的约束, 可以利用"更改约束"工具按钮更改约束的类型, 其操作步骤如下:

(1)单击"更改约束"工具按钮,然后在结构树上单击一种已经存在、需要更改的约束,系统会弹出一个"可能的约束"对话框,如图 5-39 所示。

图 5-39 "可能的约束"对话框

(2)在这个对话框中选择要更改的类型,单击"确定"按钮,即可完成约束的更改。

10. 重复使用阵列

"重复使用阵列"利用实体建模时定义的阵列, 按照原有阵列模式产生一个新的实体阵列, 其操作步骤如下:

单击"重复使用阵列"工具按钮，弹出如图5-40所示的"在阵列上实例化"对话框。该对话框各部分的含义如下：

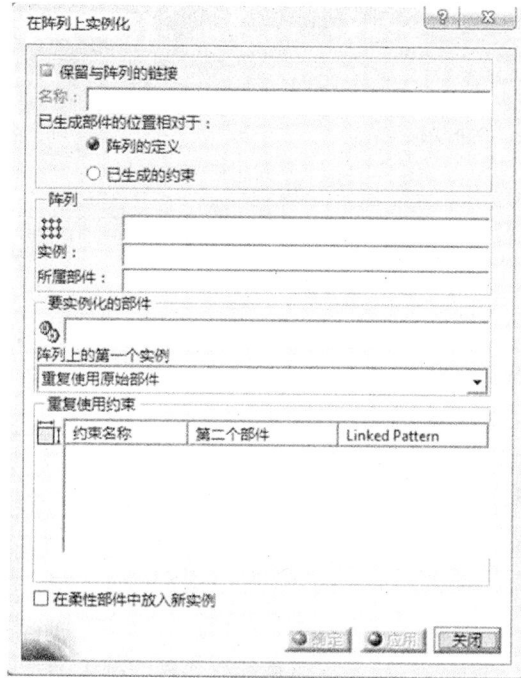

图5-40　"在阵列上实例化"对话框

（1）阵列：选取已存在的实体建模时定义的阵列。

（2）实体：自动显示阵列的项数。

（3）所属部件：自动指出引用阵列所在的实体模型。

（4）要实体化的部件：选取用来阵列的实体模型。

（5）阵列上的第一个实例：阵列的第一个实体，有下面三种选择方式：

① 重复使用原始部件：保留在原来阵列和特征树的位置，并作为阵列的第一个项。

② 创建新实体：在阵列的第一个位置是新建立的实体拷贝。

③ 剪切并粘贴原始部件：把引用的实体剪切粘贴到阵列的第一个实体位置。

（6）重复使用约束：对于阵列的所有实体，通过以下控制按钮附加约束条件：

① 全部：引用阵列的所有约束都被加到阵列实体上。

② 无：引用阵列的任何约束都不加到阵列实体上。

③ 选择：可以选择引用阵列的约束加到阵列实体上。

（7）在柔性部件中放入新实体：控制是将所有阵列实体放在同一个部件还是分散放置。

例如底板的6个孔是矩形阵列形成的，有一个孔已安装了螺钉，如图5-41（a）所示。单击"重复使用阵列"工具→选取底板孔→单击"要实体化的部件"域，选取螺钉→在"阵列上的第一个实例"的下拉列表选择"重复使用原始部件"→单击"应用"按钮，在其余5个孔也安装了螺钉，如图5-41（b）所示→单击"确定"按钮完成操作。

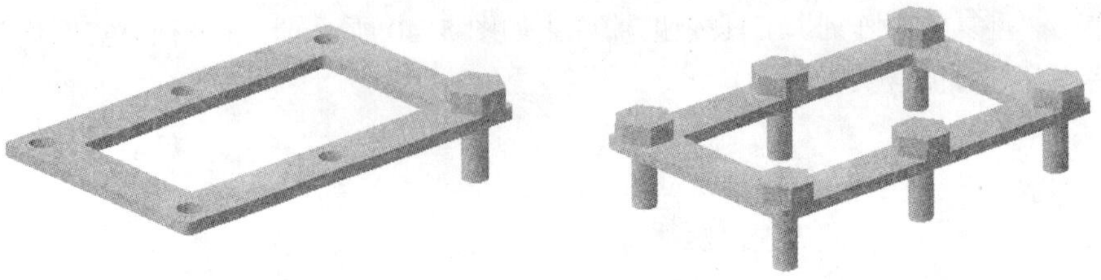

（a）阵列前   （b）阵列后

图 5-41　重复利用形体的阵列

> 📢 **特别提示**：在对零件进行装配约束时，最好一次将一个零件完全约束，而且尽可能应用面与面的约束，如平面与平面重合、平面与平面之间的距离、中心线与中心线重合、平面与平面之间的角度等。这些约束条件是非常稳定的装配约束。应尽可能避免使用几何图形的边和顶点，因为它们容易在零件修改时发生变化。

任务 4　解决方案

1. 打开"机用虎钳"装配设计文档（已添加"固定钳身"和"活动钳身"）。
2. 单击"约束"工具栏"固定约束"工具按钮🔧→单击"固定钳身"零件。
3. 单击"相合约束"工具按钮🖉，依次选择要相合的两个轴元素。
4. 单击"接触约束"工具按钮🖳，依次选择要接触的两个面元素。
5. 完成"固定钳身"和"活动钳身"的约束。
6. 单击"文件"→"保存"。
7. 单击"开始"→"退出"。

任务 5　装配分析

任务要求

1. 打开"jiyonghuqian"装配设计文档。
2. 利用装配分析工具对"机用虎钳"进行分析。

相关知识

装配创建完后，需要对装配的产品进行检查和分析，以检测装配是否合理，装配状态是否正确。

1. 测量分析

（1）测量间距

测量间距可以测量两个元素间的间距及角度，其操作步骤如下：

① 单击"测量间距"工具按钮 ⊡，弹出"测量间距"对话框，如图 5-42 所示，在对话框中选择测量模式及元素选择模式。

图 5-42 "测量间距"对话框

② 在几何区域中选择测量对象，测量结果显示在"测量间距"对话框中。

③ 要保持此次测量，选择"保持测量"复选框。单击"确定"按钮后，测量结果保留在组件上，如图 5-43 所示。

④ 如果要自定义测量项目和显示选项，可以单击 自定义... 按钮，在弹出的"测量间距自定义"对话框中做相应的设置，如图 5-44 所示。

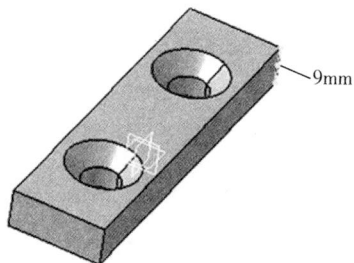

图 5-43 测量间距

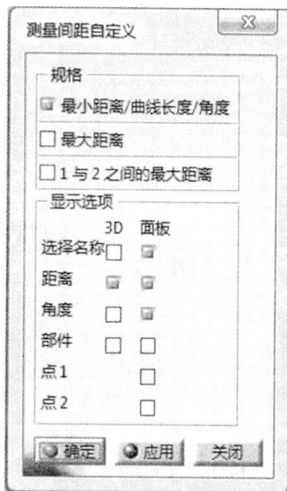

图 5-44 "测量间距自定义"对话框

（2）测量项

"测量项"工具可以测量与所选项相关联的属性，其操作步骤如下：

① 单击"测量项"工具按钮 ，弹出"测量项"对话框，如图 5-45 所示。

② 选择测量对象，得到测量结果，选中"保持测量"复选框，保留测量结果，各选项用法与"测量距离"工具基本相同，测量结果如图 5-46 所示

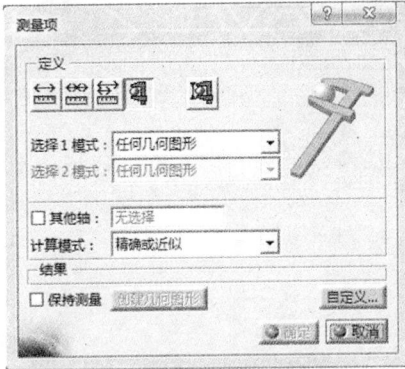

图 5-45 "测量项"对话框

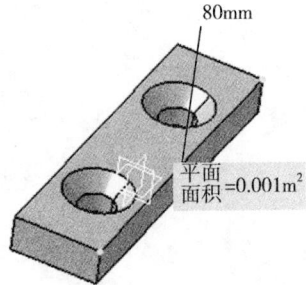

图 5-46 测量边线和面积

（3）测量惯量

"测量惯量"工具可以测量零件、曲面、实体、包络体的 3D 惯量属性，也可以测量平面、曲面的 2D 惯量属性，其操作步骤如下：

① 单击"测量惯量"工具按钮 ，弹出"测量惯量"对话框，选择相应的测量对象，得到测量结果，如图 5-47 所示。

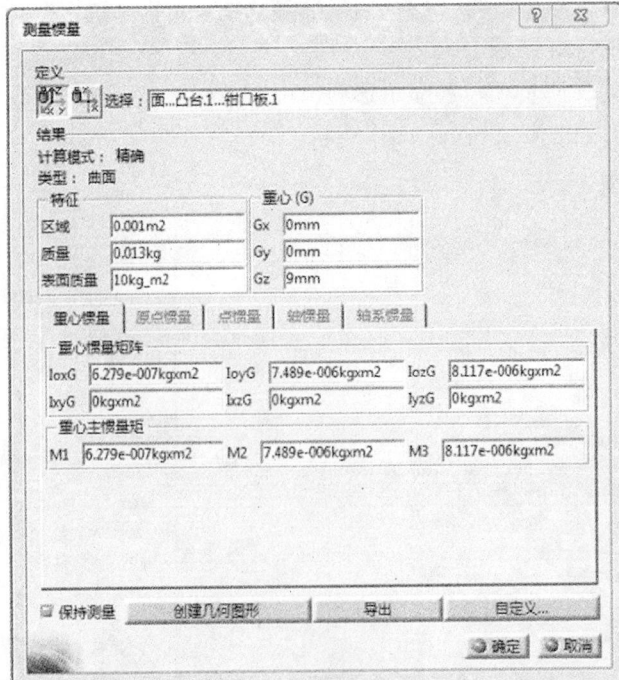

图 5-47 "测量惯量"对话框

② 选中"保持测量"复选框,保留测量结果,各选项用法与"测量距离"工具基本相同。

2. 约束分析

装配约束分析可以分析激活部件的约束状况, 其操作如下:

(1) 单击主菜单"分析"→"约束"选项,弹出"约束分析"对话框,如图 5-48 所示。

(2) 选择"自由度"选项卡,分析受约束影响的部件和各部件自由度状态(只有在全部约束都已经验证的情况下显示此选项卡),如图 5-49 所示。

图 5-48　"约束分析"对话框

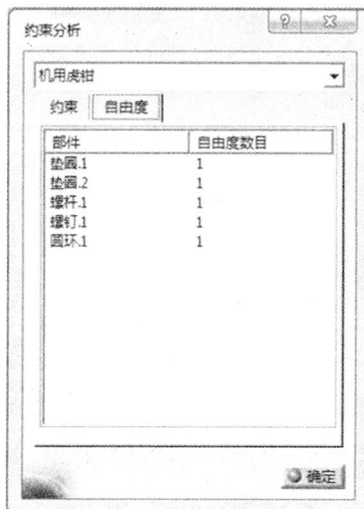

图 5-49　"自由度"选项卡

(3) 双击某个部件,在弹出的"自由度分析"对话框中显示了自由度分析的详细信息,如图 5-50 所示,单击其中的 旋转_1 按钮,在几何区域中会显示出相应的约束符号,如图 5-51 所示。

图 5-50　"自由度分析"对话框

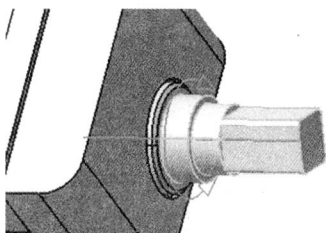

图 5-51　约束符号显示

3. 更新分析

约束部件的移动及编辑约束等操作可能会影响整个装配的完整性，这时就要恢复产品正确的装配关系，其操作步骤如下：

（1）单击主菜单"分析"→"更新"选项。弹出"更新分析"对话框，如图 5-52 所示。在"分析"选项卡中显示了需要更新的约束名称。

（2）选择约束名称，则会在几何区域和结构树中将突出显示选择的约束。

（3）选择"更新"选项卡，显示需要更新的部件，如图 5-53 所示。

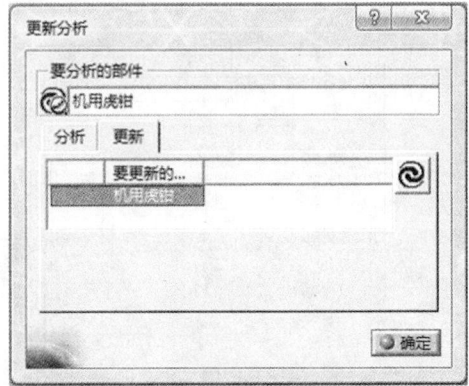

图 5-52　"更新分析"对话框

图 5-53　"更新"选项卡

（4）如果需要更新，则单击右侧的 @ 按钮，对部件约束进行更新。更新后，显示"更新分析"消息框，如图 5-54 所示，提醒用户部件是最新的。

图 5-54　"更新分析"消息框

4. 自由度分析

自由度分析可以帮助用户分析产品中的剩余自由度，指导用户进行装配设计。在三维空间中，一个物体有 6 个自由度，如果 6 个自由度全被限制，物体就被固定不动了。通过装配自由度分析确定是否需要为组成装配的部件添加其他约束。对物体添加约束，自由度就会减少。

（1）双击激活结构树上要分析自由度的部件。

（2）单击主菜单"分析"→"自由度"选项，弹出"自由度分析"对话框，如果部件有自由度，则显示如图 5-50 所示；如果没有自由度，则显示如图 5-55 所示。

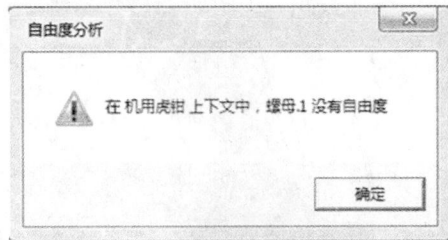

图 5-55　"自由度分析"消息框

5. 依赖项

装配完成后，可以通过分析"依赖项"显示部件之间的关联关系，其操作步骤如下：

（1）双击激活结构树上要分析依赖项的部件，然后从主菜单中选择"分析"→"依赖项"选项，弹出"装配依赖项结构树"对话框，如图 5-56 所示。

（2）双击"机用虎钳"特征，展开部件存在关系的约束，如图 5-57 所示。

图 5-56　"装配依赖项结构树"对话框

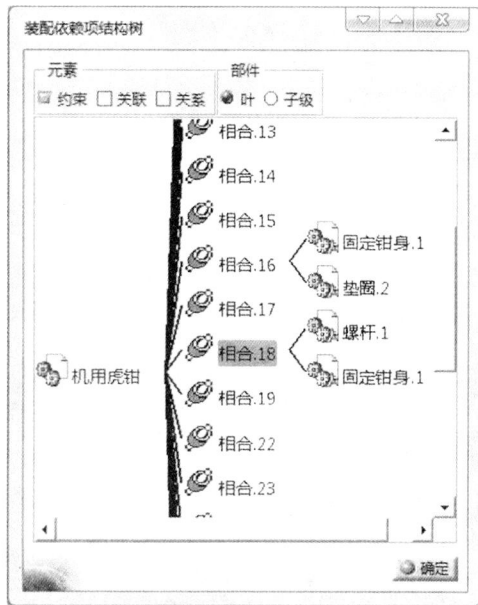

图 5-57　展开关系

6. 机械结构

机械结构分析用于分析装配的机械结构，显示产品中机械结构与约束的详细关系。

单击主菜单"分析"→"机械结构"选项，在弹出的"机械结构树"对话框中显示装配的机械结构，如图 5-58 所示。

7. 物料清单

物料清单可以显示激活组件的部件组成、数量名称及属性列表，其操作步骤如下：

（1）单击主菜单"分析"→"物料清单"选项，弹出"物料清单"对话框，如图 5-59 所示。

（2）"物料清单"选项卡的项目设置和格式可以自己定义，单击"定义格式"按钮定义物料清单项目及格式，如图 5-60 所示。

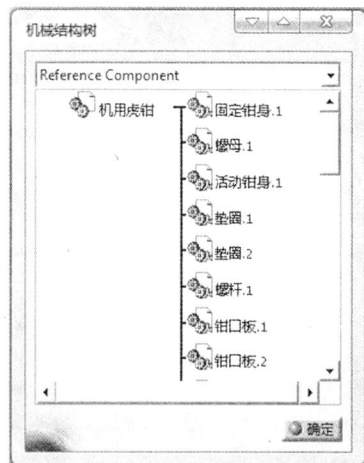

图 5-58　"机械结构树"对话框

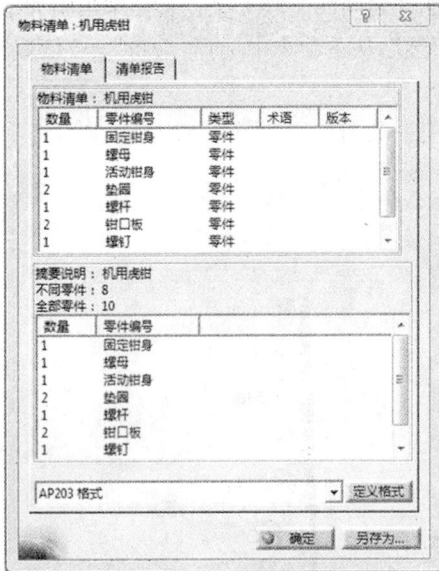

图5-59 "物料清单"对话框

图5-60 "自定义格式"对话框

（3）在"清单报告"选项卡中显示物料清单报告，该报告可以另存为".txt"格式的文本文件，如图5-61所示。

图5-61 "清单报告"选项卡

8. 碰撞

检查碰撞用于检测零件之间的间隙大小以及是否有碰撞存在。一般先进行初步计算，然后再进行细节运算。

"碰撞"工具用于检查装配设计中的间隙、接触和碰撞三种状况，并对其进行相应的分类和观察，其操作步骤如下：

（1）单击"碰撞"工具按钮，在设计环境中弹出如图5-66所示的"检查碰撞"对话框。

图5-62　"检查碰撞"对话框

（2）在"检查碰撞"对话框的"类型"下拉列表框中，检查方式如下：

① 接触+碰撞：检查两个产品之间是否占用相同的空间或者最小间隙是否为0。

② 间隙+接触+碰撞：在上个选项的基础上，增加检查两个产品之间的间距是否小于一个指定的间距。

③ 已授权的贯通：在实际的过盈配合时，往往需要零件之间有一定的碰撞程度，再次设置最大的深度。

④ 碰撞规则：利用预定义好的碰撞规则检查装配之间是否存在不恰当的碰撞。

（3）"类型"第二个下拉表框用于定义参与运算的组件，其形式有：

① 在所有组件之间：默认状态，检查产品中所有的组件相互之间的关系。

② 在一个选择中：在任意的一个选择中，检查选择内部所有组件之间的相互关系。

③ 选择相对：检查所选组件与其他组件之间的相对关系。

④ 在两个选择之间：检查两个选择对象之间的相互关系。

（4）单击"应用"按钮，结果如图5-63所示，增加了许多细节性描述，用于描述装配中的所有碰撞关系。

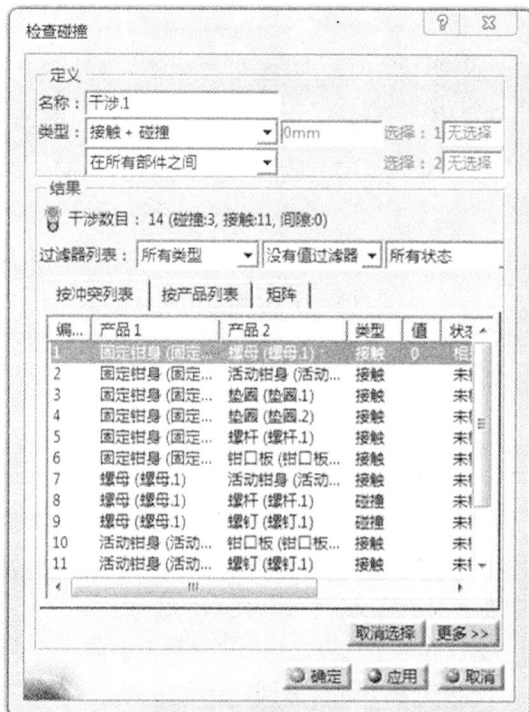

图5-63　碰撞检查细节描述

9. 切割分析

对于一个产品，往往无法看透其内部的状况，通过切片观测，可以对装配进行任何平面的观察，其操作步骤如下：

（1）单击"切割"工具按钮🔘，弹出"切割定义"对话框和"截面"图形框，如图5-64和图5-65所示，几何区域出现一个红色的线框，拖动线框的边缘可以改变大小，拖动箭头可以改变角度（可以利用如图5-64所示的"定位"选项卡中的选项精确定位切割平面），如图5-66所示。

（2）单击"确定"按钮，生成一个切面，如图5-67所示。

图5-64 "切割定义"对话框

图5-65 "截面"图形框

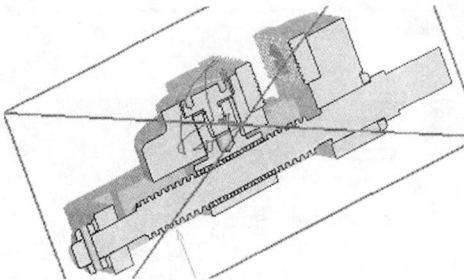

图5-66 切面的生成

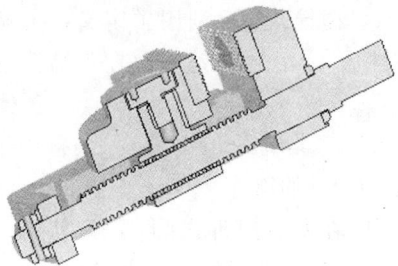

图5-67 完成切面

10. 距离与区域分析

"距离与区域"工具按钮可以计算指定对象之间的最小距离，操作步骤如下：

（1）单击"距离与区域"工具按钮🔳，弹出"编辑距离与区域"对话框，如图5-68所示。

（2）"类型"区域的第一个下拉列表框用于定义最小距离的方向和范围，第二个下拉列表框用于定义计算距离的对象。

① 在一个选择之内：这是默认模式，在一个选择中添加的所有零件、组件都参与计算。

② 在两个选择之间：分别在两个选择框中添加运算对象，运算时在两个对象组之间进行检查。

图 5-68　"编辑距离与区域"对话框

③ 选择之外的全部：检查所选择对象与其他所有未选择对象之间的距离。

（3）单击"应用"按钮对最小距离进行运算，弹出一个"预览"对话框，如图 5-69 所示，显示出最小距离的运算结果。并且"编辑距离与区域"对话框下方显示出一个"结果"区域，给出相应的信息，如图 5-70 所示。

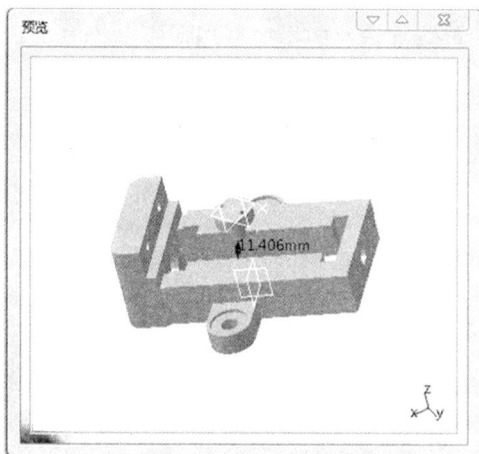

图 5-69　"预览"对话框

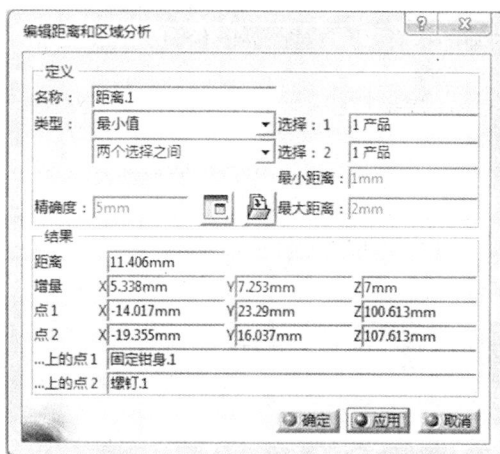

图 5-70　"编辑距离与区域"对话框

任务5　解决方案

1. 打开"jiyonghuqian"装配设计文档。

2. 单击"测量"工具栏的"测量间距"工具按钮 →弹出"测量间距"对话框 →分别单击"固定钳身"上表面和下表面，完成测量分析。

3. 双击激活结构树上要分析自由度的部件→从主菜单中单击"分析"→"自由度"选项，弹出"自由度分析"对话框，显示分析结果。

4. 单击"碰撞"工具按钮 →弹出"检查碰撞"对话框 →单击"应用"按钮，显示碰撞检查细节，完成碰撞分析。

5. 快速保存并安全退出 CATIA。

任务 6   装配注释

任务要求

1. 打开"jiyonghuqian"装配设计文档。
2. 对"机用虎钳"的各个部位进行名称文本注释。

相关知识

在进行产品造型时，特别是大型的需要多方交流的产品设计，往往需要添加一系列的辅助信息，以便对产品的信息进行更加精确的描述，此信息的添加由"标注"工具栏完成。

1. 焊接特征

在产品设计中，焊接特征需要专门标注出来。"焊接标注"定义的几何位置，实际生产中要进行焊接加工，其操作步骤如下：

（1）单击"焊接特征"工具按钮 后，需要定位焊接的几何位置，单击选择具体几何位置，弹出"创建焊接"对话框，如图 5-71 所示，在该对话框中添加焊接标注的所有信息。

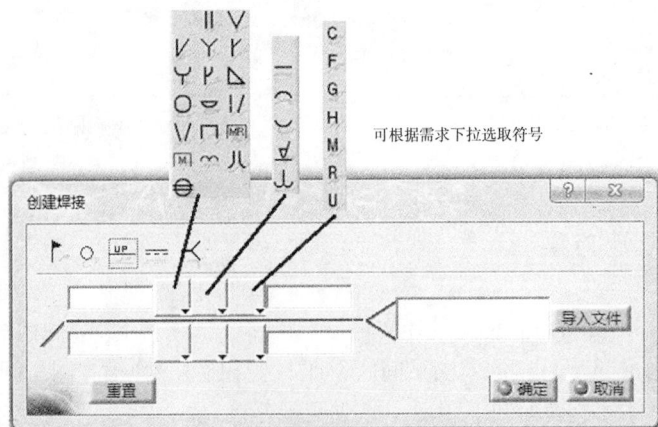

图 5-71 "创建焊接"对话框

（2）"创建焊接"对话框左上角有若干用于调整焊接标志显示的工具按钮。

① 现场焊接符号 ：保留原始零件的焊接标注位置，不做焊接加工。

② 焊点包围符号 ：保留零件边缘，全部进行焊接加工。

③ 焊接文本侧边 ：用于调整焊接标志显示，可以调整焊接的标志和文字显示在横线

的上方或者下方，可以迅速地将所有标志上移或者下移。

④ 缩进行侧边 ̄：焊接侧边有一定量缩进。

⑤ 焊尾＜：当没有描述性文字时，此工具按钮用于定义是否显示尾部标志，当有描述性缩进行侧边文字存在时，尾部标志自动显示。

2. 文本标注

"文本标注"工具按钮 可以任意创建文字标注。创建的文字标注位于没有边界限制的框架内。在创建文字过程中，可以随时修改、调整文字的大小、颜色及箭头的位置等相关属性，如图 5-72 所示。

图 5-72 "文本标注"工具按钮

（1）单击"文本标注"工具按钮 ，然后在投影面上单击，将投影面作为文字标注的基准面，弹出"文本编辑器"对话框，如图 5-73 所示。

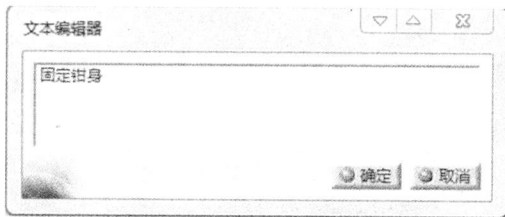

图 5-73 "文本编辑器"对话框

（2）输入相应的文本信息，单击"确定"按钮，完成标注。三种不同的标注形式如图 5-74 所示。

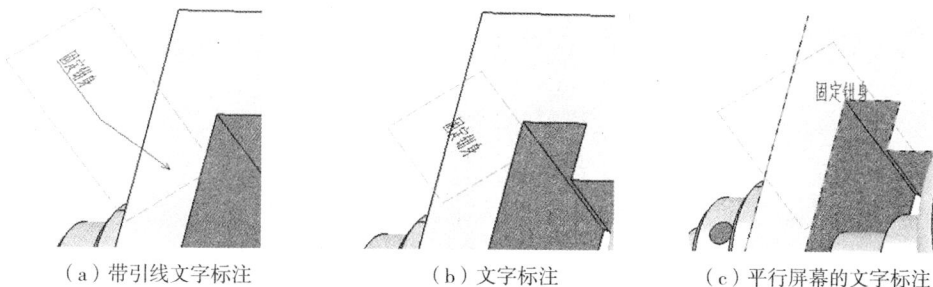

（a）带引线文字标注   （b）文字标注   （c）平行屏幕的文字标注

图 5-74 三种不同文本标注形式

3. 标识

"标识注解"工具按钮 可以任意创建链接标注。与文字标注的不同之处在于，在链接标注中，可以添加与各种文档之间的链接关系。创建的链接标注位于一个箭头框内。在创建链接标注的过程中，可以随时修改、调整文字的大小、颜色及箭头的位置等相关属性，如图 5-75 所示。

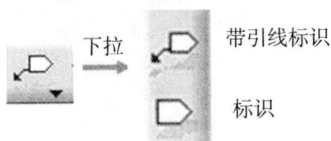

图 5-75 "标识注解"工具按钮

（1）单击该工具按钮，然后再投影面上单击，将投影面作为链接标注的基准面。弹出"定义标识注解"对话框，如图 5-76 所示。

图 5-76 "定义标识注解"对话框

（2）输入相应的注解文字，单击"确定"完成注解。两种不同的标识形式如图 5-77 所示。

（a）带引线标识   （b）标识

图 5-77 两种不同标识注解形式

任务 6 解决方案

1. 打开"机用虎钳"装配设计文档。
2. 单击"文本标注"工具按钮 ➡→将"机用虎钳"装配好的各个零件进行标注。
3. 快速保存并安全退出 CATIA。

任务 7 装配特征

任务要求

1. 建立三个简单圆柱零件（直径 20mm，高度 5mm）。
2. 装配三个零件（同轴、间距 10mm）并进行装配打孔（孔的直径为 5mm）。

相关知识

1. 装配特征基础

装配特征是指在装配时，同时应用到多个零件上的特征。创建装配特征时需要注意以下事项：

（1）装配特征只能在激活产品的子部件之间创建，激活的产品必须包含至少两个部件，每个部件中至少有一个零件。

（2）装配特征不能在属于同一个部件两个几何元素之间创建。

（3）装配特征只能应用于可以进行零件特征造型的零件。

每一个装配特征生成的同时，都会与相应的零件发生作用。在零件上生成的几何特征，与装配特征之间有相应的链接关系，将由装配特征生成的零件几何特征称为装配结果特征。装配特征工具包括切割、孔、凹槽、移除、添加等。

2. 装配切割

在产品设计时，可以通过一个曲面同时切割多个零件，以迅速有效地分割零件，加快产品设计过程。切割操作同样可以在零件设计工作台中实现，但使用装配切割更有效，可分割多个零件，对于全局的修改，同样更加快捷方便，图 5-78 为装配切割的下拉工具栏，其操作步骤如下：

图 5-78 "装配切割"下拉工具栏

（1）单击"切割"工具按钮 ，选择要分割的曲面，然后弹出"定义装配特征"对话框，如图 5-79 所示。

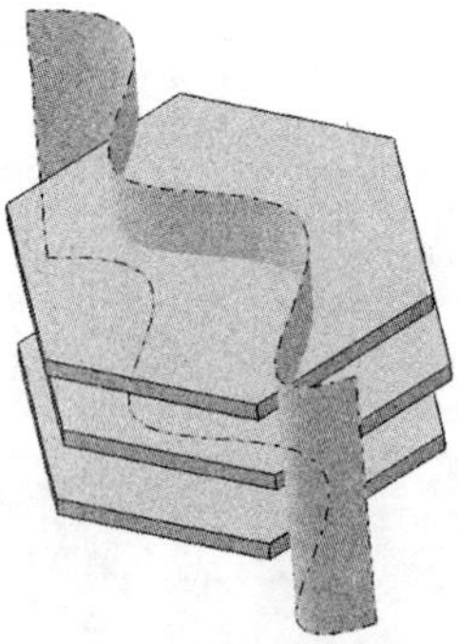

（a）分割曲面 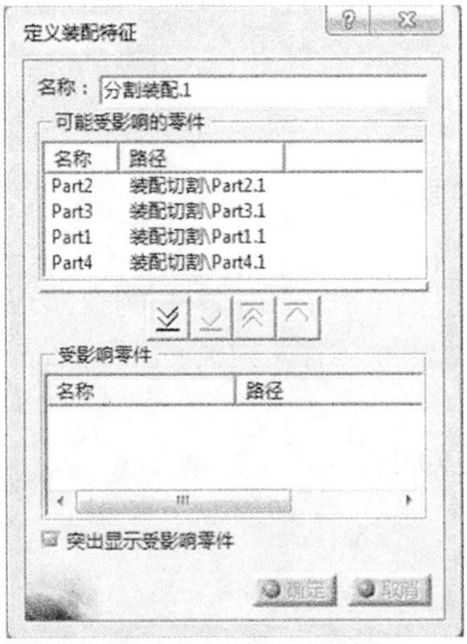　　　　　　　　　　（b）"定义装配特征"对话框

图 5-79　定义装配分割

（2）添加受影响的零件，弹出"定义分割"对话框，选择切割方向，如图 5-80 所示。

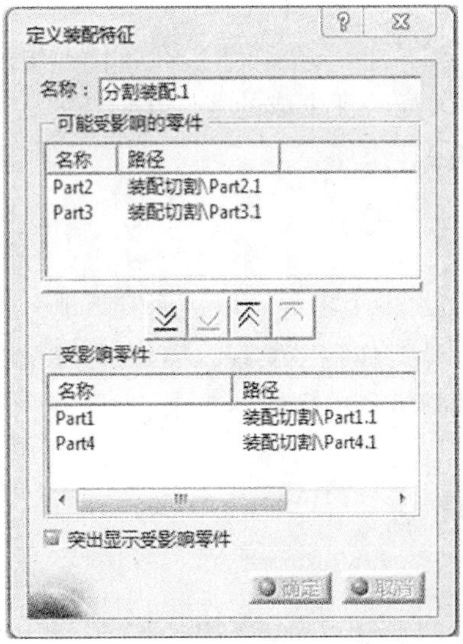

（a）"定义分割"对话框 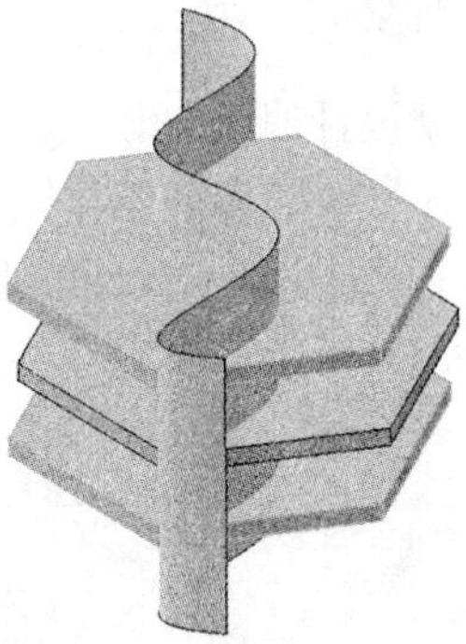　　　　　　　　　　（b）选择受影响零件

·图 5-80　受影响零件

（3）单击"确定"按钮，切割完毕，如图5-81所示。

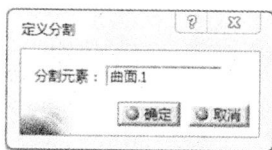

（a）"定义分割"对话框　　　　　　　　　　（b）分割完成

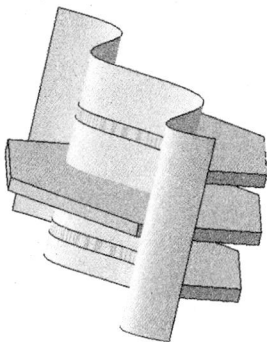

图5-81　创建装配分割

3. 装配孔

装配孔特征指的是在装配过程中，在不同的零件上同时创造一个孔的特征，通过装配孔特征，可以更快地完成孔的设计。其操作步骤如下：

（1）单击"孔"工具按钮，选择要定义孔的平面，如图5-82所示，同时弹出"定义装配特征"对话框和"定义孔"对话框。

（2）在"定义装配特征"对话框中选择受影响的零件，如图5-83所示。

（3）"定义孔"对话框设置相应的孔参数，如图5-84所示。

（4）单击"确定"按钮，实现了孔的定义。如图5-85所示。

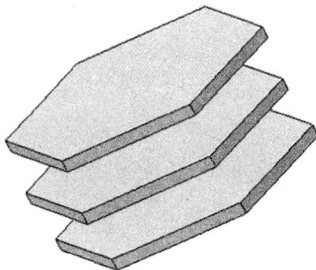

图5-82　装配孔的零件

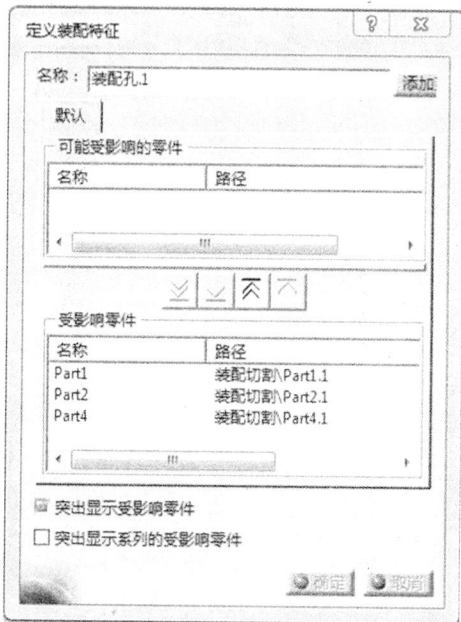

图5-83　受影响的零件

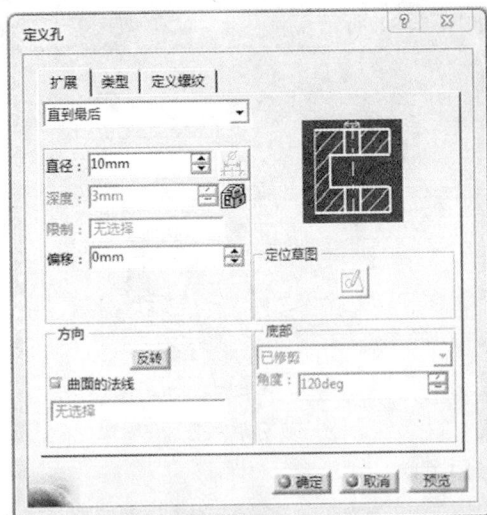

图 5-84　定义孔参数

图 5-85　孔的定义

以上三个孔的定义是相同的，我们还可以添加系列孔特征，完成不同孔的定义，其操作方法如下：

（1）单击"孔"工具按钮，选择要定义孔的平面，同时弹出"定义装配特征"对话框和"定义孔"对话框。

（2）单击"定义装配特征"对话框中按钮，将所有零件移动到"受影响零件"列表框中。

（3）单击"定义装配特征"对话框中"添加系列"按钮，选择需要添加孔的零件，并单击"选择"按钮选定零件，如图 5-86 所示。

（4）在选择定义孔的零件时，分别利用"定义孔"对话框定义不同孔的参数，单击"确定"按钮，完成添加孔系列特征的操作，如图 5-87 所示。

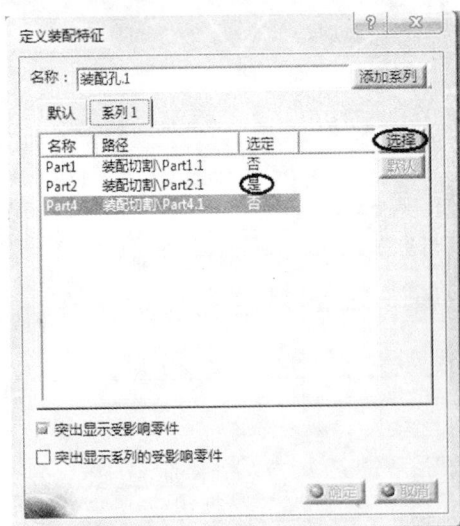

图 5-86　定义孔系列特征

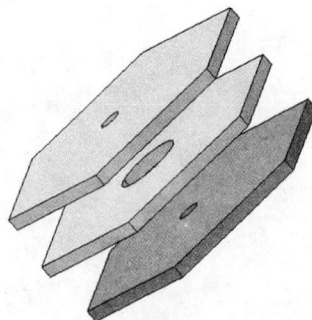

图 5-87　创建孔系列特征

4. 装配凹槽

装配凹槽是在装配设计中同时在多个零件上创建凹槽特征的工具。其操作方法如下：

（1）单击"凹槽"工具按钮 📖，选择凹槽轮廓。同时弹出"定义装配特征"对话框和"定义凹槽"对话框，如图5-88和图5-89所示。

图5-88 "定义装配特征"对话框　　　　图5-89 "定义凹槽"对话框

（2）设置相应的凹槽参数，单击"确定"按钮，实现了凹槽的定义，如图5-90所示。

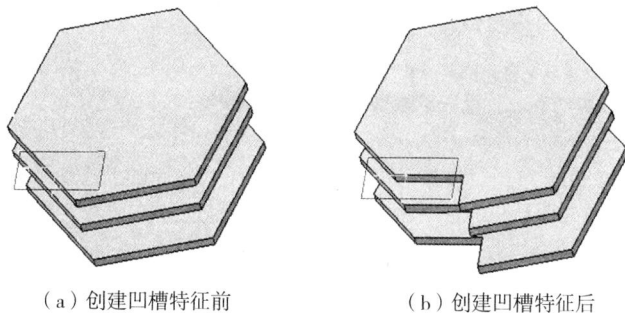

（a）创建凹槽特征前　　　　　（b）创建凹槽特征后

图5-90 创建凹槽特征

5. 装配添加

装配添加特征能够一次为同个产品添加多个零件特征，其操作步骤如下：

（1）单击"添加"工具按钮 🥎，选择要添加的几何体，弹出"定义装配特征"对话框和"添加"对话框，如图5-91和图5-92所示。

（2）单击"确定"按钮，实现了添加的定义。如图5-93所示。

6. 装配移除

在一些装配中，多个零件有时需要同时去除一个实体，"移除"工具按钮可以在多个零件上同时去除一个实体。其操作步骤如下：

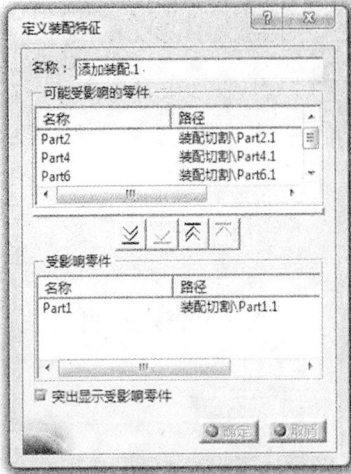

图 5-91 "定义装配特征"对话框

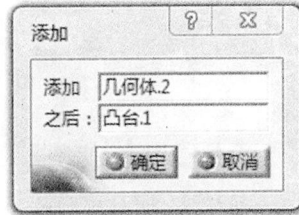

图 5-92 "添加"对话框

（a）创建添加特征前   （b）创建添加特征后

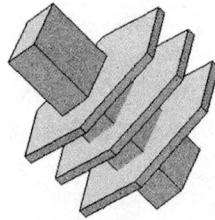

图 5-93 创建装配添加特征

（1）单击"移除"工具按钮，选择要移除的几何体,弹出"定义装配特征"对话框和"移除"对话框，如图 5-94 和图 5-95 所示。

图 5-94 "定义装配移除"对话框

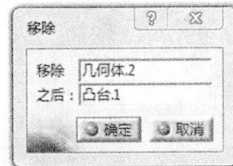

图 5-95 "移除"对话框

（2）单击"确定"按钮，实现了移除的定义。如图5-96所示。

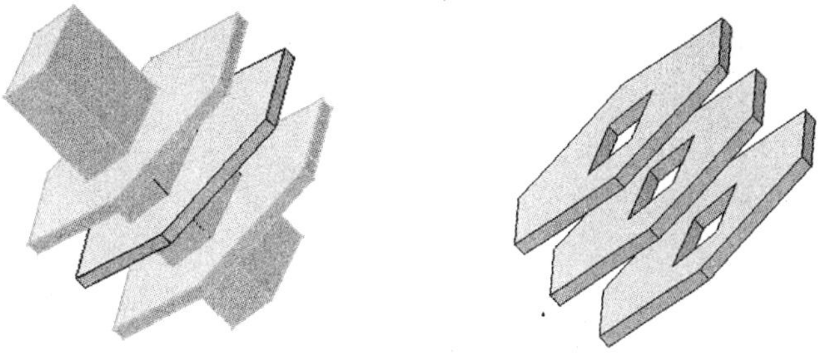

<table>
<tr><td>（a）创建移除特征前</td><td>（b）创建移除特征后</td></tr>
</table>

图5-96 创建装配移除特征

任务7 解决方案

1. 启动CATIA，建立3个简单零件（直径20mm，厚度5mm的圆柱体），依次命名文件为"yuanzhu1、yuanzhu 2、yuanzhu 3"并保存到D:\装配练习。

2. 单击主菜单"开始"→"机械设计"→"装配设计"→新建一个装配设计文档，修改"属性"命名为"打孔"，命名文件为"dakong.CATproduct"并保存到D:\装配练习。

3. 单击"产品结构工具"条上的"现有部件"工具 →单击结构树顶部要导入零件的产品名称→浏览选择刚创建的"yuanzhu1"零件。运用同样方法导入另外两个零件（三个零件可能完全重叠）。

4. 运用"移动"工具栏上的"操作"工具 移开三个零件至适宜观察和后续操作的位置。

5. 运用"约束"工具栏上的"相合约束"工具 完成三个零件的轴线相合约束。

6. 运用"偏移约束"工具 完成三个零件的间距约束（零件间距10mm）

7. 单击"更新"工具 工作窗口显示装配效果，完成产品的装配。

8. 单击"装配特征"工具栏上的"孔"工具 →选择定义孔的平面（圆柱上表面）→弹出"定义装配特征"对话框和"定义孔"对话框；在"定义装配特征"对话框列表中添加导入的三个零件，在"定义孔"对话框中设置孔的类型和参数（直径5mm的通孔）。

9. 单击"定义孔"对话框中的"确定"按钮→单击"更新"按钮，完成产品装配打孔。

10. 快速保存文件并安全退出CATIA。

思考与练习5

1. 根据"思考与练习1-9机用虎钳案例素材"完成其装配设计。

2. 根据以下千斤顶的装配图与零件图，完成其零件建模与产品装配。

千斤顶装配图	1.底座

5.顶盖	2.起重螺杆

4.螺钉	3.旋转杆

千斤顶装配图与零件图

项目 6

电子样机

学习目标

1. 了解 CATIA 电子样机的相关知识及环境参数设置。
2. 熟悉其工作界面及各工作台的功能。
3. 掌握装配模拟与运动仿真的基本方法。

任务 1　CATIA 装配仿真

任务要求

1. 启动 CATIA，新建产品（部件）文件。
2. 按规则命名文件并保存文件到目标路径 D:\CATIA 练习。
3. 模拟机用虎钳的装配过程、制作装配仿真动画。
4. 保存文件并退出 CATIA。

相关知识

1. CATIA 电子样机简介

根据欧洲高级信息化组织的定义，电子样机（DMU，Digital Mock-UP）是对产品真实化的计算机模拟，满足各种各样的功能，提供用于工程设计、加工制造、产品拆装维护的模拟环境；是支持产品和流程、信息传递和决策制定的公共平台；覆盖产品从概念设计到维护服务的整个生命周期。

电子样机技术不仅仅是简单的三维装配，DMU 还具有如下功能和特点：

（1）与 CAX 系统完全集成，并以"上下关联的设计"方式作业。

（2）提供强大的可视化手段，包括虚拟显示、浏览、DMU 漫游、截面透视等。

（3）具有各种功能性检测手段，如安装、拆卸、机构运动、干涉检查及截面扫描等。

（4）具有产品的配置和信息交流功能。

电子样机技术加强了设计过程中最为关键的空间和尺寸控制之间的集成，在产品开发过程中不断对电子样机进行验证，大部分的设计错误都能被发现和避免，从而大大减少了实物样机的制作和验证，缩短了产品开发周期，降低了研发成本。

CATIA V5 电子样机的功能由专门的模块完成。从产品的造型、上下关联的并行设计环境、产品的功能分析、产品浏览和干涉检查、信息交流、可维护性及易用性分析、支持虚拟现实技术的实时仿真、多 CAX 支持及产品结构管理等各方面提供了完整的电子样机功能，能够完成与实物样机同样的分析和模拟功能，从而减少制作实物样机的费用，并能进行更多设计方案的验证、优化。

2. 电子样机环境参数的设置

单击主菜单"工具"→"选项"，在弹出的对话框（如图 6-1 所示）左边的目录树中，选择"DMU 数字化装配"，在展开的下级选项卡或右边的选项栏中进行环境参数的设置，完成后单击右下角的"确定"按钮关闭对话框。

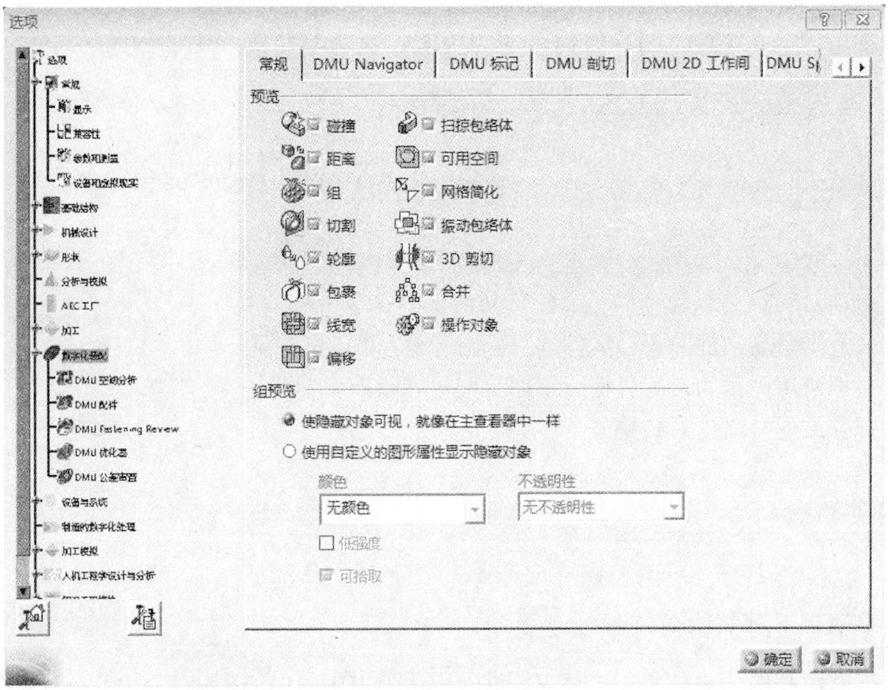

图 6-1　电子样机环境参数设置

对于初学者，相关设置和选项使用 CATIA 系统默认值即可。

CATIA 电子样机技术涵盖的知识点很多，由于篇幅所限，本项目主要介绍 CATIA 电子样机的视点动画、装配模拟和机构运动仿真功能。

3. CATIA 视点动画

在 CATIA 工作窗口，设计师和观察者始终位于电脑屏幕前方。要展示电子样机，只能通过鼠标和键盘改变模型的显示角度（相当于改变观察者的位置——视点或视角），将这种动态展示录制下来重放，形成的连续动画就是 CATIA 视点动画。视点动画主要用于展示电子样机，便于各类用户之间的沟通交流，进一步完善或推广设计方案、产品。

制作 CATIA 视点动画的步骤如下：

（1）启动 CATIA，打开一个产品文件（以机用虎钳为例）。

（2）单击主菜单"开始"→"DMU 数字化装配"→"DMU Navigator"进入电子样机浏览器工作台。

（3）单击"DMU 一般动画"工具栏（如图 6-2 所示）上的"录制视点动画"按钮 ，弹出"视点动画记录器"工具栏，如图 6-3 所示。

图 6-2 "DMU 一般动画"工具栏　　图 6-3 "视点动画记录器"工具栏

（4）单击"视点动画记录器"工具栏上的"录制"按钮 ，在弹出的"导致重放"对话框中（如图 6-4 所示）修改重放名称为"机用虎钳视点动画"，单击"确定"关闭对话框。

（5）运用鼠标和罗盘，让产品模型分别绕 X/Y/Z 轴转动，完成后单击"视点动画记录器"工具栏上的"停止"按钮 ，完成视点动画的录制（中途可按"暂停"按钮 ，待调整到符合要求时重按"录制"按钮继续录制），单击"录制视点动画"按钮 退出动画录制。此时特征树的 Application 列表下生成"机用虎钳视点动画"重放特征。

（6）单击特征树上"Application"前的"+"号逐级展开特征列表，双击刚才创建的"机用虎钳视点动画"特征，弹出如图 6-5 所示的"重放"对话框，运用对话框中的播放工具栏可以流畅地播放视点动画。单击"更改循环模式"按钮 可以调整播放模式。

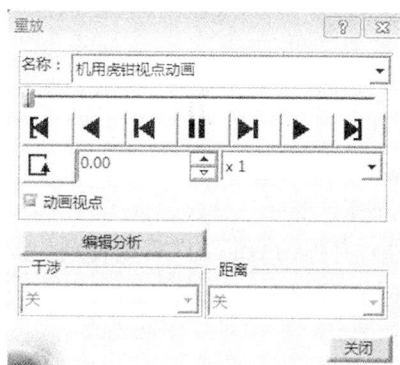

图 6-4 视点动画"导致重放"对话框　　图 6-5 视点动画"重放"对话框

4. CATIA 装配仿真

仿真是通过一系列的命令而结合起来的模拟动画，是展示数字模型更为直观的一种方式，用户从不同的角度访问样机，显示其几何特征，主要用于技术人员审查样机和向设计人员展示样机。

（1）创建仿真

创建仿真的方法是：先创建相关的事件，然后把它们按顺序组织起来。其中，事件指所有可以被排列和按顺序模拟的情景，包括轨迹、颜色、可见性及定义顺序等。

装配仿真的流程是：建立（或打开）产品文件 →定义零件轨迹 →调整轨迹播放速度 →创建序列 →编辑序列（合并、调整顺序）→隐藏轨迹。具体步骤如下：

① 启动 CATIA，打开一个已经完成装配的产品文件。

② 单击主菜单"开始"→"DMU 数字化装配"→"DMU Navigator"进入电子样机浏览器工作台。

③ 单击"DMU 一般动画"（参见图 6-2）工具栏上的"跟踪"按钮，自动弹出"记录器"工具栏（如图 6-6 所示）和"播放器"工具栏（如图 6-7 所示）及"跟踪"对话框（如图 6-8 所示）。

图 6-6 "记录器"工具栏   图 6-7 "播放器"工具栏

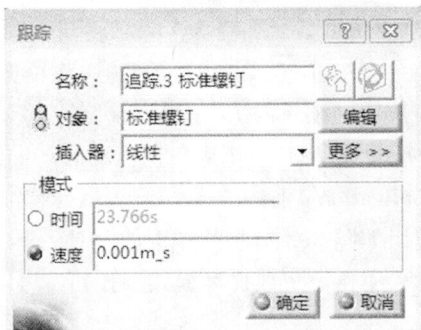

图 6-8 "跟踪"对话框

④ 光标移至罗盘 Z 轴底部的红色方块处，当光标变为四向箭头时按下鼠标左键拖动罗盘到目标模型上释放鼠标，此时罗盘变为绿色（也可用光标直接单击目标模型或在特征树上对应的模型名）。

⑤ 光标移至绿色罗盘 X 或 Y 或 Z 轴线处沿零件拆卸方向按下鼠标左键并拖动一定距离后释放（模型与罗盘将随鼠标同步移动），单击"记录器"工具栏上的"记录"按钮，记录零件的第一个移动轨迹如图 6-9 中的白色线条所示。用同样方法还可继续移动该零件，记录其沿另一方向的移动轨迹。

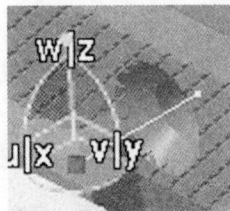

⑥ 在"跟踪"对话框中修改默认的"速度"值 0.001m_s 为

图 6-9 零件"轨迹"示意

0.01m_s，单击"播放器"工具栏上的播放按钮观察运动效果至速度合适为止。单击对话框中的"确定"退出，完成第一个零件装配过程中模拟轨迹的设置。

⑦ 逐级展开特征树底部的"Applications"→"轨迹"→"追踪 1"即为刚创建的螺钉拆卸轨迹，如图 6-10 所示。

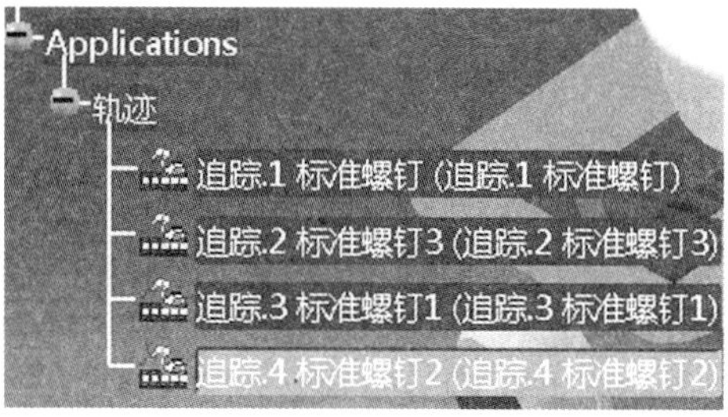

图 6-10 特征树"轨迹"列表

⑧ 依此类推完成其他零件的拆卸运动轨迹设置。若要修改已经生成的轨迹，可双击特征树上对应的轨迹，在弹出的对话框中修改，完成后单击"确定"退出即可。

⑨ 使用"顺序"命令定义仿真动画，使创建的仿真平行播放，步骤如下：

• 单击"DMU 一般动画"工具栏上的"编辑序列"▦命令，弹出如图 6-11 所示的"编辑序列"对话框。对话框左边显示已经创建的事件，右边显示连续的事件，单击对话框中间的水平绿色"箭头"按钮，可以向右边添加事件或删除已经添加的事件；利用对话框中的"上移"或"下移"按钮，可以修改仿真动画的播放顺序；利用"向上合并"或"向下合并"按钮，可以使两个轨迹同时播放。利用对话框中的"工作指令周期"和"工作指令延迟"选项可以修改动画播放或延迟的时间。

• 编辑修改后的对话框如图 6-12 所示。

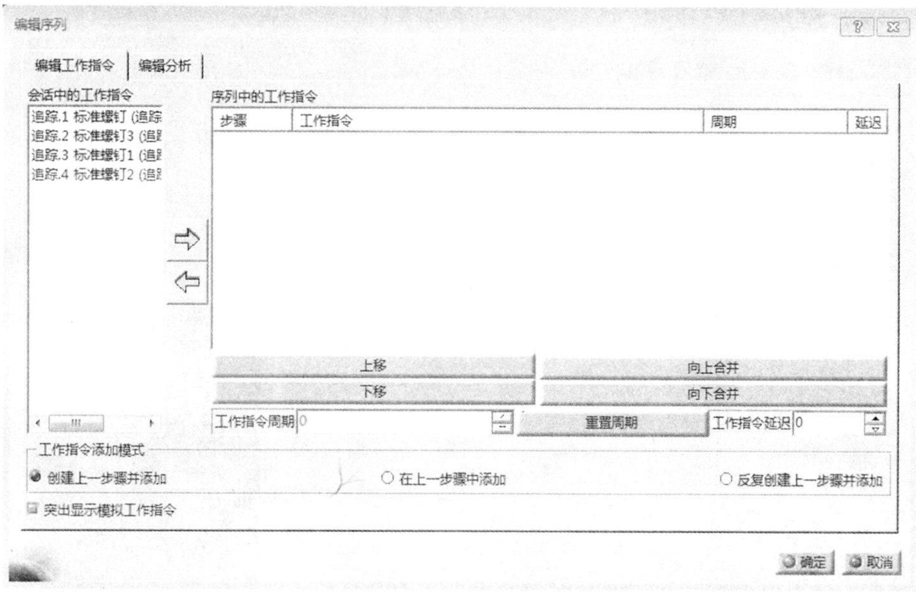

图 6-11 "编辑序列"对话框

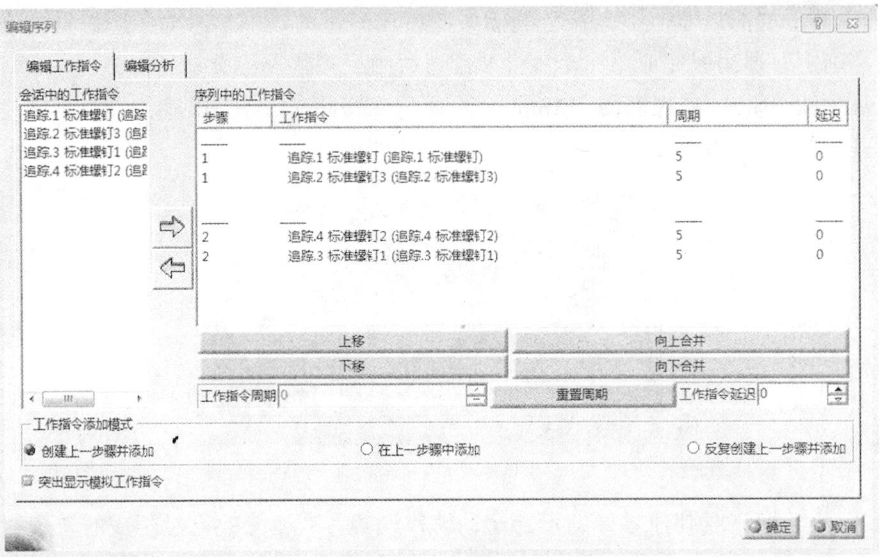

图 6-12　编辑序列结果

• 单击"确定"按钮完成序列的创建，特征树上增加新的顺序标识——序列 1，如图 6-13 所示。单击选择序列 1，利用播放工具栏上的相应按钮可以向前 / 向后播放序列 1 的仿真动画。双击序列 1 可以在弹出的对话框中修改序列 1 的相关参数。

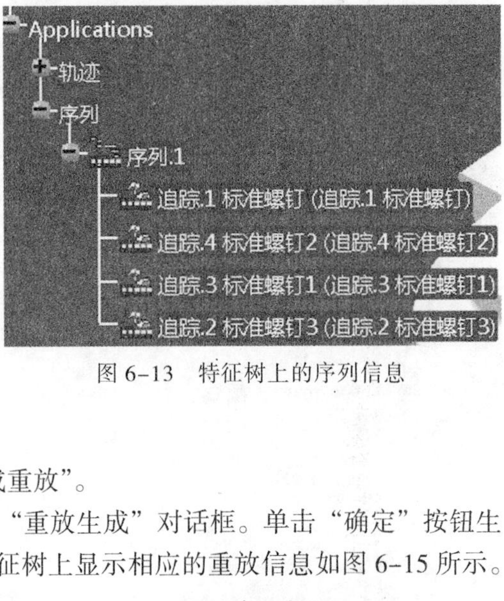

• 单击特征树上的"轨迹"，在右键菜单中选择隐藏 / 显示命令，隐藏所有白色轨迹线。

⑩ 为减轻系统加载信息的负担，可以创建重放：

图 6-13　特征树上的序列信息

• 选择主菜单"工具"→"模拟"→"生成重放"。

• 单击"序列 1"→弹出如图 6-14 所示的"重放生成"对话框。单击"确定"按钮生成重放"Replay.1"（可在对话框中重命名），特征树上显示相应的重放信息如图 6-15 所示。

图 6-14　"重放生成"对话框

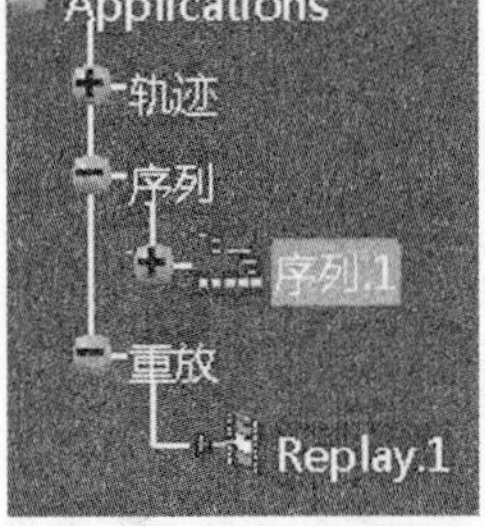

图 6-15　特征树上的重放信息记录

• 双击特征树上的"Replay.1"，弹出如图 6-16 所示的"重放"对话框，利用该对话框中的播放工具栏可以连续/正向/反向等各种方式重复播放"序列 1"的仿真动画。

图 6-16　"重放"对话框

> 📢 **特别提示**：CATIA 装配仿真也可以在数字化装配模块的 DMU 运动机构工作台进行。

任务 1　解决方案

1. 双击电脑桌面 CATIA 图标，快速启动 CATIA。

2. 单击标准工具栏"新建文件"按钮，在弹出的"文件类型"对话框列表中选择 product 并单击"确定"（或双击 product），弹出"新建零件"对话框。

3. 在"新建零件"对话框中将系统默认模型名改为"机用虎钳"并单击"确定"关闭。

4. 单击主菜单"文件"→"保存"→对话框中选择 D 盘→双击"CATIA 练习"文件夹→命名产品文件名为"jiyonghuqian"→单击"保存"退出。

5. 单击主菜单"开始"→"机械设计"→"装配设计"，切换到装配设计工作台。

6. 依次导入"机用虎钳"各个零件模型，利用"移动"和"约束"工具栏完成机用虎钳的装配。

7. 单击主菜单"开始"→"数字化装配"→"DMU Navigator"，切换到电子样机浏览器工作台。结合机用虎钳的实际拆卸顺序，按照前述装配仿真流程和步骤定义零件轨迹、调整播放速度、创建并编辑序列，完成全部装配仿真如图 6-17 所示。

8. 单击特征树上"Applications"前的"+"展开仿真特征。单击选择特征树上的"轨迹"利用右键菜单隐藏所有轨迹线。

9. 单击主菜单"工具"→"模拟"→"生成重放"→在特征树上单击选择"序列 1"→单击"重放生成"对话框上的"确定"按钮自动生成重放。

10. 快速保存文件并安全退出 CATIA。

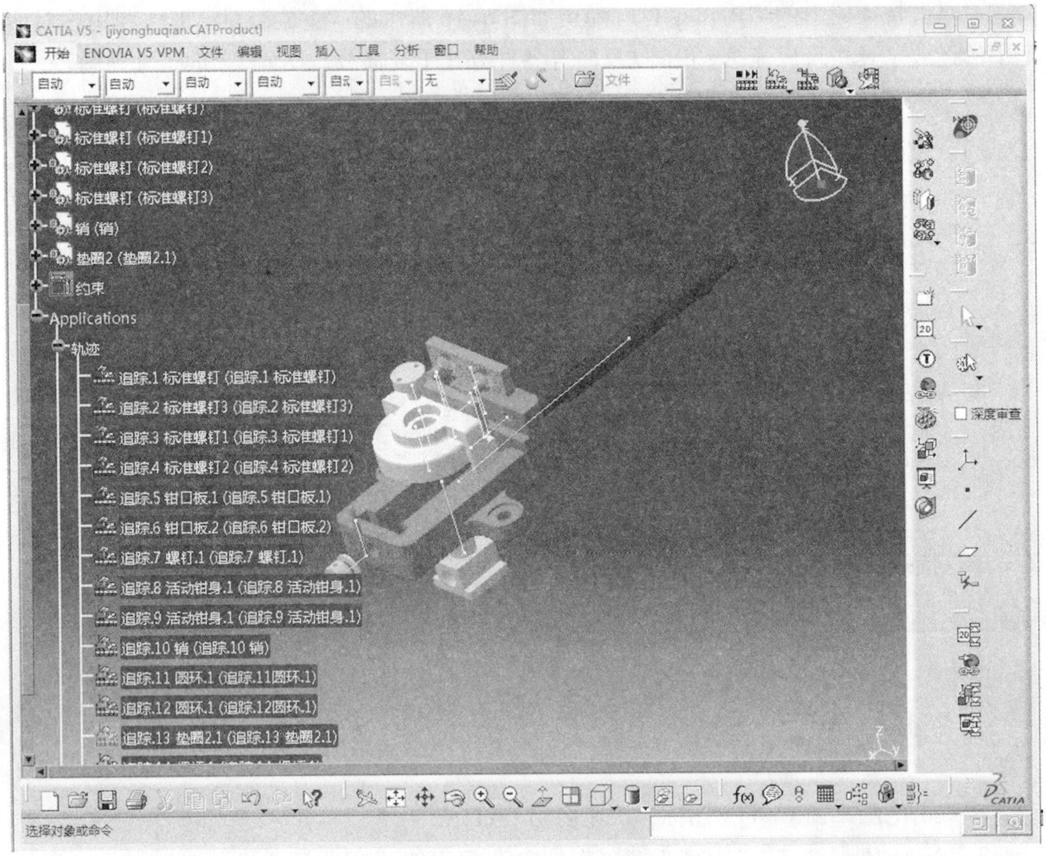

图 6–17 "机用虎钳"装配仿真

任务 2　CATIA 运动仿真

任务要求

1. 启动 CATIA 建立新文件。
2. 打开前面创建的机用虎钳产品文件。
3. 建立机用虎钳的运动仿真。
4. 快速保存并退出 CATIA。

相关知识

CATIA 电子样机运动仿真是通过系统提供的大量运动约束连接方式或者通过自动转

换装配约束条件而产生运动约束链接来实现的。用户可以利用基本的运动副建立机构，进行动态仿真。还可以记录机构的运动状态，制作成影片播放。

1. CATIA 运动仿真

CATIA 运动仿真的流程是：进入 DMU 运动机构工作台 →导入机构 →创建运动约束 →定义驱动命令 →定义固定件 →机构模拟（运动仿真）。

下面以滑动副为例介绍机构运动仿真的设计界面及具体操作步骤：

滑动副：一个零件在另一个零件表面、沿着一个固定方向滑动，运动件称为滑块，固定件称为滑槽。

（1）新建两个零件模型——滑槽和滑块，按规则命名并保存模型文件。

（2）新建产品，导入上述两个零件并装配，按规则命名并保存产品文件。

（3）单击主菜单"开始"→"数字化装配"→"DMU 运动机构"，进入"运动机构仿真"工作台，调整工具栏布局，如图 6-18 所示。

（4）定义滑动副（有时需要利用罗盘将两个零件移开一定的距离便于后续操作，参见装配仿真）：

① 单击"DMU 运动机构"工具栏上（参见图 6-18 工作窗口顶部）的旋转副按钮 右下角的箭头展开运动副工具栏，如图 6-19 所示。

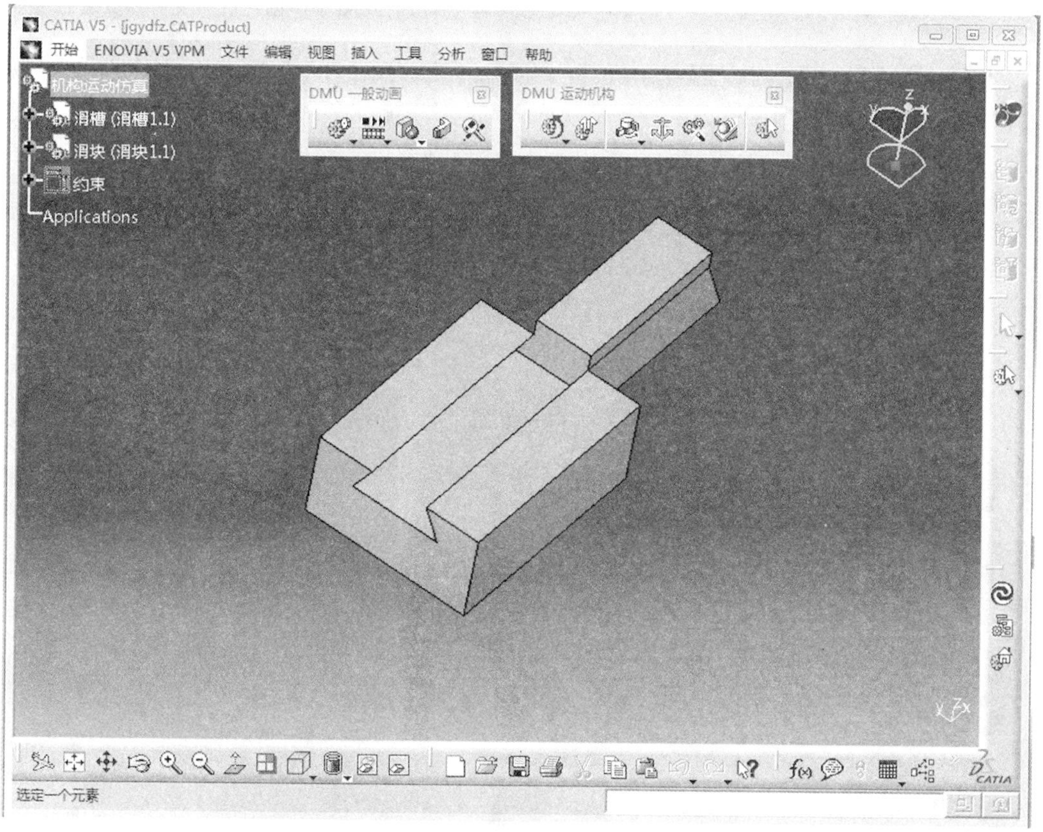

图 6-18　"机构运动仿真"工作台界面

图 6-19 "运动副"工具栏

② 在"运动接合点"工具栏上单击"棱形接合"（滑动副）按钮█，弹出"创建接合：棱形"对话框，如图 6-20 所示。

③ 单击对话框中的"新机构装置"，弹出"创建机械装置"对话框，修改对话框中"机械装置"名称为"滑动机构仿真"，如图 6-21 所示，单击"确定"按钮返回上级对话框。

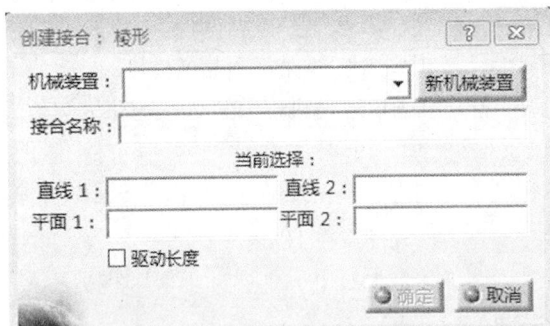

图 6-20 "滑动副"创建对话框

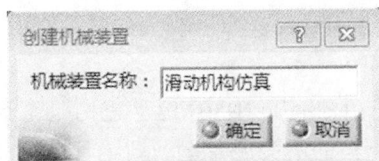

图 6-21 "创建机械装置"对话框

④ 用鼠标先在滑块中选择一条底部棱边，再在滑槽中选择与滑块运动相接触的对应棱边（共线）；同理，用鼠标分别选择滑块底面和与之接触的滑槽面（共面）。此时滑动副创建对话框如图 6-22 所示。在对话框中勾选"驱动长度"复选框，单击"确定"按钮完成设置。

⑤ 模型树上出现机械装置特征，单击该特征前面的"+"展开的"机械装置"列表，如图 6-23 所示。

（5）定义固定零件：运动机构必须有一个零件固定，其他零件与之相对运动。

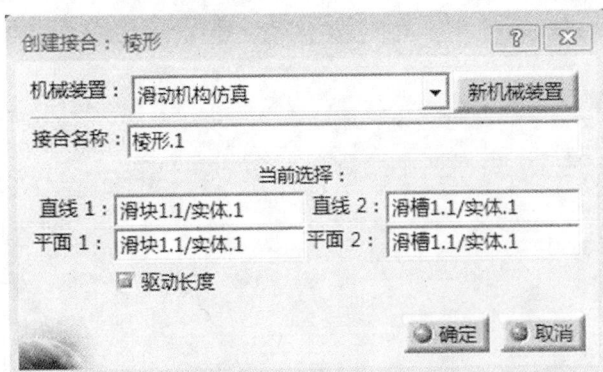

图 6-22 设置完成后的滑动机构仿真对话框

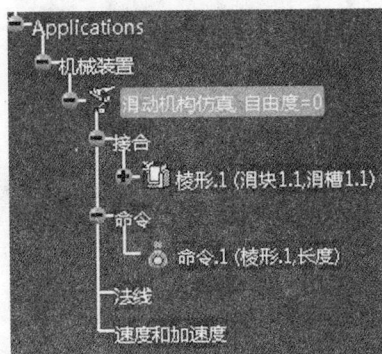

图 6-23 模型树中的机构仿真列表

① 单击"DMU 运动机构"工具栏（如图 6-24 所示）上的"固定零件"按钮 ![],弹出"新固定零件"对话框，如图 6-25 所示。

图 6-24 "DMU 运动机构"工具栏

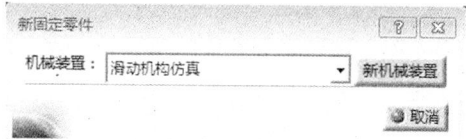

图 6-25 "新固定零件"对话框

② 鼠标在模型窗口（或模型树上）单击选择"滑槽"作为固定件，弹出"消息"框，如图 6-26 所示，单击"确定"按钮关闭。

图 6-26 机构仿真设置完成后的"消息"框

（6）使用命令模拟滑动机构的运动

① 单击"DMU 运动机构"工具栏（参见图 6-24）上的"使用命令模拟"按钮 ![],弹出"运动模拟"对话框，如图 6-27 所示。

图 6-27 "运动模拟"对话框

② 光标移到对话框中的滑动条上，按住鼠标左键并拖动以改变距离范围，勾选对话框中的"模拟"→"按需要"复选框。

③ 单击对话框中"播放工具栏"上的按钮（如果没有出现该工具栏，可单击对话框中的"更多"按钮调出），即可模拟滑块在滑槽中的运动。单击对话框中的"重置"按钮可以恢复至初始状态；改变对话框中的"步骤数"值可以调整机构运动仿真的速度；双击特征树列表"接合"下面的某个"运动副"可以对已经建立的运动副进行编辑。

（7）使用规则模拟滑动机构运动

在电子样机仿真中，为了使机构按一定的规律运动并能够被重放，建立规则是必不可少的。具体步骤如下：

① 单击主菜单"工具"→" f(x) 公式"或单击标准工具栏上的"公式"按钮，弹出如图 6-28 所示的对话框。

图 6-28   建立"驱动规则"对话框

② 在对话框中修改时间值为 10s，在过滤器类型下拉列表中选择"长度"，单击"添加公式"按钮，在弹出对话框中输入公式，如图 6-29 所示，单击"确定"关闭对话框。

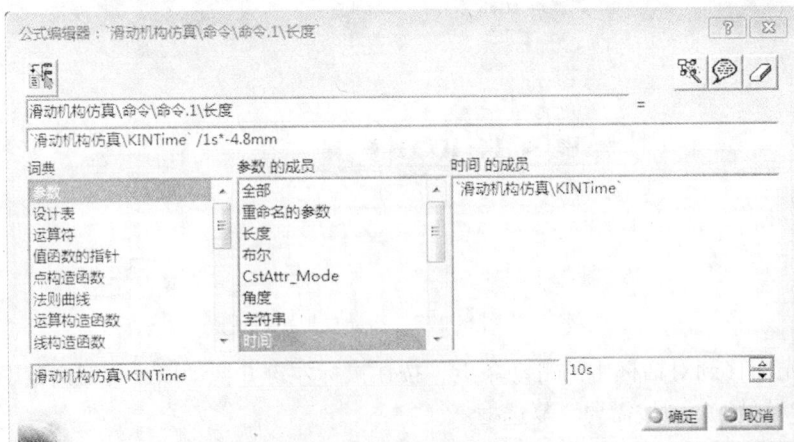

图 6-29   建立"驱动公式"对话框

③ 建立驱动规则后，特征树显示如图 6-30 所示。名称"法线"下的公式即为刚创建的规则，双击该公式可以对其进行编辑修改。

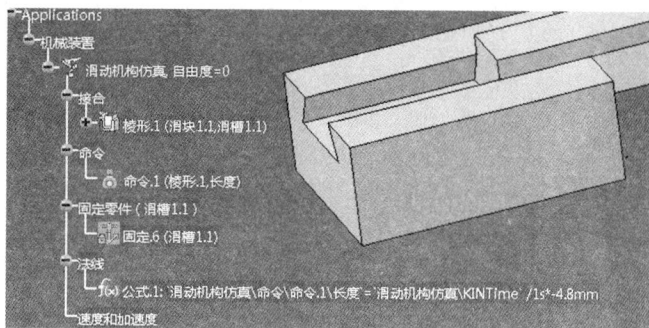

图6-30　建立驱动规则后的模型树

④单击"DMU运动机构"工具栏上的"使用法则曲线进行模拟"按钮 （展开第一个按钮 可以看到），弹出如图6-31所示的"运动模拟"对话框。

图6-31　"运动模拟"对话框

⑤单击"运动模拟"对话框中的播放按钮，可以模拟滑块的运动。

（8）生成重放（只有使用规则创建的仿真才能生成重放）

①单击主菜单"工具"→"模拟"→"生成重放"，弹出的"播放器"工具栏，在特征列表中选择运动机构，弹出重放生成对话框，在该对话框中为即将生成的重放命名。调整好播放速度，单击"重放生成"对话框中的"确定"按钮自动生成重放。

②展开特征树上的"重放"列表，找到并双击刚创建的机构运动重放特征，弹出如图6-32所示的对话框，利用该对话框中的播放工具栏和播放模式变换按钮可以模拟滑块的往复运动。

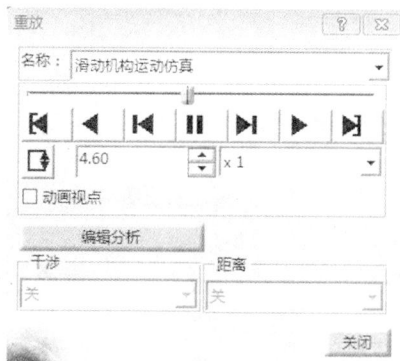

图6-32　机构运动"重放"对话框

电子样机运动仿真还包括圆柱副、齿轮副等，由于篇幅所限，本项目仅以滑动副为例做具体的介绍。

2. CATIA 装配约束转换

对于已经完成装配约束的产品或部件，可以直接将装配约束转换为运动副进行机构的运动仿真，具体步骤如下：

（1）打开或在新创建的 .Procdut 文件中导入一个装配体（已经完成装配约束的产品或部件）。

（2）单击主菜单"开始"→"数字化装配"→"DMU 运动机构"，切换到 DMU 运动机构仿真工作台。

（3）单击"DMU 运动机构"工具栏上的"装配约束转换"按钮，弹出"装配约束转换"对话框。单击对话框中的新机械装置，在弹出的对话框中为新创建的运动机构命名，单击"确定"返回"装配约束转换"对话框。

（4）单击"装配约束转换"对话框中的"更多"按钮扩展该对话框（如图 6-33 所示，以前述滑动副为例），按住"Shift"键用鼠标在约束列表栏中选取两个构成运动副的约束，单击对话框中"创建接合"按钮，右边接合列表中立即显示成功创建的运动副。

（5）单击对话框中的"创建固定零件"按钮，机构的固定零件被创建，单击"确定"关闭对话框。

（6）双击特征树上刚创建的运动副，在弹出的对话框中根据不同的运动副勾选"驱动长度"或"驱动角度"按钮，单击"确定"，系统弹出"可以模拟机械装置"的消息框，单击"确定"关闭该消息框。

（7）单击"DMU 运动机构"工具栏上的"使用命令进行模拟"按钮，利用弹出的"运动模拟"对话框即可模拟该机构的运动。

（8）快速保存文件并安全退出 CATIA。

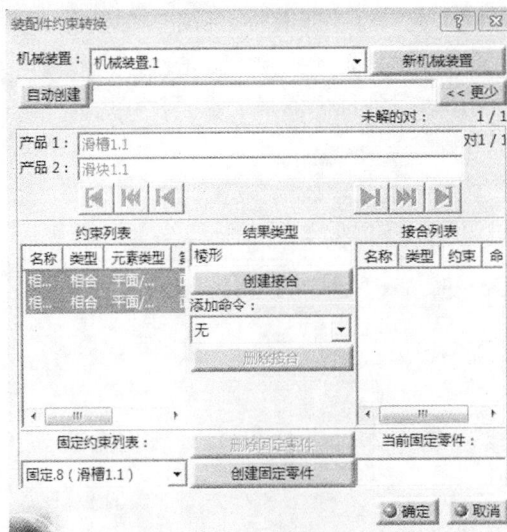

图 6-33 "装配约束转换"对话框

任务2　解决方案

任务分析：机用虎钳是机械加工中的常用夹具，主要用于夹紧工件配合机械加工。其运动主要是通过螺杆的正/反向转动，驱动螺母沿固定钳身的滑槽往复运动；螺母通过螺钉与活动钳身、钳口板、紧钉螺钉固联后与螺母同步往复运动，配合与机架固联的固定钳身和第二块钳口板、实现夹紧或松开工件的目的。机构运动包括两个：一是螺杆与固定钳身（或垫圈）之间的转动（旋转副），二是螺杆与螺母之间的螺纹驱动（螺纹副）。实现机用虎钳运动仿真的具体步骤如下：

1. 双击电脑桌面CATIA图标快速启动CATIA。

2. 单击主菜单"文件"→"打开"，浏览并打开前面项目学习中，已经完成建模和装配的"机用虎钳"产品文件"jiyonghuqian.CATProduct"。

3. 单击主菜单"开始"→"数字化装配"→"DMU运动机构"，切换到DMU运动机构仿真工作台。

4. 结合个人工作习惯调整好工作窗口各工具栏的布局。

5. 单击"DMU运动机构"工具栏上的"旋转接合"按钮🔩创建旋转接合，在弹出的对话框（参见图6-20）中单击"新机械装置"，弹出"生成运动机构"对话框，修改对话框中"机械装置"名称为"机用虎钳运动仿真"，单击"确定"回到如图6-34所示的对话框。

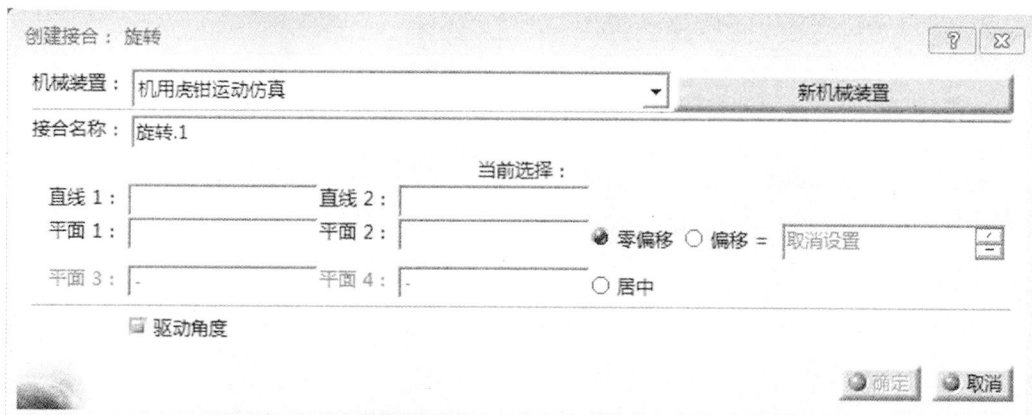

图6-34　"旋转接合"创建对话框

6. 鼠标移至螺杆圆弧表面当轴线亮显时单击选取螺杆轴线、同理选取垫圈轴线（共线）；用罗盘移开螺杆一定距离（方法参见装配设计），参照上述方法依次选取螺杆轴肩与垫圈接合的两个面（共面），勾选"驱动角度"复选框，如图6-35所示。

7. 单击"确定"关闭对话框→单击"DMU运动机构"工具栏上的"固定零件"按钮⚓→在模型窗口单击"垫圈"模型使之成为机构运动的固定件，系统立即弹出"机构能够被模拟"消息框，单击"确定"关闭消息框，单击"使用命令模拟"按钮🖱即可模拟螺杆的转动。

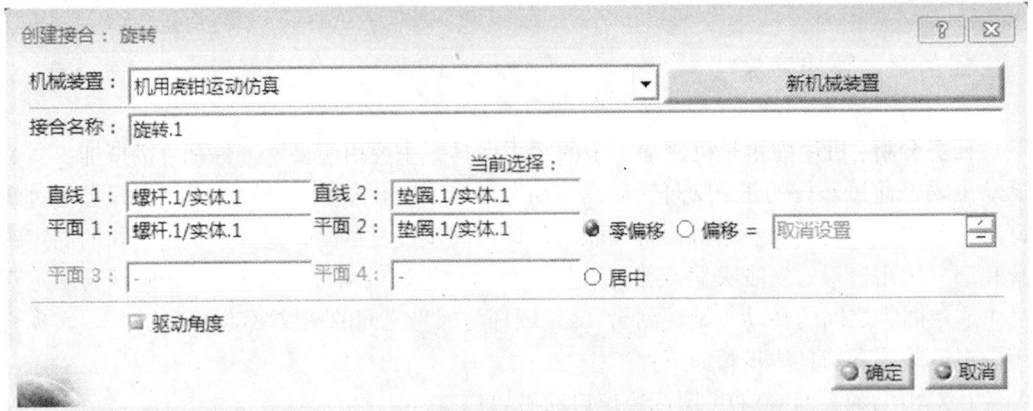

图 6-35 "旋转接合"选项设置

8. 单击 "DMU 运动机构"工具栏上的"螺钉接合"按钮 创建螺纹副，在弹出的对话框中设置螺杆与螺母之间的旋转接合，依次选取螺杆和螺母的轴线作为运动共线的必要条件，勾选"驱动角度"复选框，修改螺距值为 2，完成后的对话框如图 6-36 所示。单击"确定"按钮关闭对话框。

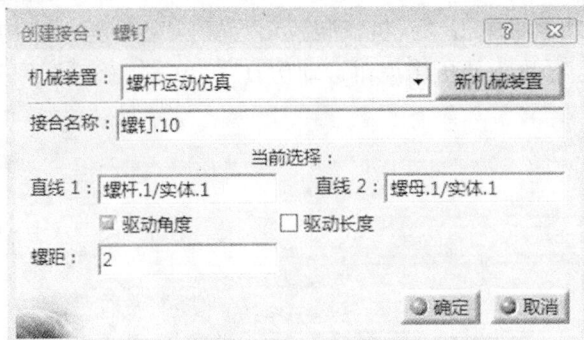

图 6-36 "螺钉接合"设置对话框

9. 单击 "DMU 运动机构"工具栏上的 刚性接合按钮，在弹出的对话框（如图 6-37 所示）中依次设置螺杆与圆环、圆环与销、螺母与螺钉、螺钉与活动钳身、活动钳身与钳口板、钳口板与两个紧钉螺钉为刚性接合（固联）。

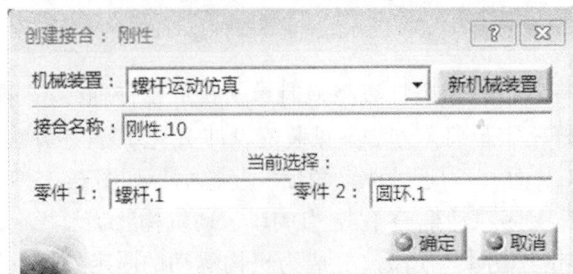

图 6-37 "刚性接合"设置对话框

10. 单击"DMU 运动机构"工具栏上的按钮 ,弹出如图 6-38 所示的"机构运动模拟"对话框。勾选模拟选项下面的"按需要"复选模式,用鼠标向右拖动"命令.1"和"命令.2"右边的滑块至最左端,单击对话框中的"播放"工具即可模拟机构运动。改变对话框中的步骤数可调整仿真运动的速度。对话框中的"重置"按钮可以使机构复位至初始状态。单击对话框右边的按钮 ,在弹出的对话框中可以设置机构运动的初值和终值。

图 6-38　机用虎钳"运动模拟"对话框

11. 单击主菜单"工具"→"f(x) 公式"或单击标准工具栏上的按钮 ,分别建立两个运动副的规则,如图 6-39 所示,完成公式输入后单击"确定"按钮关闭对话框。

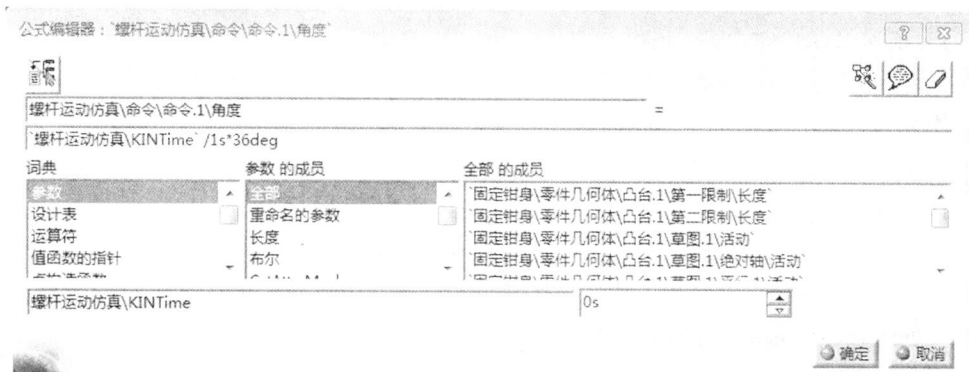

图 6-39　"运动规则"建立对话框

12. 单击"DMU 运动机构"工具栏上的按钮 ,可以利用规则模拟机构运动(相对命令方式,模拟操作更为简单)。

13. 单击主菜单"工具"→"模拟"→"生成重放",在特征树上选择一个运动机构,在弹出的"播放器"工具栏中调整好播放速度。根据需要修改"重放生成"对话框中的默认名称,单击重放生成对话框中的"确定"按钮关闭对话框,完成机构运动模拟后的特征树如图 6-40 所示。

14. 展开特征树上的重放,双击刚才生成的"重放"特征,弹出"重放"对话框,利

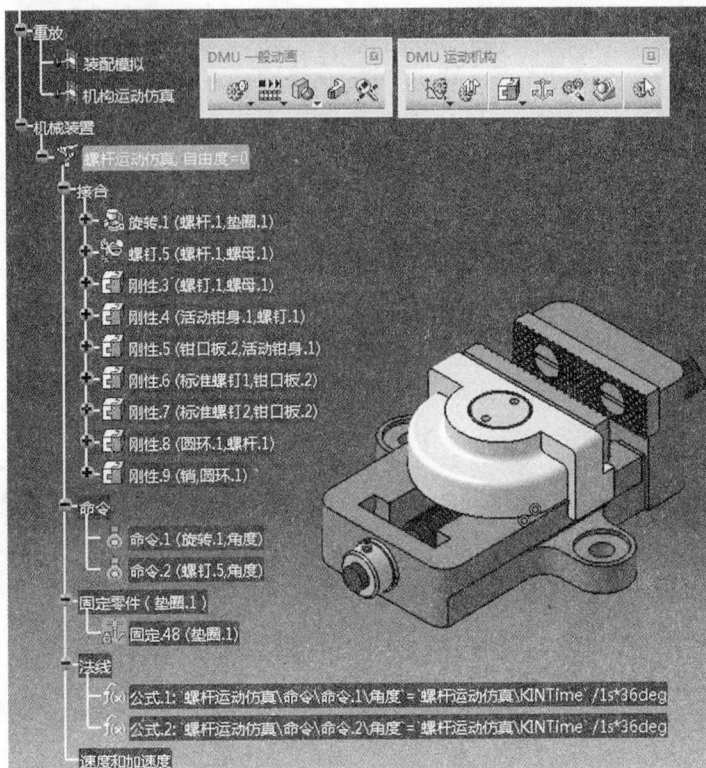

图 6-40　机用虎钳"运动仿真"特征树

用该对话框中的播放工具栏和播放模式变换按钮可以模拟机用虎钳的机构运动。

15. 快速保存文件并安全退出 CATIA。

思考与练习 6

1. 熟悉视点动画的概念、意义及创建方法。

2. 装配模拟与运动机构仿真的目的及意义是什么?

3. 什么是运动副? 常见的运动副有哪些?

4. 创建旋转副的条件是什么? 分析理解不同运动副的创建条件。

5. 分析理解机构自由度的概念。

6. 结合实例的练习熟练掌握装配模拟的方法。

7. 结合实例的练习熟练掌握机构运动仿真的方法。

8. 结合实例的练习熟练掌握通过装配约束转换建立机构运动仿真的方法。

9. 结合实例练习尽快掌握 CATIA 快捷键的应用,提高工作效率。

10. 根据思考与练习 1–9 机用虎钳素材,建立机用虎钳的机构运动仿真并保存文件至 D: \CATIA 练习文件夹中。

11. 根据思考与练习 5–2 中的千斤顶素材,建立千斤顶的机构运动仿真并保存文件至 D: \CATIA 练习文件夹中。

项目 7

曲面设计

学习目标

1. 熟悉曲面设计流程。
2. 熟悉曲面设计工作环境。
3. 会创建线架构。
4. 能创建基本曲面几何图形。
5. 会创建复杂曲面几何图形。
6. 能编辑曲面。
7. 会在曲面上执行操作。
8. 会实体化模型。

任务 1 创建 3D 鼠标线架

任务要求

1. 启动 CATIA，新建模型文件。
2. 按规则命名文件并保存文件到目标路径 D：\ 曲面练习 \3Dshubiao。
3. 创建 3D 鼠标线架。

相关知识

1. 曲面模块功能介绍

对一些复杂设计而言，使用"零件设计"工作台中的工具并不能完全定义几何图形，例如汽车、飞机等。复杂的 3D 外形通常需要用线框构建几何图形集（线框模型），进而构建曲面模型，最后由曲面几何图形集成构建实体。

曲面设计模块是 CATIA 中功能强大、比较灵活、而又难以掌握的部分。现在很多 CAD 软件的曲面设计功能较弱，而 CATIA 在此方面功能强大。CATIA 曲面设计工作环境允许设计者快速生成具有特定风格的外形及曲面，交互式编辑曲线及曲面，并借助各种曲线、曲面诊断工具，可以实时检查曲线、曲面的质量。

2. 创成式外形设计工作台

CATIA 基本曲面设计工作台主要是创成式外形设计工作台。

（1）进入创成式外形设计工作台

单击主菜单"开始"→"形状"→"创成式外形设计"命令，进入曲面设计工作台，如图 7-1 所示。创成式外形设计工作台界面如图 7-2 所示。

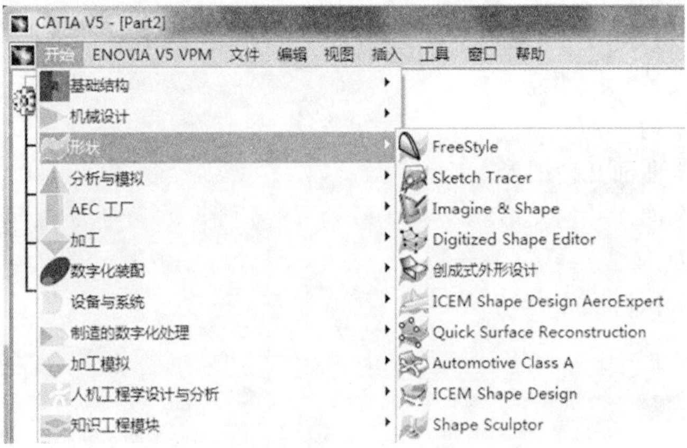

图 7-1   创成式外形设计工作台进入

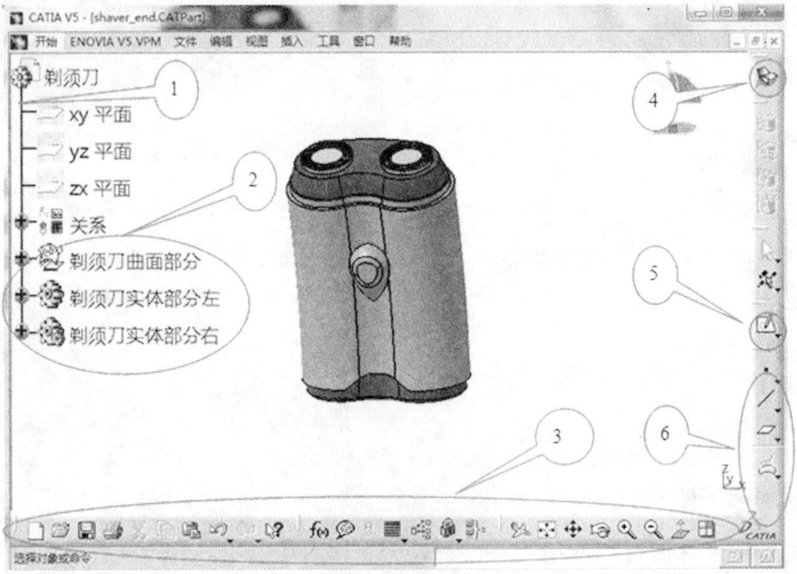

图 7-2   创成式外形设计工作台用户界面

（2）创成式外形设计工作台用户界面简介

"创成式外形设计"工作台由下面6部分组成：

① 结构树。

② 各种几何图形集、有序几何图形集和几何体。

③ "标准工具"工具栏。

④ "工作台"按钮。

⑤ "草图编辑器"。

⑥ "外形设计工具"。

3. 线架工具栏及其展开图

线架工具栏及其展开如图7-3所示，图示1为点创建工具；图示2为直线创建工具；图示3为平面创建工具；图示4为投影创建工具；图示5为相交创建工具；图示6为平行线创建工具；图示7为圆创建工具；图示8为样条线创建工具。其后有黑三角的，单击黑三角可展开。单击 — 按钮，按住鼠标左键不放，可将工具栏拖出单列。

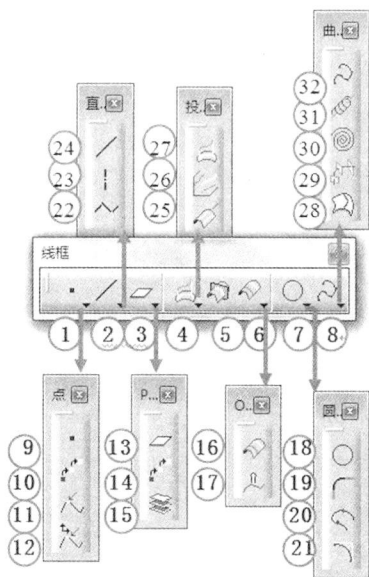

图7-3 线架工具栏及其展开图

（1）图示1拖出单列为：图示9为点工具、图示10为点面复制、图示11为极值、图示12为极值坐标。

（2）图示2拖出单列为：图示22为折线、图示23为轴、图示24为直线。

（3）图示3拖出单列为：图示13为平面、图示14为点面复制、图示15为面间复制。

（4）图示4拖出单列为：图示25为反射线、图示26为混合、图示27为投影。

（5）图示6拖出单列为：图示16为平行线、图示17为偏移3D曲线。

（6）图示7拖出单列为：图示18为圆、图示19为圆角、图示20为连接曲线、图示21为二次曲线。

（7）图示 8 拖出单列为：图示 28 为等参数曲线、图示 29 为脊线、图示 30 为螺线、图示 31 为螺旋线、图示 32 为样条线。

由于篇幅，我们只能简单介绍一下线架工具中点、圆、样条线、相交、投影等部分工具的使用方法。

4. 点创建

点是最基本的线架构单元。在三维空间中创建点的类型有：利用坐标值创建点、在曲线上创建点、在平面上创建点、在曲面上创建点、创建圆 / 球面 / 椭圆中心、曲线上的切线、在两点之间创建点、创建等距点等。

单击图示 1 或 9 按钮 ■，都可进入点创建对话框，在"点类型"中选择不同创建方式，对话框随之改变，由于篇幅限制，下面我们主要介绍 3 种。

（1）利用坐标值创建点

① 单击创建"点"按钮 ■，弹出如图 7-4 所示的"点定义"对话框。

② 在"点类型"的下拉列表框中选择"坐标"。

③ 在"X="、"Y="、"Z="文本框分别输入 X、Y、Z 坐标值。

④ 单击"确定"按钮完成一个点的创建。

> 📢 **特别提示**：CATIA 中参考点默认坐标原点，轴系默认绝对坐标系。如果要使用相对值，则可激活对话框"参考"选项中"点"选取参考点；激活"轴系"选取或创建参考轴系，如图 7-5 所示。

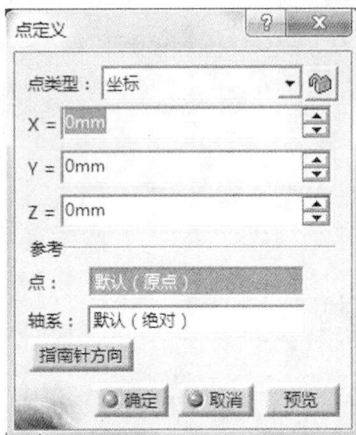

图 7-4　默认原点"点定义"对话框　　　　图 7-5　选取参考点"点定义"对话框

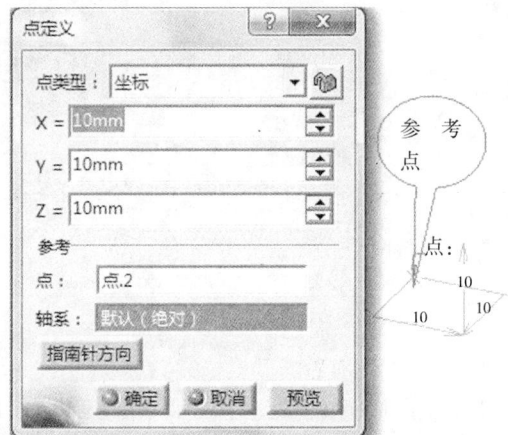

（2）在曲线上创建点

① 单击创建"点"按钮 ■，弹出如图 7-6 所示的"点定义"对话框，曲线上的点选项较多，定义复杂。

② 在对话框的"点类型"下拉列表中选择"曲线上"。

③ 激活"曲线"，选择要创建的点所在曲线。

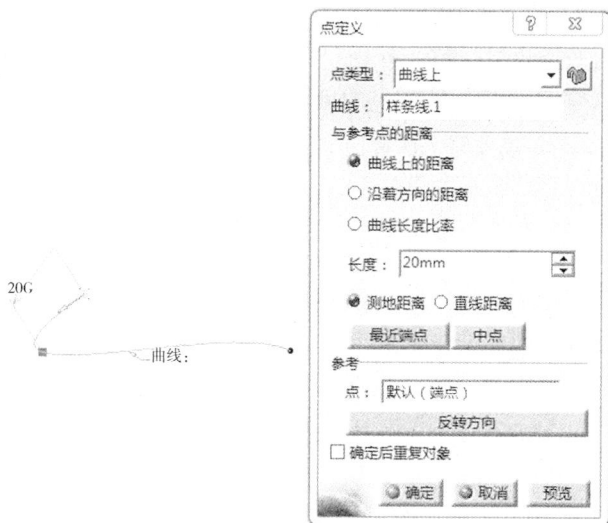

图 7-6 在"曲线上"创建点

④ 选择测量方式。测量方式有 2 种：直线距离和测地距离。"直线距离"为创建点与参考点之间直线距离。选择"直线距离"，直接在"长度"文本框中输入距参考点的长度即可。"测地距离"为创建点与参考点曲线测量距离，创建"与参考点的距离"选项有 3 种：

● "曲线上的距离"：创建点与参考点沿曲线测量的距离，在"长度"文本框中输入数值。

● "沿着方向的距离"：创建点与参考点沿指定方向测量距离，指定方向，在"偏移"文本框中输入偏移距离。

● "曲线长度比率"：创建点与参考点距离由曲线比率决定，在"比率"文本框中输入比例。

⑤ 单击"确定"完成点的创建。

> **特别提示**："曲线上"参考点默认曲线端点，如果要使用相对值，则可激活"参考"中"点"选项在工作窗口选取参考点。单击"反转方向"可以使拟创建的点方向反转。

（3）创建圆 / 球面 / 椭圆中心点

① 单击创建"点"按钮■，弹出如图 7-7 所示的"点定义"对话框，创建圆 / 球面 / 椭圆中心点相对简单。

图 7-7 创建圆 / 球面 / 椭圆中心点

②在"点类型"的下拉列表中选择"圆/球面/椭圆中心"。

③激活"圆/球面/椭圆":在工作窗口单击选择圆/球面/椭圆中心。

④单击对话框中的"确定"完成点的创建。

5. 直线创建

直线是线架构的又一基本单元。CATIA 创建空间直线的方式有 6 种:点-点、点-方向、曲线的角度/法线、曲线的切线、曲面的法线、角平分线。

单击图示 2 或 27 的创建"直线"按钮╱,都可进入直线创建对话框,"线型"中选择不同创建方式,对话框随之改变,由于篇幅限制,下面我们主要介绍 3 种。

(1)点-点

该功能可由两个相异的点创建一直线,也可创建两点连线在支撑曲面上的投影线。步骤如下:

①单击线架工具栏中"直线"按钮╱,弹出如图 7-8 所示的"直线定义"对话框。

②在"线型"框中选取"点-点"。

③在工作窗口依次选取点 1、点 2,拾取的二点随即显示在文本框中。

④支撑面默认为"无"。

⑤单击"确定",则完成无支撑面直线创建。

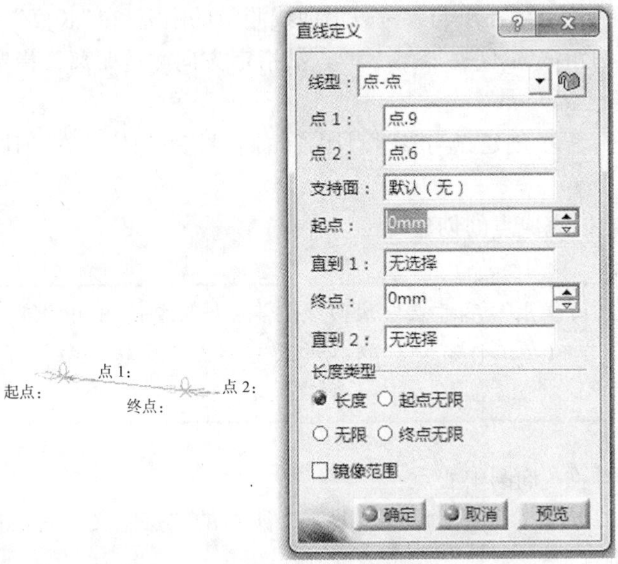

图 7-8   "点-点"无支撑面创建直线

> ▲**特别提示**:如图 7-9 所示,选择"拉伸.1"为支撑面,选取的支撑面显示在"支撑面"文本框中,此时创建两点连线在该曲面上的投影线。

如图 7-10 所示,修改起点文本框或激活"直到 1"选取几何体,可以重新设定直线端点位置,默认为选取点为直线起点。同样,修改终点文本框或激活"直到 2"选取几何体,

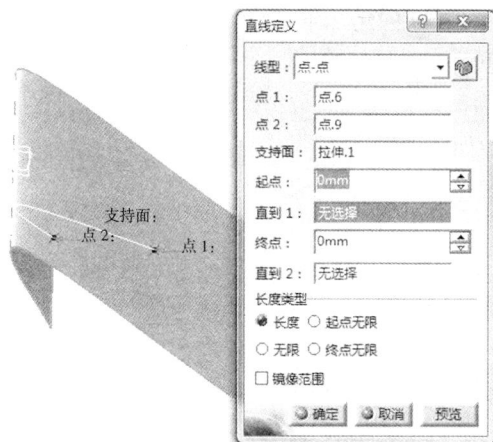

图 7-9 "点 – 点"有支撑面创建直线

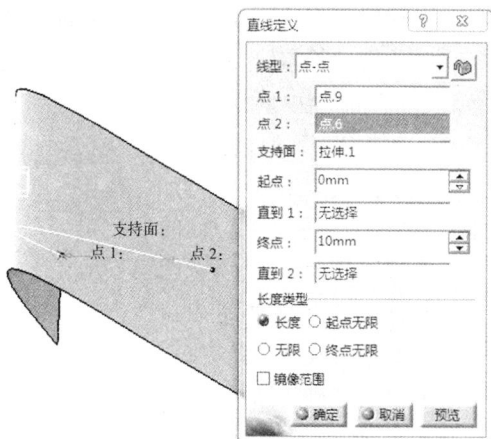

图 7-10 "点 – 点"终点延伸创建直线

可以重新设定直线终点位置。

（2）曲线的切线

该功能可创建通过指定点平行于一曲线切线的直线，如果选取支撑面，可创建两点连线在支撑曲面上的投影线。步骤如下：

① 单击线架工具栏中直线按钮／，弹出如图 7-11 所示的"直线定义"对话框。

②"线型"选取"曲线的切线"。

③ 在工作窗口选取一曲线，所选曲线显示在"曲线"右边的选项框中。

④ 在工作窗口选取一点，所选点显示在"元素 2"右边的选项框中。

⑤ 支撑面默认为"无"。

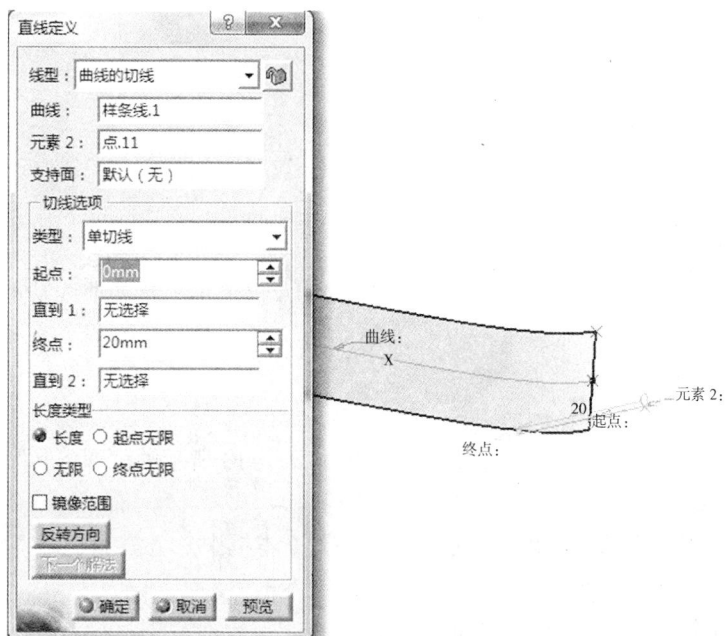

图 7-11 曲线的切线创建无支撑面直线

⑥ 切线类型选取 "单切线"，如选取 "双切线" 则创建 2 条直线。其他选项同上。

⑦ 单击 "确定"，则完成无支撑面直线创建。

（3）曲面的法线

该功能可创建通过指定点曲面法向量。步骤如下：

① 单击线架工具栏中直线按钮，弹出如图 7-12 所示的 "直线定义" 对话框。

② "线型" 选取 "曲面的法线"。

③ 选取 "曲面"，所选曲面显示在文本框中。

④ 选取 "点"，所选点显示在文本框中。

⑤ 其他选项同上。

⑥ 单击 "确定"，则完成直线创建。

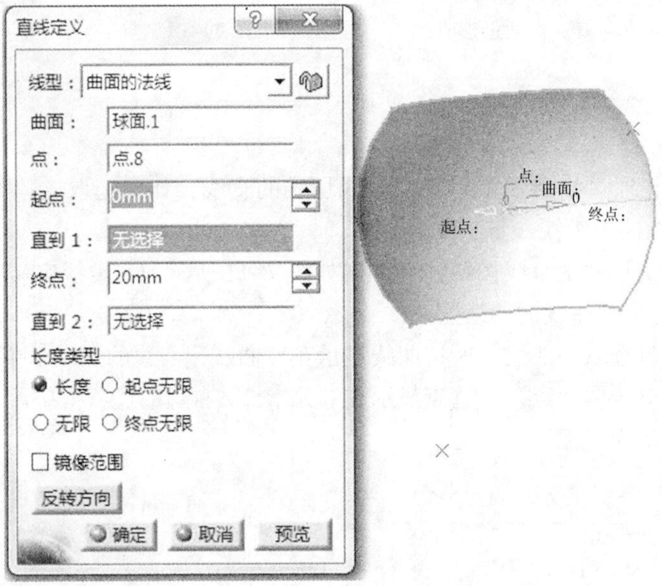

图 7-12　曲面的法线

6. 创建圆和圆弧

由于曲线功能是创建曲面的基础，所以 CATIA 提供了丰富的曲线功能。圆是最基本的曲线，其创建方法有 9 种。

（1）圆心与半径

该方式可由圆心和半径创建圆，步骤如下：

① 单击线架工具栏中 "圆" 按钮◯，弹出如图 7-13 所示的 "圆定义" 对话框。

② "圆类型" 下拉列表中选取 "中心和半径"。

③ 选取一点作为圆心，该点显示在 "中心" 文本框中。

④ 选取一平面或曲面，显示在 "支持面" 文本框中。

⑤ 在 "半径" 文本框中输入圆的半径值。

⑥ 在 "圆限制" 选项区域选择创建圆的类型，激活，创建 "非正圆"，可以在 "开始"

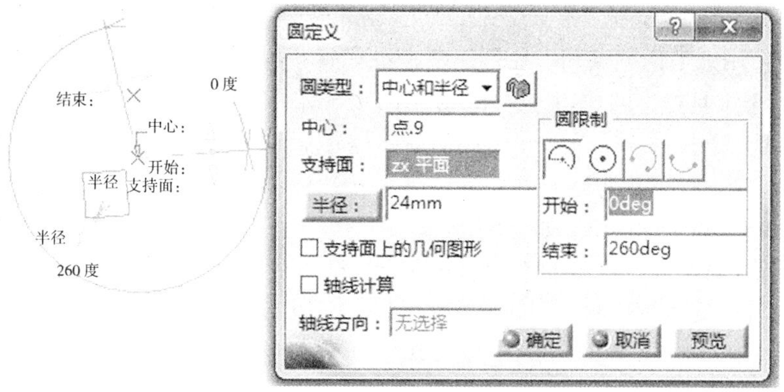

图 7-13 圆心与半径

文本框中设定起始点角度，在"结束"文本框中设定圆弧的终止角度；激活⊙，创建正圆。

⑦ 单击"确定"，完成圆或圆弧创建。

> 📢 **特别提示**：如果选择复选框"支持面上的几何图形"，创建的圆则投影到支撑面上。

（2）中心和点

该方式可由圆心和指定点创建圆。步骤如下：

① 单击线架工具栏中"圆"按钮◯，弹出如图 7-14 所示的"圆定义"对话框。

② "圆类型"下拉列表中选取"中心和点"。

③ "中心"选取一点作为圆心，显示在文本框中。

④ 选取指定"点"，显示在文本框中。

⑤ "支持面"选取一平面或曲面，显示在文本框中。

⑥ 在"圆限制"选项区域选择创建圆的类型，激活◠，创建"非正圆"，可以在"开始"文本框中设定起始点角度，在"结束"文本框中设定圆弧的终止角度；激活⊙，创建正圆。

⑦ 单击"确定"，完成圆或圆弧创建。复选框"支持面上的几何图形"的作用同上。

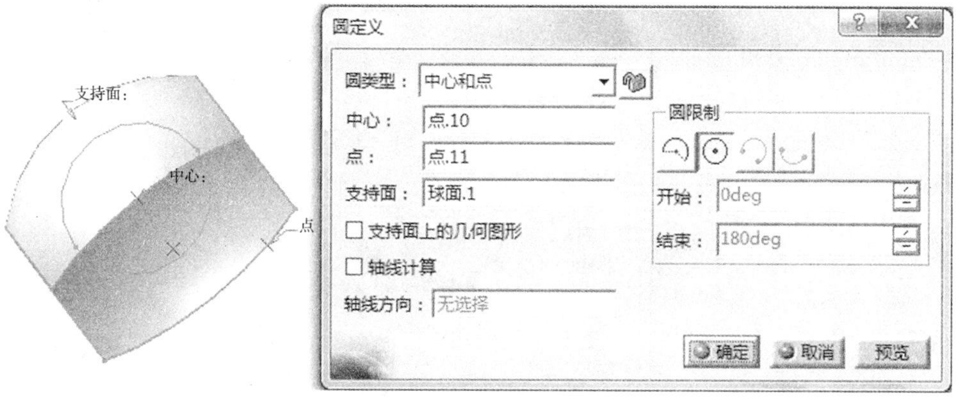

图 7-14 中心和点创建圆

（3）两点和半径

该方式可使用圆中任意点和半径创建圆，步骤如下：

① 单击线架工具栏中圆按钮◯，弹出如图 7-15 所示的"圆定义"对话框。

②"圆类型"下拉列表中选取"两点和半径"。

③"中心"选取一点作为圆心，显示在文本框中。

④ 选取指定"点"，显示在文本框中。

⑤"支持面"选取一平面或曲面，显示在文本框中。

⑥ 在"半径"文本框中输入设定半径值。

⑦ 在"圆限制"选项区域选择创建圆的类型，◠ 不再激活，"开始"和"结束"也不激活；创建"非正圆"，可以激活修剪圆◠（优弧）和补充圆◡（劣弧）；激活⊙，创建正圆。

⑧ 单击"确定"，完成圆或圆弧创建。复选框"支持面上的几何图形"的作用同上。

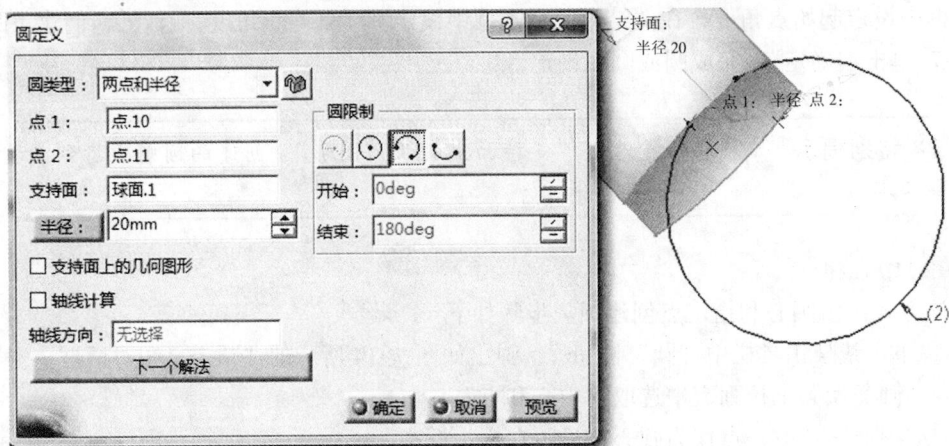

图 7-15　两点和半径

（4）三点

该方式可使用圆中任意 3 点创建圆。步骤如下：

① 单击线架工具栏中圆按钮◯，弹出如图 7-16 所示的"圆定义"对话框。

图 7-16　三点创建圆

② "圆类型"下拉列表中选取"三点"。

③ 依次选取指定"点 1""点 2""点 3"，显示在文本框中。

④ 在"圆限制"选项区域选择创建圆的类型，⟲不再激活，"开始"和"结束"也不激活；创建"非正圆"，可以激活修剪圆⟳（优弧）和补充圆⟲（劣弧）；激活⊙，创建正圆。

⑤ 单击"确定"，完成圆或圆弧创建。复选框"支持面上的几何图形"作用同上。

（5）另外 5 种

中心和轴线、双切线和半径、双切线和点、三切线中心和切线等创建圆的方法因篇幅所有限，这里不再详述。

7. 创建样条

样条曲线是创建一些不规则曲面的基础，其创建方法如下：

（1）单击线架构工具栏中⟲按钮，弹出如图 7-17 所示的"样条线定义"对话框。

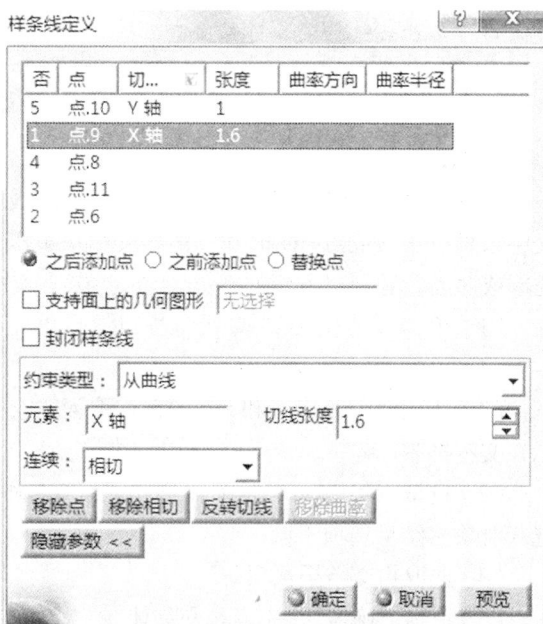

（2）依次选取样条曲线通过点，这些点会显示在列表框中，每选取一点，样条会更新显示。

（3）每选取一点后，可以选择添加点的 3 种方式："之后添加点"——所选点将增加在前面一点之后；"之前添加点"——所选点将增加在前面一点之前；"替换点"——所选点将替换前面的一点。

（4）单击"显示参数"，隐藏参数会显示出来，如图 7-18 所示。约束类型有"显式"和"从曲线"两种。

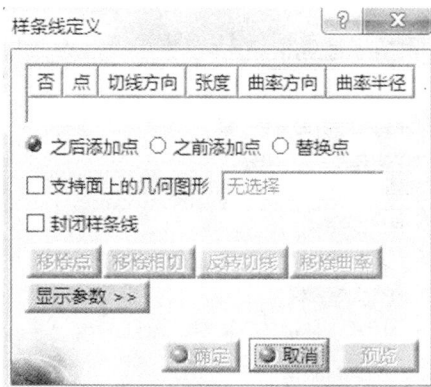

图 7-17 "样条线定义"对话框   图 7-18 "显示参数样条线定义"对话框

（5）选择列表中一点，单击"切线方向"，右击或激活文本框，在"显示参数"文本框中直接设置，设置相切矢量，样条曲线的切线方向与设置的矢量平行，如图 7-19 所示，未添加任何添加创建成的样条线；图 7-20 所示为第 1 点添加 X 轴相切且切线张度为 1.6，第 5 点添加 Y 轴相切所创建成样条线，通过比较，可以发现 2 样条形状完全不同。

（6）单击"确定"，完成样条创建。

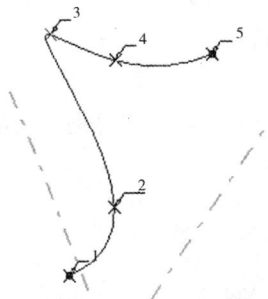

图 7-19   默认条件下的样条曲线   图 7-20   添加切线创建成的样条曲线

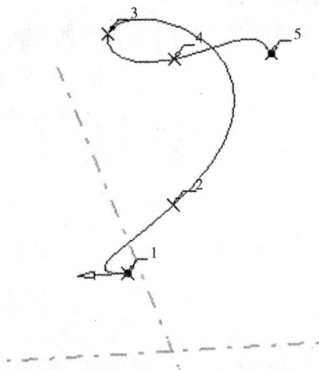

📢 **特别提示**：

（1）如果选择复选框"支持面上的几何图形"，创建的样条则投影到支撑面上。

（2）如果选择复选框"封闭样条线"，创建样条首尾相接，封闭曲线。

（3）切线张力与曲率半径的值可改变样条曲线的形状。

（4）"连续"设置曲线连续方式："相切"，对样条曲线进行切线连续处理；"曲率"，对样条曲线进行曲率连续处理。

---

8. 创建相交

该功能可创建两个几何元素的相交，曲线相交结果可以为线或点；曲面和实体相交结果可以为轮廓或曲面。其创建方法如下：

（1）单击线架构工具栏中 🔲 按钮，弹出如图 7-21 所示的"相交定义"对话框。

（2）选取两个元素 1 和元素 2，选取元素会显示在文本框中。

（3）选取"第一元素"和"第二元素"，根据选择对象，结果选项不同。

（4）选取相交结果选项。

（5）单击"确定"，完成相交创建。

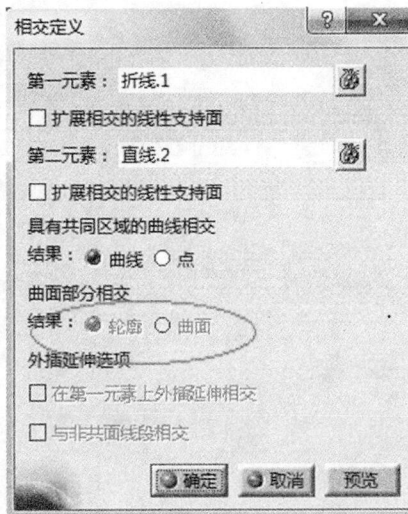

图 7-21   "相交定义"对话框

特别提示：

（1）结果类型根据选取元素，有四种类型"曲线"、"点"；"轮廓"、"曲面"。

（2）当选取两元素为曲线时，如图7-22所示，选取相交元素为直线和折线，"具有共同区域的曲线相交"自动激活，此时结果可以选择"曲线"和"点"。选择"曲线"，结果如图7-23所示，相交结果为一直线；选择"点"，结果如图7-24所示，为2点。

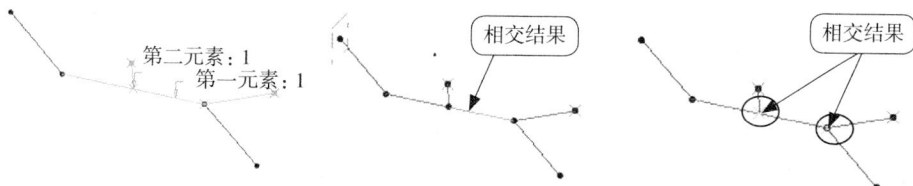

图7-22　相交元素选择　　图7-23　曲线相交结果为曲线　　图7-24　曲线结果相交为点

（3）当选取元素为一曲面与一实体时。"曲面部分相交"激活，此时结果可以选择"轮廓"或"曲面"。选取"轮廓"，结果如图7-25所示，为轮廓线；选取"曲面"，结果如图7-26所示，为曲面。

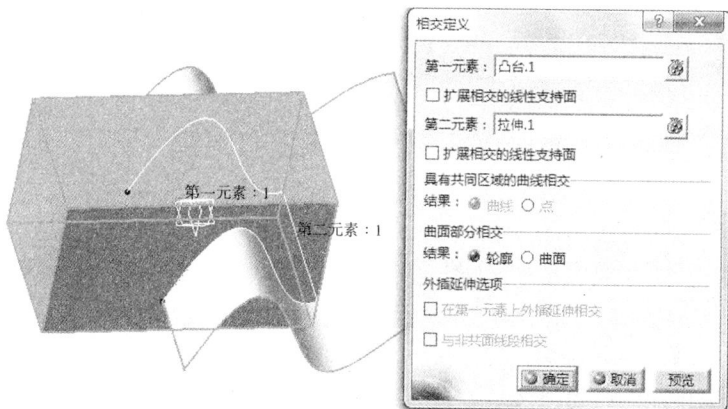

图7-25　创建曲面与实体相交的轮廓线

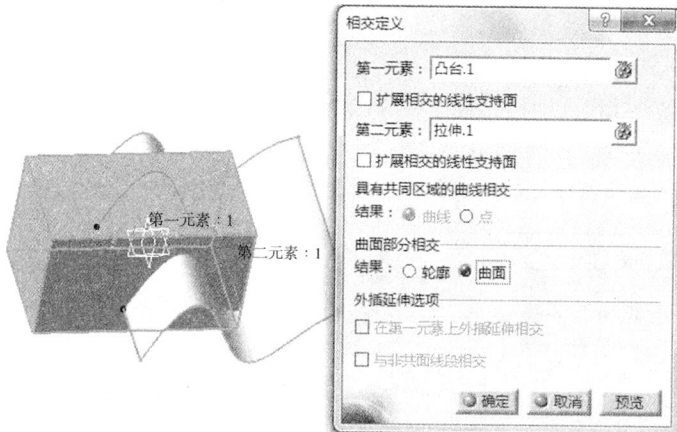

图7-26　创建曲面与实体相交的曲面

（4）当选取元素为两曲面，结果如图 7-27 所示。上述选项均不可选，但"在第一元素上外插延伸相交"激活，如果复选，可创建第一个外推时两曲面的交线。直接单击"确定"即可。

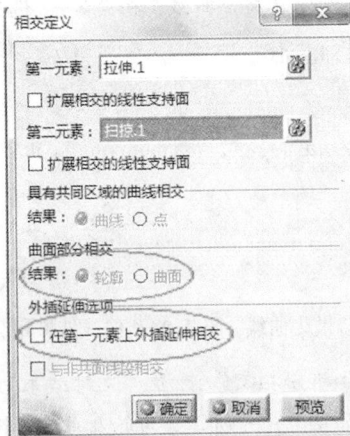

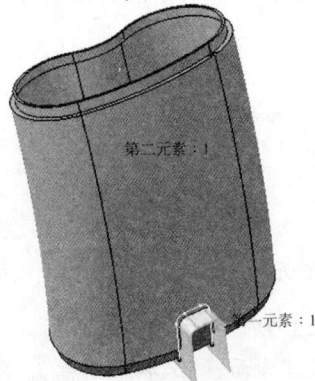

图 7-27　创建曲面与曲面相交的交线

（5）当选取元素为两相异线时，"与非共面线段相交"自动激活，自动延伸相交。

（6）当选取的两直线没有相交，复选"扩展相交的线性支撑面"，将创建延长线的交点。

9. 创建投影

该功能可创建几何图形在支持面上沿某一方向或法线投影。其步骤如下：

（1）单击线架构工具栏中的 按钮，弹出如图 7-28 所示的"投影定义"对话框。

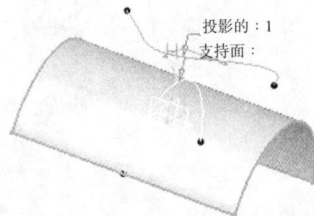

（2）选取"投影类型"为法线（图 7-28）或"沿某一方向"，当选取"沿某一方向"时要指定方向。投影类型不同，结果不同。图 7-30 为法线投影结果；图 7-31 为沿 Z 轴投影结果。

（3）选取"投影的"，根据需要选取要投影的对象，如图 7-30 所示。选取对象在文本框中显示。

（4）选取"支撑面"，即投影面（图 7-29）。

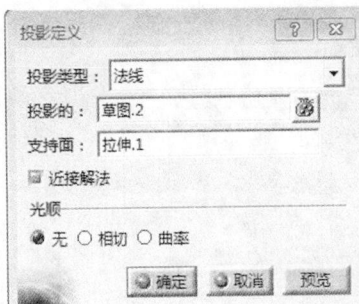

图 7-28　"投影定义"对话框

图 7-29　投影对象的支持面选取

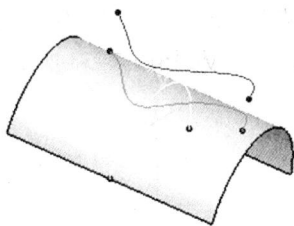

图 7-30 沿法线投影结果   图 7-31 沿 Z 轴投影结果

（5）光顺处理："无"，系统不对投影曲线进行连续处理；"相切"，对投影曲线进行切线连续处理；"曲率"，对投影曲线进行曲率连续处理。

（6）单击"确定"，完成投影创建。

10、3D 鼠标设计流程

三维实体的表示方法有线架模型（又称线框模型）、曲面模型与实体模型等，我们进行曲面零件设计时，一般先设计出零件的线架模型，然后使用曲面命令，将这些线架模型编成曲面模型，最后生成实体模型。一般设计流程为：

（1）设计曲面轮廓的线架构模型。

（2）将线架构模型生成曲面。

（3）修剪联合曲面。

（4）利用曲面生成几何零件体。

（5）修饰零件体，得到最后的零件。

3D 鼠标设计流程如图 7-32 所示。

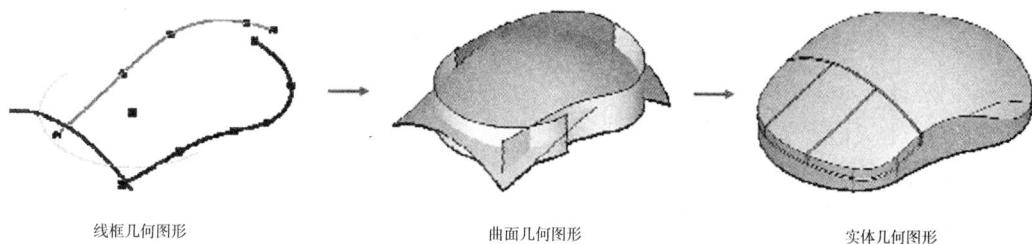

线框几何图形   曲面几何图形   实体几何图形

图 7-32 3D 鼠标设计流程

任务 1 解决方案

1. 创建新文件

启动 CATIA，新建模型文件。按规则命名文件并保存文件到目标路径 D：\ 曲面练习\3Dshubiao。

显示设计树，单击零件名"3Dshubiao"→右击选择"属性"→在弹出的"属性"对话框中把"零件编号"修改为"3D 鼠标"。

单击主菜单"插入"→"几何图形集"→弹出"插入几何图形集"对话框→在"名称"中输入"线框",结果如图 7-33 所示。

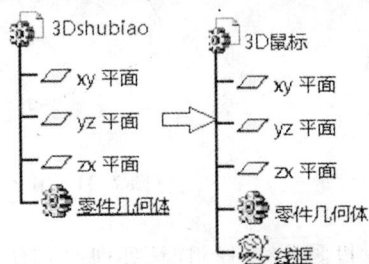

图 7-33　新建几何图形集

2. 创建半圆

以 XY 平面作为支持面,以点 X=−44.45,Y=0,Z=0 为圆心,通过坐标原点,起始角为 −90°,结束角度为 90°,创建半圆,如图 7-34 所示。

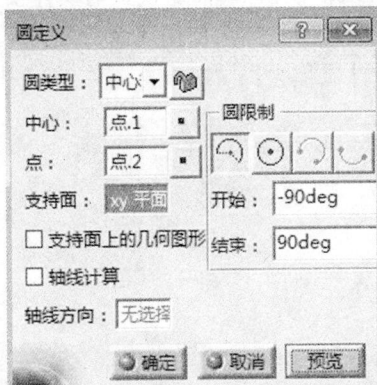

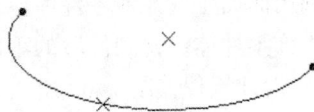

图 7-34　创建半圆

3. 创建样条

创建穿过以下点的样条线,如图 7-35 所示。

点 3:X=6.65,Y=0.00,Z=12.70

点 4:X=−38.10,Y=0.00,Z=25.40

点 5:X=−69.85,Y=0.00,Z=31.75

点 6:X=−121.92,Y=0.00,Z=12.70

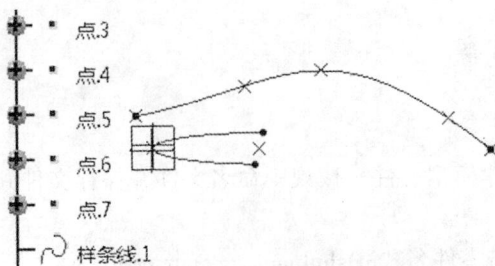

图 7-35　创建成的样条曲线

点 7：X=−139.70,Y=0.00,Z=0.00

4. 通过相交创建点

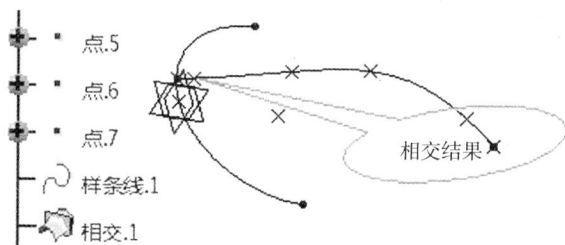

图 7−36 相交

单击相交按钮 →选取样条曲线和 YZ 平面，相交结果如图 7−36 所示。

5. 创建投影

将半圆投影到 YZ 平面，如图 7−37 所示。

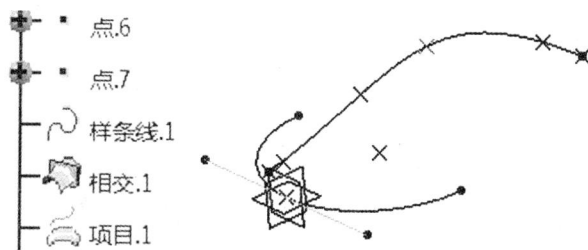

图 7−37 创建投影

6. 创建修剪圆。

使用"三点"选项，用交点及投影曲线两端点创建"修剪圆"，如图 7−38 所示。

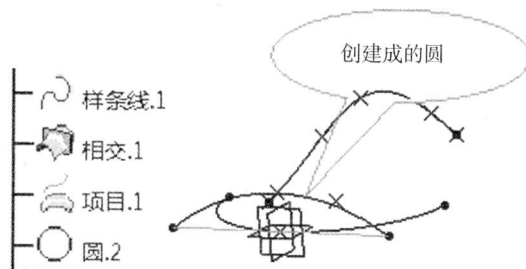

图 7−38 创建修剪圆

7. 创建样条线。

通过以下点创建样条线：

点 8：X=0.00,Y=38.10,Z=0.00

点 9：X=−38.10,Y=38.10,Z=0.00

点 10：X=−68.58,Y=44.45,Z=0.00

点 11：X=−85.09,Y=50.80,Z=0.00

点 12：X=−114.30,Y=38.10,Z=0.00

点 13：X=−127.00,Y=0.00,Z=0.00

并且在 ZX 平面上创建最后一个切点，如图 7-39 所示。

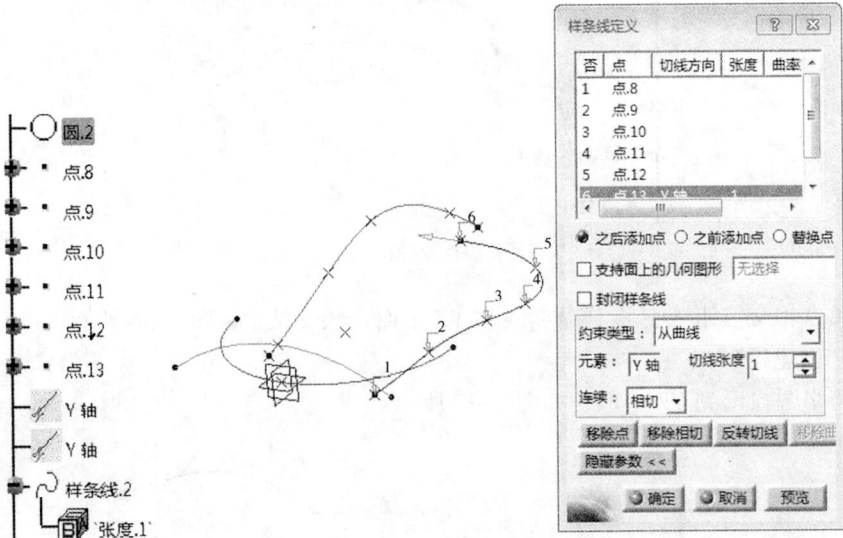

图 7-39　创建样条

8. 单击"确定"关闭对话框，完成 3D 鼠标线架如图 7-40 所示。快速保存文件并安全退出 CATIA。

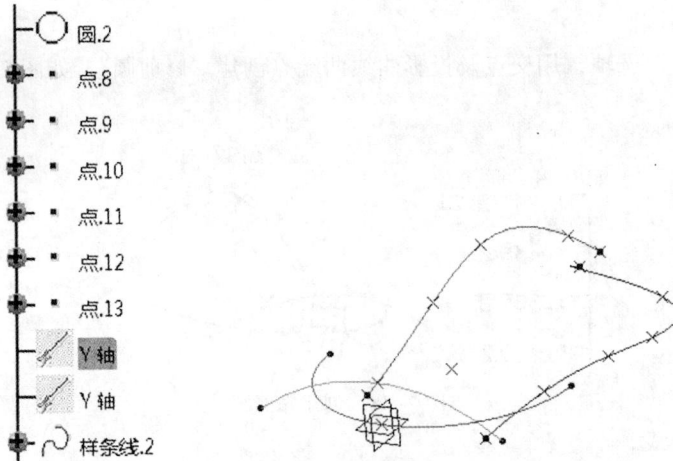

图 7-40　完成的 3D 鼠标线架

任务2　创建3D鼠标曲面

任务要求

1. 启动 CATIA，打开目标路径 D:\曲面练习\3Dshubiao 文件。
2. 熟悉曲面设计工作环境。
3. 掌握曲面设计一般流程。
4. 创建 3D 鼠标曲面模型。
5. 对曲面进行操作，构建 3D 鼠标实体模型。

相关知识

线架构与曲面造型两种工具相互依赖。复杂的线架构有时需要曲面辅助才能完成，而曲面则需以线架构为基础建立。我们这里介绍创成式外形设计工作台的"曲面"和"操作"两种曲面造型工具。

1. 曲面工具栏及其展开图

曲面工具栏及其展开如图 7-41 所示，图示 1 为拉伸按钮；图示 2 为偏置按钮；图示 3 为扫略按钮；图示 4 为填充按钮；图示 5 为多截面按钮；图示 6 为桥接按钮。其后有黑三角的，单击其后的黑三角可展开，单击 —— 按钮，按住鼠标左键不放，可将工具条拖出单列。

（1）图示 1 拖出单列为：图示 7 为拉伸、图示 8 为旋转、图示 9 为球面、图示 10 为球柱面。

（2）图示 2 拖出单列为：图示 13 为偏移、图示 14 为可变偏移、图示 15 为粗略偏移。

（3）图示 3 拖出单列为：图示 11 为扫略、图示 12 为适应性扫略。

（4）由于篇幅，我们简单介绍一下曲面工具中拉伸旋转、球面、球柱面等部分工具的使用方法。

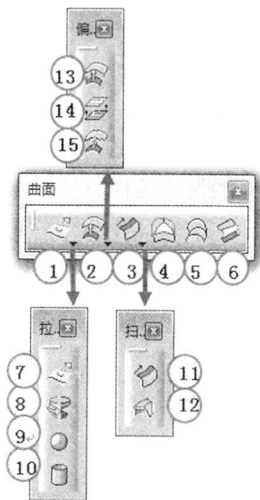

图 7-41　曲面工具栏及其展开图

2. 拉伸

该功能将曲线沿某一方向作延伸操作而形成曲面。其创建方法如下：

（1）单击曲面工具栏中 按钮，弹出如图 7-42 所示的"拉伸曲面定义"对话框。

（2）选取拉伸轮廓，选取元素会显示在文本框中。

（3）指定拉伸方向。

（4）设置拉伸长度。在拉伸限制中可以设置，类型选取设置方式，有 2 种选择：尺寸，通过数值来确定拉伸长度；元素，通过选取几何对象来确定拉伸长度。可以在对话框中设置，也可以通过拖拽图 7-43 所示的"限制 1"或"限制 2"的绿色箭头来调整。"限制 1"确定沿拉伸方向长度；"限制 2"确定沿拉伸方向反向长度。对话框中设置数值可正、可负；负值为反方向长度。

（5）单击"确定"，完成创建。

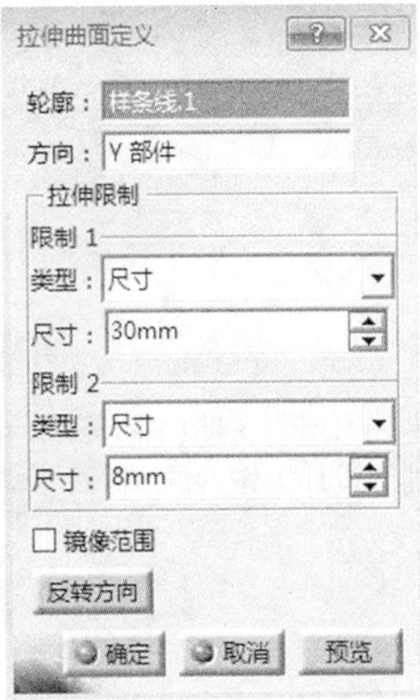

图 7-42   "拉伸曲面定义"对话框 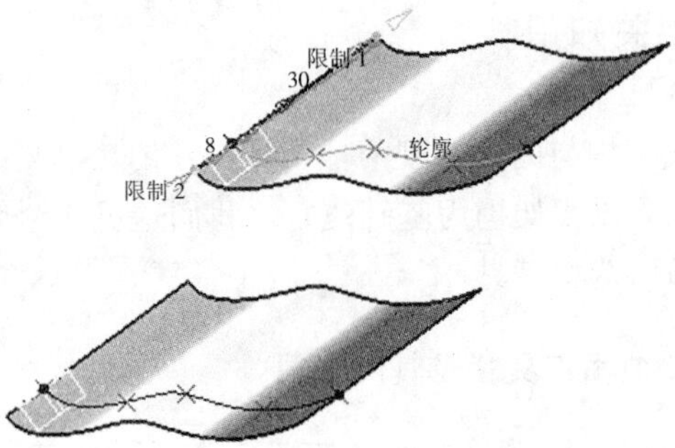   图 7-43   拉伸预览及结果

特别提示：

（1）拉伸轮廓不限定为曲线，任何几何元素都可以作为拉伸轮廓。

（2）复选框"镜像范围"选中为对称拉伸，限制 1 和限制 2 长度一样。

（3）单击"反转方向"可使拉伸方向反向。

---

3. 旋转

旋转可将一曲线沿中心轴旋转成一曲面。其创建方法如下：

（1）单击线曲面工具栏中 按钮，弹出如图 7-44 所示的"旋转曲面定义"对话框。

（2）选取拉伸轮廓，选取元素会显示在文本框中。

（3）指定旋转轴。草图中有轴线，会默认。

（4）设置旋转角。角限制可以在对话框中设置，也可以通过拖拽图如 7-45 所示的"角度 1"和"角度 2"的绿色箭头来调整。"角度 1"确定起始角度；"角度 2"确定终止角度。对话框中设置的数值可正、可负。

（5）单击"确定"，完成创建。

图 7-44 "旋转曲面"对话框

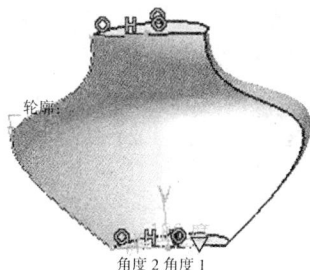

图 7-45 旋转曲面

4. 球面

球面可创建以一点为圆心的球面。其创建方法如下:

(1)单击曲面工具栏中◯按钮,弹出如图 7-46 所示的"球面曲面定义"对话框。

(2)选取球面中心,选取元素会显示在文本框中。

(3)指定球面轴线。默认绝对坐标系 Z 轴。

(4)设置球面限制。在限制可以在对话框中设置,也可以通过拖拽如图 7-47 所示的绿色箭头来调整。纬线角度设置垂直轴线的球面位置;经线角度设置平行轴线的球面位置。对话框中设置的数值可正、可负。

(5)单击"确定",完成创建。

图 7-46 "球面曲面定义"对话框

图 7-47 创建部分球面

5. 柱面

柱面可创建以一点为底面圆心,指定底面半径并沿某一方向两侧延伸的柱面。其创建方法如下:

(1)单击曲面工具栏中▊按钮,弹出如图 7-48 所示的"圆柱曲面定义"对话框。

(2)选取柱面中心,选取元素会显示在文本框中。

（3）指定柱面轴线。

（4）设置参数。可在对话框中设置，也可以通过拖拽如图7-49所示的绿色箭头来调整。对话框中设置的数值可正、可负。

（5）单击"确定"，完成创建。

图7-48　"圆柱曲面"定义对话框

图7-49　创建柱面

> **特别提示**：复选框"镜像范围"选中为对称，选中创建长度1和长度2相同柱面。

6. 偏移

曲面偏移可以让曲面沿着其法向量偏移，并建立新曲面。其创建方法如下：

（1）单击曲面工具栏中 按钮，弹出如图7-50所示的"偏移曲面定义"对话框。

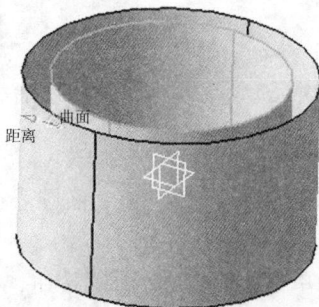

（2）选取要偏移曲面，选取元素会显示在文本框中。

（3）指定偏移量。可在对话框中设置，也可以通过拖拽如图7-51所示的绿色箭头来调整。对话框中设置的数值可正、可负。负值方向相反。

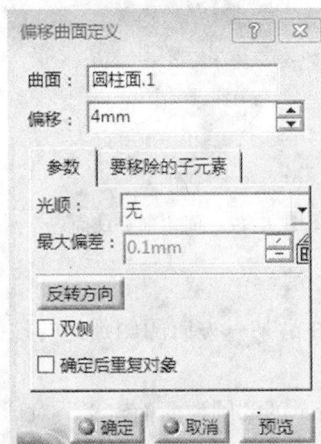

图7-50　"偏移曲面定义"对话框

图7-51　偏移柱面

（4）设置参数。手动可自己设置最大偏差。

（5）单击"确定"，完成创建。

7. 扫掠

扫掠可以把轮廓线沿着一条空间曲线扫掠成曲面。在创建复杂曲面时，可以引入引导线和一些相关元素。其创建方法如下：

（1）单击曲面工具栏中✎按钮，弹出如图7-52所示的"扫掠曲面定义"对话框。

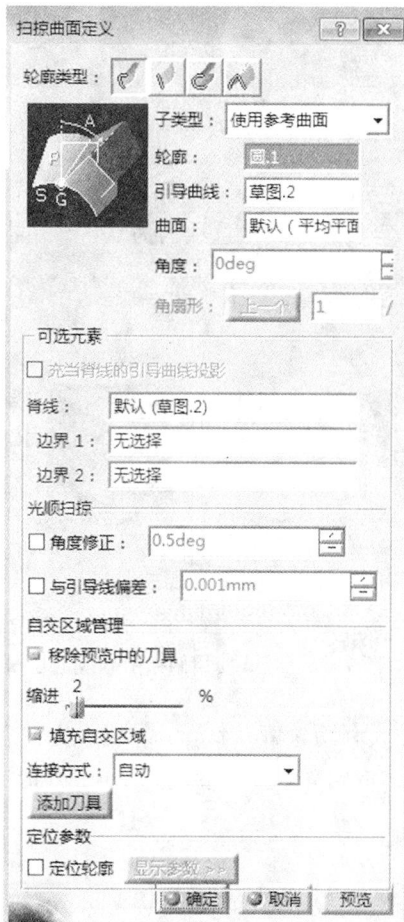

图7-52　"扫掠曲面定义"对话框

（2）单击"轮廓类型"右边的按钮选取轮廓类型为显式✎或直线✎或圆✎或二次曲线✎。

（3）指定"子类型"："子类型"对应轮廓类型。

①"显式"：单击曲面工具栏中✎按钮→✎按钮，该方式利用精确轮廓曲线扫描形成曲面。有3种子类型：

● 使用参考曲面：该方式利用轮廓、1条引导线、参考曲面等3种方法创建曲面。曲面定义对话框如图7-52所示，按图7-53所示选取轮廓线和引导线，其他选项均为默认，单击"预览"，如图5-54所示。单击"确定"，完成创建。结果如图7-55所示。

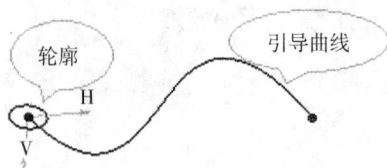

图 7-53　定义扫掠对象

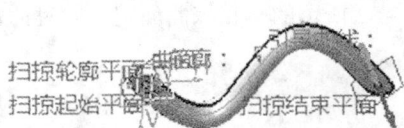

图 7-54　扫掠预览

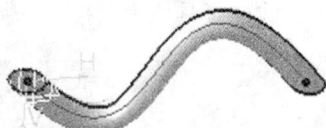

图 7-55　扫掠结果

• 使用 2 条引导曲线：该方式利用轮廓、2 条引导线、2 个定位点创建曲面。按图 7-56 所示选取轮廓线和引导线、定位点，其他选项均为默认，单击"确定"，完成创建。

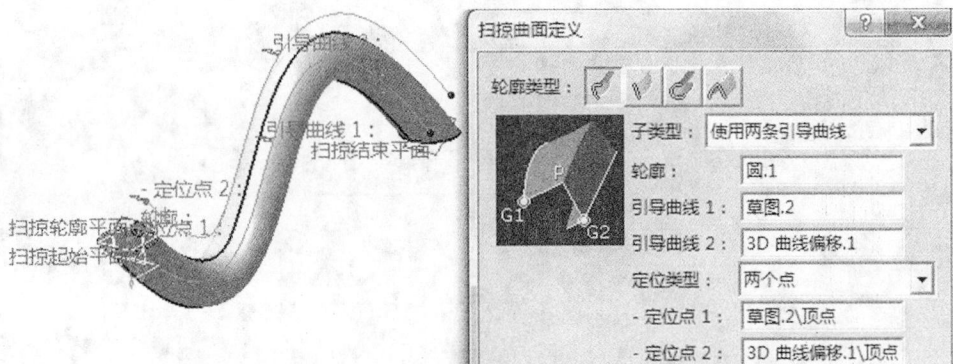

图 7-56　显式使用两条引导线创建扫掠

• 使用拔模方向：该方式利用轮廓、1 条引导线、方向和角度（定义曲面起始位置）创建曲面。按图 7-57 所示选取轮廓线和引导线、方向，其他选项均为默认，单击"确定"，完成创建。

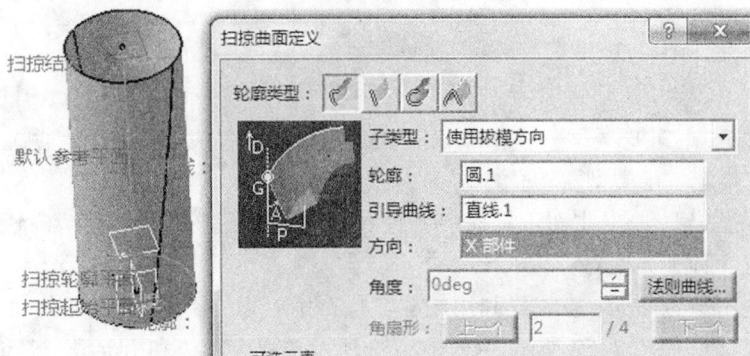

图 7-57　"显式—使用拔模方向"创建扫掠

② 直线：单击曲面工具栏中的 按钮→ 按钮，该方式主要利用线性方式创建扫描直纹面。有 7 种子类型：

● 两极限：该方式利用两极限创建扫略。

● 极限和中间：该方式下，指定 2 条引导线，然后系统将第二条引导线作为扫略面的中间曲线创建扫掠。

● 使用参考曲面：该方式利用参考曲面机引导线创建扫掠面。引导线必须完全在参考面上。

● 使用参考曲线：该方式利用 1 条引导线及 1 条参考曲线创建扫描面，创建的曲面以引导线为起点沿参考曲线向两边延伸。

● 使用切面：该方式以 1 条曲线作为扫略曲面的引导曲线，创建扫略面以引导线为起点，与参考曲面相切。

● 使用拔模方向：该方式利用引导线和矢量方向创建扫略面，创建扫略面在指定矢量方向以选取的直线长度为轮廓沿引导线扫描。

● 使用双切面：该方式利用两相切曲面创建扫略面，创建扫略年与选取的两曲面相切。

③ 圆：该方法主要利用几个几何元素建立圆弧，再将圆弧作为引导曲线扫描出曲面。单击曲面工具栏中的 按钮→ 按钮，该方式下有 6 种子类型。

● 三条引导线：该方式利用 3 条引导线创建二次曲线轮廓，分别选取 3 条引导线，单击"确定"即可完成创建。

● 两个点和半径：该方式利用两点与半径成圆的原来创建扫描轮廓，再将该轮廓扫描成圆弧曲面。

● 中心和两个角度：该方式利用圆心与圆上一点创建圆的原理创建扫描轮廓，再将该轮廓扫描成圆弧曲面。

● 两条引导线和切面：该方式利用 2 条引导线与一个相切曲面创建扫描面，扫描面通过选取引导线并与选定的相切面相切。

● 一条引导线和切面：该方式利用 1 条引导线与一个相切曲面创建扫描面，扫描面通过选取引导线并与选定的相切面相切。

● 限制曲线和切面：该方式利用限制曲线、切面、半径、角度创建曲面轮廓，分别选取限制曲线和切面，单击"确定"即可完成创建。

④ 二次曲线：该方法主要利用利用约束创建二次曲线轮廓，再将轮廓沿指定方向延伸而成曲面。单击曲面工具栏中的 按钮→ 按钮，该方式下有 4 种子类型。

● 两条引导线：该方式利用 2 条引导线创建二次曲线轮廓，分别选取 2 条引导线，单击"确定"即可完成创建

● 三条引导线：该方式利用 3 条引导线创建二次曲线轮廓，分别选取 3 条引导线，单击"确定"即可完成创建.

● 四条引导线：该方式利用 4 条引导线创建二次曲线轮廓，分别选取 4 条引导线，单击"确定"即可完成创建.

● 五条引导线：该方式利用 5 条引导线创建二次曲线轮廓，分别选取 5 条引导线，单击"确定"即可完成创建。

扫掠创建曲面变化繁多，根据条件，可添加法则曲线、脊线、参考面、支撑面等，选用合适方式创建。例如：先单击"知识工程" 中按钮，创建如图 7-58 所示的"法则曲线"，在结构树上出现如图 7-59 所示的"关系"。单击曲面工具栏中按钮 →按钮 ，选取中心线，单击图 7-60 中的"法则曲线"，在弹出的对话框中按图 7-61 操作，选取"法则曲线类型"为"高级"，单击结构树上"法则曲线 1"，关闭"法则曲线"对话框，单击"扫略曲面定义"对话框中预览，扫掠如图 7-62 所示。编辑如图 7-58 所示的公式 b=20mm+2mm*sin（a*3600）；结果变成如图 7-63 所示的波纹管。

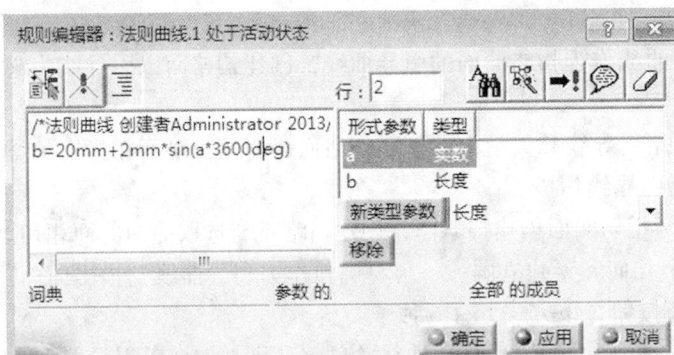

图 7-58 "法则曲线"编辑器

图 7-59 结构树

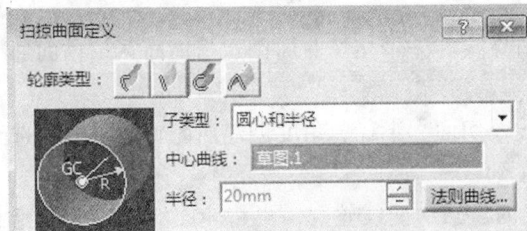

图 7-60 "扫掠曲面定义"对话框

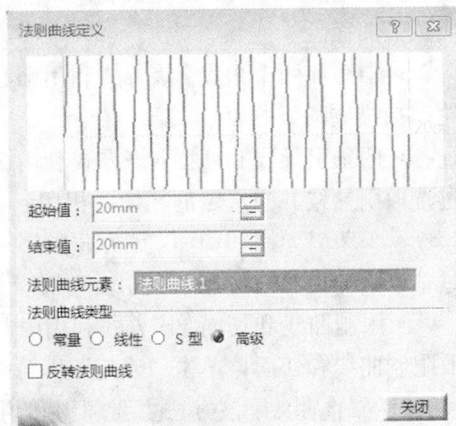

图 7-61 "法则曲线定义"对话框

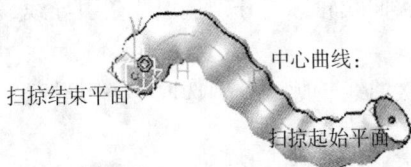

图 7-62 扫略预览

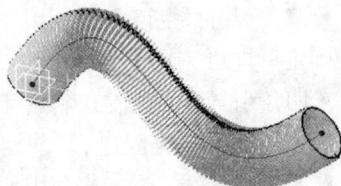

图 7-63 扫掠结果

8. 填充

在创建曲面时，各曲面间会有空隙，该功能可填充曲面的空隙。其创建方法如下：

（1）单击曲面工具栏中的按钮，弹出如图7-64所示的"填充定义"对话框。

（2）如图7-65所示，依次选取填充边界（封闭曲线），这些曲线会显示在列表框中，每选取一曲线，曲面会更新显示。

（3）每选取一曲线后，可以选择添加点的3种方式："之后添加点"——所选曲线将增加在前面一曲线之后；"之前添加点"——所选点将增加在前面一曲线之前；"替换"——所选曲线将替换前面的曲线。

（4）选择列表中一曲线，单击"支持面"，可在文本框中设置连续方式：切线和曲率，单击"确定"完成填充面创建，结果如图7-66所示。

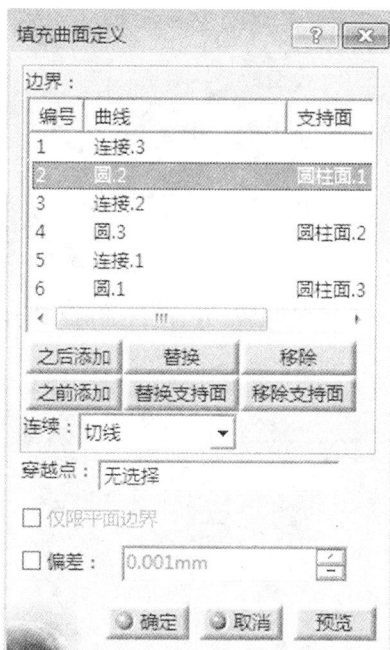

图7-64 "填充曲面定义"对话框

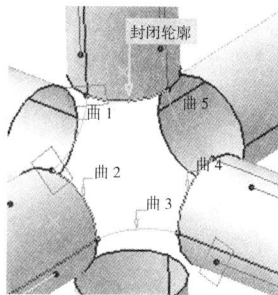

图7-65 选取填充边界

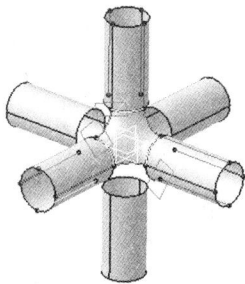

图7-66 填充结果

9. 多截面

多截面是利用不同的轮廓线，以渐近的方式生成连接曲面。其创建方法如下：

（1）单击曲面工具栏中的按钮，弹出如图7-67所示的"多截面曲面定义"对话框。

（2）如图7-68所示，依次选2条及以上多截面轮廓，这些曲线会显示在列表框中。

（3）每选取一曲线后，可以右击选择添加点的3种方式："之后添加点"——所选曲线将增加在前面一曲线之后；"之前添加点"——所选点将增加在前面一曲线之前；"替换"——所选曲线将替换在前面曲线。

（4）可根据需要选取1条或多条引导线。添加引导线后可选取耦合方式：比率、相切、相切和比率。

（5）如果是封闭曲面，闭合点不正确，单击"确定"完成填充面创建，结果如图 7-69 所示，将无法创建。此时可右击，选择替换闭合点，选取正确的闭合点（图 7-70），多截面创建结果如图 7-71 所示。

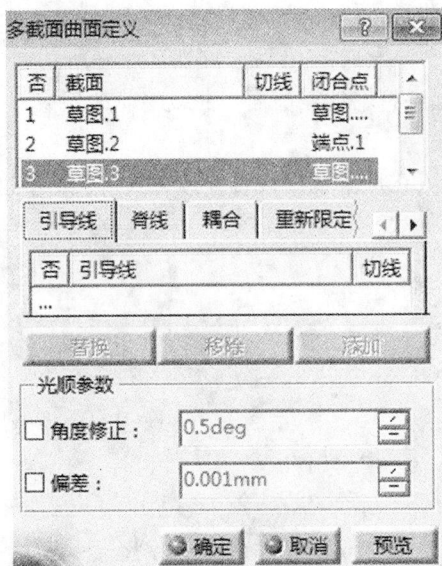

图 7-67 "多截面曲面定义"对话框

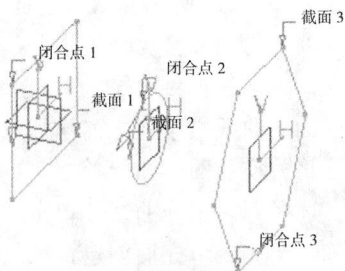

图 7-68 选取多截面轮廓

图 7-69 闭合点不正确无法创建

图 7-70 替换闭合点

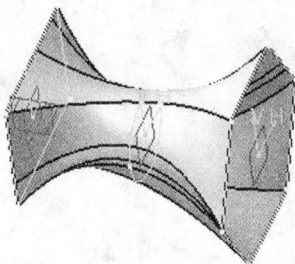

图 7-71 创建结果

10. 桥接

桥接曲面用于连接 2 个独立的曲面或曲线。其创建方法如下：

（1）单击曲面工具栏中的 按钮，弹出如图 7-72 所示的"桥接曲面定义"对话框。

（2）依次选取"第一曲线"、"第一支持面"、"第二曲线"、"第二支持面"如图 7-73 所示，这些选择会显示在对话框中。

（3）单击"基本"，可设置"第一连续"、"第二连续"；单击"张度"可调节连接深度；单击"闭合点"，可添加或编辑闭合点；单击"耦合 / 脊线"，可创建端点对齐方式和控制方式；

单击"可展",可调节"开始"和"结束"。

（4）单击"确定"完成创建，结果如图7-74所示。

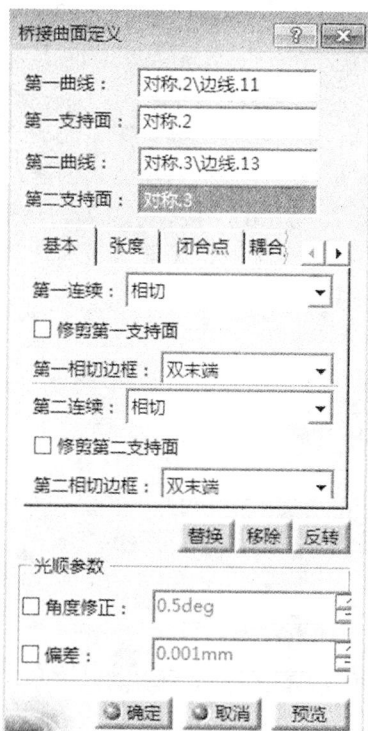

图7-72 "桥接曲面定义"对话框

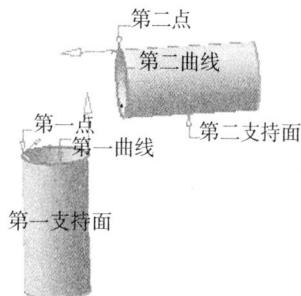

图7-73 选取待桥接曲面

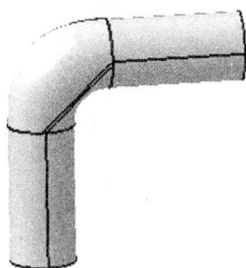

图7-74 桥接结果

11. 操作工具栏及其展开图

对已经创建的线架及曲面进行修改称为操作。曲面操作工具栏及其展开如图7-75所示，图示1为几何按钮；图示2为分割按钮；图示3为边界按钮；图示4为简单圆角按钮；图示5为平移按钮；图示6为外插延伸按钮。其后有黑三角的，单击其后的黑三角可展开，单击 ▬ 按钮，按住鼠标左键不放，可将其拖出单列。

（1）图示1拖出单列：图示7为接合、图示8为修复、图示9为曲线光顺、图示10取消修剪面、图示11为拆解。

（2）图示2拖出单列：图示21为分割、图示22为修剪。

（3）图示3拖出单列：图示13为边界、图示12为提取、图示14为多重提取。

（4）图示4拖出单列：图示23为三切线内圆角、图示24为面与面圆角、图示25为样式圆角、图示26为弦圆角、图示27为可变圆角、图示28为倒圆角、图示29为简单圆角。

（5）图示5拖出单列：图示15为平移、图示16为旋转、

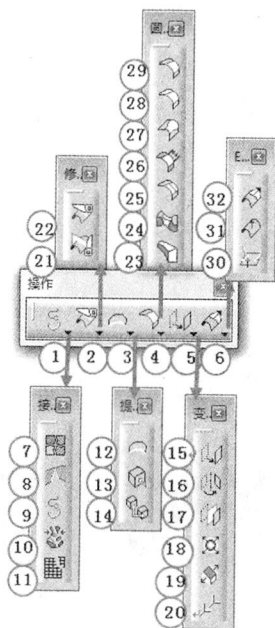

图7-75 操作工具栏及其展开

图示 17 为对称、图示 18 为缩放、图示 19 为放射、图示 20 为定位变换。

（6）图示 7 拖出单列：图示 30 为近接、图示 31 为反转方向、图示 32 为外插延伸。

由于篇幅，我们简单介绍一下曲面工具中接合、修剪、分割、提取、简单圆角、对称、外插延伸等部分工具的使用方法。

12. 接合

接合用于对已创建的几何图形元素进行合并并形成一个新的对象。其创建方法如下：

（1）单击操作工具栏中的按钮，弹出如图 7-76 所示的"接合定义"对话框。

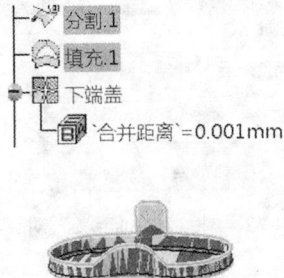

（2）选取合并对象，这些选择会显示在对话框和结构树上。

（3）单击"确定"完成创建，结果如图 7-77 所示。

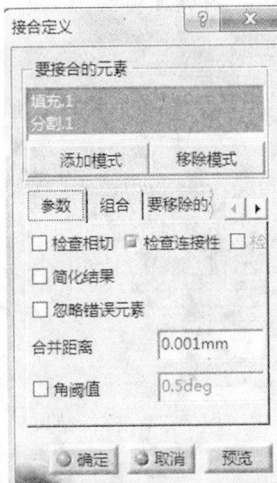

图 7-76 "接合定义"对话框   图 7-77 接合结果

特别提示：对话框参数含义：

（1）单击"添加模式"，若合并元素列表中没有已选取的元素，则加入该元素，有则保留。

（2）单击"移除模式"，若合并元素列表中有我们选取的元素，则从列表中删除选中元素，若没有选中元素，列表保持。

（3）复选框"检查相切"选中，则检查连接元素是否相切；复选框"检查连接性"选中，则检查连接元素是否连通；复选框"检查多样性"选中，则检查合并是否生成多个结果；复选框"简化结果"选中，则将使程序在可能的情况下，减少元素的数量；复选框"忽略错误元素"选中，则忽略那些不允许合并的元素。

（4）"合并距离"用于设置合并元素合并是所能允许的最大距离。

（5）"角度阈值"用于设计合并元素合并时所允许的最大角度。

13. 分割

该工具可以通过点、线、面等元素分割线元素，也可以通过线元素或曲面分割曲面。其创建方法如下：

（1）单击操作工具栏中的按钮，弹出如图 7-78 所示的"分割定义"对话框。

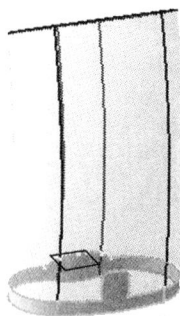

（2）选取要切除元素，这些选择会显示在列表框中。

（3）选取"切除元素"——边界条件，如图 7-79 所示。

（4）单击"确定"完成创建，结果如图 7-80 所示，把"修剪.2"以上部分切除了。

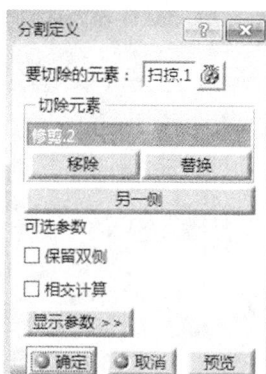

图 7-78　"分割定义"对话框　　　图 7-79　分割对象及边界选择　　　图 7-80　分割结果

📢 **特别提示：**

（1）单击"移除"，可以移除列表框中元素。

（2）单击"替换"，可以替换列表中元素。

（3）单击"另一方向"，可以改变保留侧。

（4）选中复选框"保留双侧"，可以保留两侧，仅分开要切的元素。

---

14. 修剪

该工具可以修剪两个曲面或曲线。其创建方法如下：

（1）单击操作工具栏中的按钮，弹出如图 7-81 所示的"修剪定义"对话框。

（2）选取要修剪的两个元素，这些选择会显示在列表框中。

（3）单击"确定"完成创建，结果如图 7-82 所示，把"平面.1"以下部分切除了。

📢 **特别提示：**

在如图 7-81 所示的"修剪元素"列表中选择对象以进行相关操作，还可以通过对话框中"要保留的元素"、"要移除的元素"来设置。

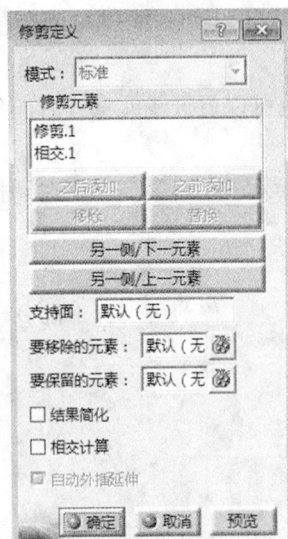

图 7-81 "修剪定义"对话框

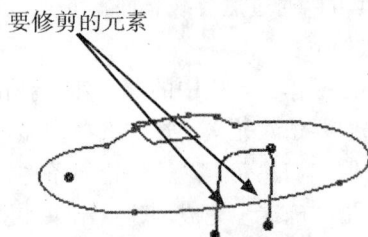

图 7-82 修剪元素选择

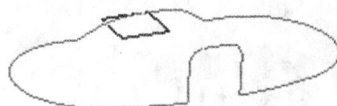

图 7-83 修剪结果

15. 提取

该工具可以从已创建的几何图形中提取曲面边界或其他几何形状作为元素。按钮 提取几何形状的边界曲线；按钮 每次提取一个元素；按钮 可以同时提取多个元素。其创建方法如下：

（1）单击操作工具栏中的 按钮，弹出如图 7-84 所示的"多重提取定义"对话框。

（2）选取提取对象，这些选择会显示在列表框中。可以提取曲面、也可以选取部分或全部边界，还可以提取点，如图 7-84 所示。

（3）单击"确定"完成创建，结果如图 7-85 所示。

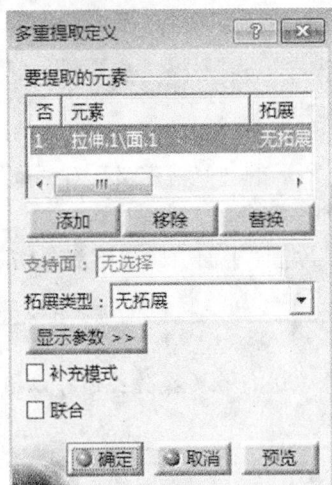

图 7-84 "多重提取定义"对话框

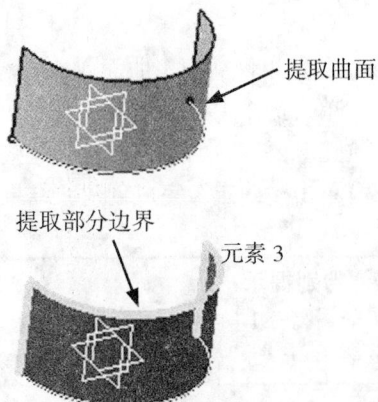

图 7-85 提取选取示意图

16. 圆角

该工具可以对选定的曲面进行倒圆角。

简单圆角：该工具可以对两个曲面进行倒角。

（1）单击圆角工具栏中的⌒按钮，弹出如图 7-86 所示的"圆角定义"对话框。

（2）选取圆角类型："双切线圆角"。

（3）分别选取要倒圆曲面作为"支持面 1"、"支持面 2"，这些选择会显示在列表框中。

（4）复选框"修剪支持面 1"选中，则修剪支持面 1 至圆角；复选框"修剪支持面 2"选中，则修剪支持面 2 至圆角；如选中，则修剪，如图 7-87 所示。如果不选，则不修剪，如图 7-88 所示。

（5）单击"确定"完成创建。

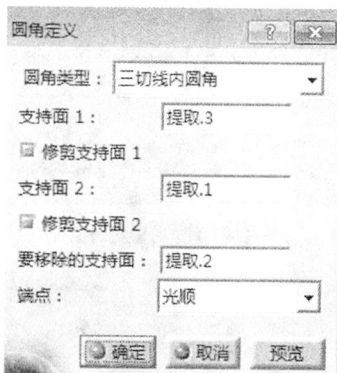

图 7-86 "双切线圆角定义"对话框

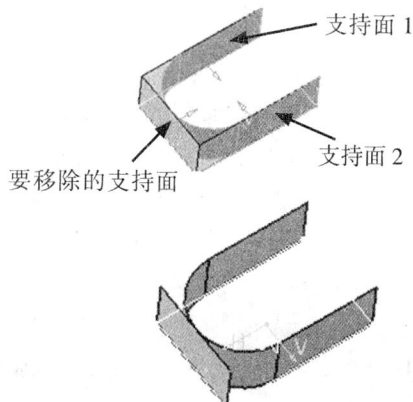

图 7-87 修剪支撑面

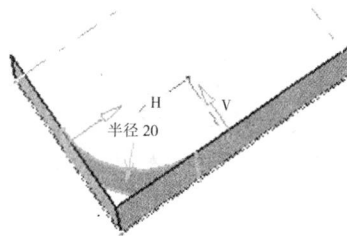

图 7-88 不修剪支撑面

> 📢 **特别提示**：选取圆角类型："三切线内圆角"，则对话框如图 7-89 所示。分别选取"支持面 1"、"支持面 2"及"要移除的面"，单击"确定"完成创建，如图 7-90 所示。
>
> 图 7-89 "三切线内圆角定义"对话框
>
> 图 7-90 三切线圆角对象选取及结果

17. 变换

该工具可以对物体平移、旋转、缩放、对称等处理。

（1）平移

该工具可对点、曲线、曲面、实体等几何元素进行平移。其创建步骤如下：

① 单击变换工具栏中的 按钮，弹出如图 7-91 所示的"平移定义"对话框。

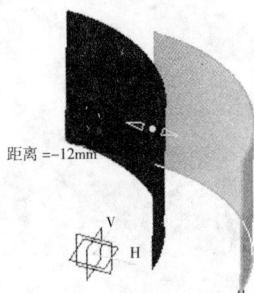

② 选取平移向量类型："方向、距离"通过指定平移方向和距离确定平移位置；"点到点"通过指定起始点和终止点确定平移位置；"坐标"通过指定坐标位置确定平移位置。

③ 选取平移对象。

④ 在文本框中输入相应参数。

⑤ 单击"确定"完成创建，如图 7-92 所示。

图 7-91 "平移定义"对话框   图 7-92 平移对象选择及结果

（2）旋转

该工具可对点、曲线、曲面、实体等几何元素进行旋转。其创建步骤如下：

① 单击变换工具栏中的 按钮，弹出如图 7-93 所示的"旋转定义"对话框。

② 选取定义模式："轴线—角度"通过指定旋转轴和角度确定旋转位置；"轴线—两个元素"通过指定旋转轴和两个参考元素确定旋转位置；"三点"通过指定三点确定旋转位置。

③ 选取旋转对象。

④ 在文本框中输入相应参数。

⑤ 单击"确定"完成创建，如图 7-94 所示。

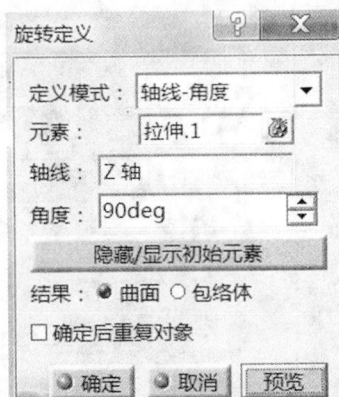

图 7-93 "旋转定义"对话框

（3）对称

该工具可对点、曲线、曲面、实体等几何元素相对点、线、面进行镜像。其创建步骤如下：

① 单击变换工具栏中的 按钮，弹出如图 7-95 所示的"对称定义"对话框。

图 7-94 旋转定义及结果

图 7-95 "对称定义"对话框

② 选取要的镜像元素。

③ 分别选取镜像参考，这些选择会显示在列表框中。

④ 单击"确定"完成创建，结果如图 7-96 所示。

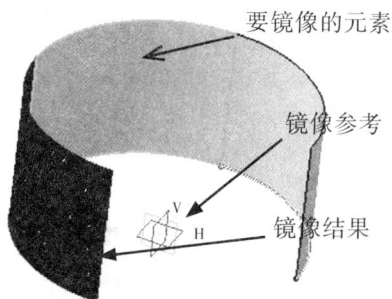

图 7-96 对称元素、参考选取及结果

（4）缩放

该工具可以对某一几何元素进行等比例缩放，缩放的参考基准可以为点或平面。其创建步骤如下：

① 单击变换工具栏中的 按钮，弹出如图 7-97 所示的"缩放定义"对话框。

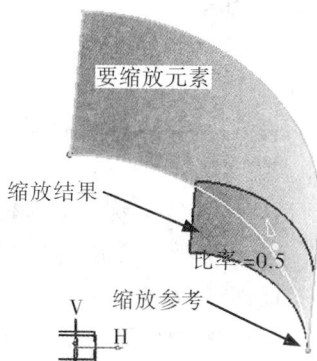

② 选择缩放对象、比率及参考点

③ 单击"确定"完成创建，结果如图 7-98 所示。

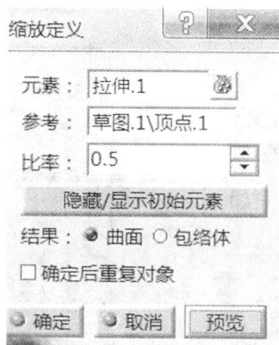

图 7-97 "缩放定义"对话框

图 7-98 缩放元素、参考选取及结果

18. 外插延伸

该工具可以让几何元素由其原来的边线向外延伸。其创建步骤如下：

（1）单击操作工具栏中的 ✍ 按钮，弹出如图 7-99 所示的"外插延伸定义"对话框。

（2）选取要延伸的边。

（3）选取延伸对象，这些选择会显示在列表框中。

（4）设置限制方式及相应参数。

（5）单击"确定"完成创建，结果如图 7-100 所示。

曲面常用工具还有线架构与曲面编辑，这里不再详细介绍。

图 7-99　"外插延伸定义"对话框

图 7-100　延伸结果

任务 2　解决方案

1. 打开文件

启动 CATIA，打开目标路径 D:\曲面练习\3Dshubiao 文件。

单击主菜单"插入"→"几何图形集"命令，弹出"插入几何图形集"对话框 →在"名称"中输入"曲面"，结果如图 7-101 所示。并确认其为激活状态（名称下有下画线）。

2. 创建扫掠曲面

以"圆 .2"作为轮廓、"样条 .1"为引导线来创建扫掠曲面，如图 7-102 所示。

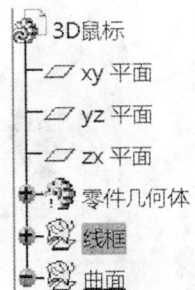

如图 7-101　插入几何图形集

3. 创建拉伸 .1

以"样条 .2"为轮廓创建拉伸曲面，沿 Z 轴方向将曲面拉伸 24.5mm，如图 7-103 所示。

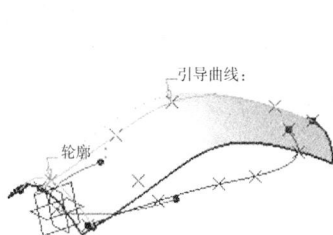

图 7-102　创建扫掠面　　　　　　　　　　图 7-103　创建拉伸 .1

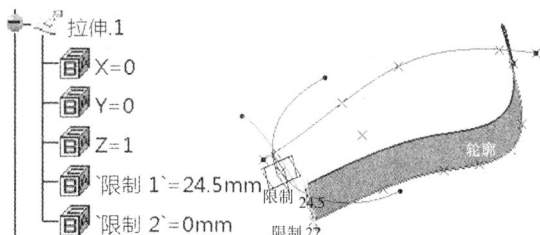

4. 创建拉伸 .2

以"圆 .1"为轮廓创建拉伸曲面，沿 Z 轴方向将曲面拉伸 24.4mm，如图 7-104 所示。

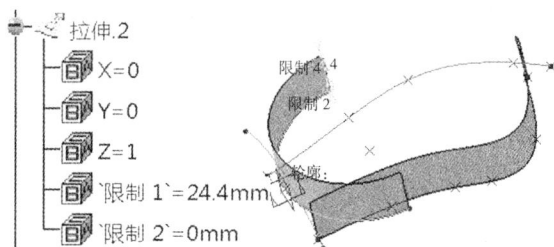

图 7-104　创建拉伸 .2

5. 创建桥接曲面。

如图 7-105 所示，创建用于连接两个拉伸曲面的桥接曲面，并在桥接曲面上应用张度进行调整。

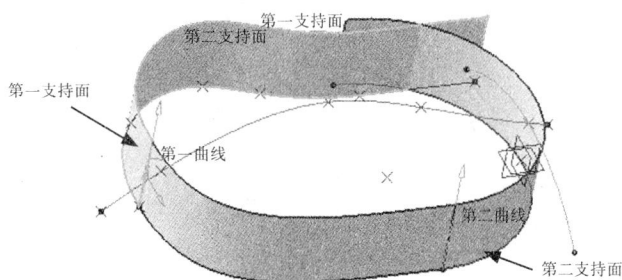

图 7-105　创建桥接曲面

6. 创建一个简单圆角

如图 7-106 所示，在两个拉伸曲面之间创建半径为 25.4mm 的简单圆角。

7. 执行接合操作

如图 7-107 所示，对桥接 .1 与圆角 .1 进行接合操作。

8. 外插延伸边线

如图 7-108 所示，将扫掠边线外插延伸 12.7mm。

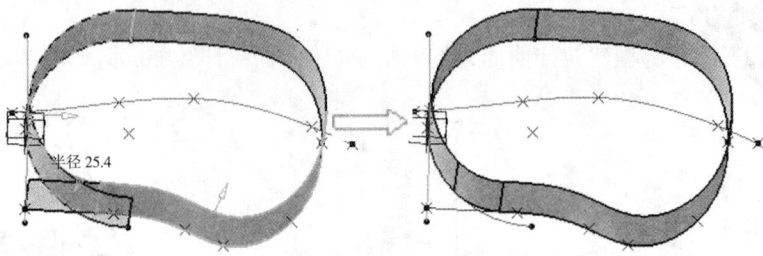

图 7-106　创建简单圆角

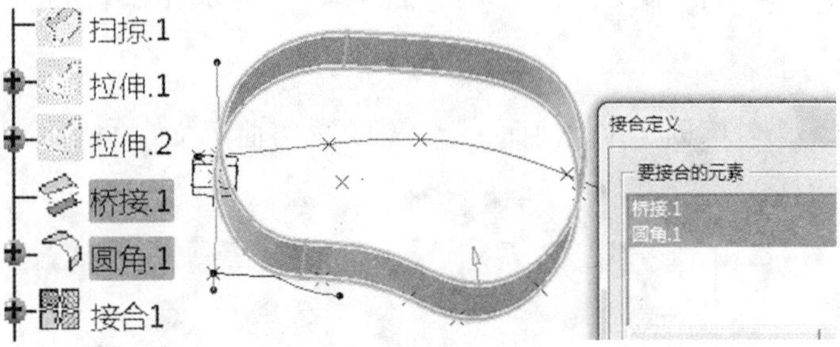

图 7-107　曲面接合

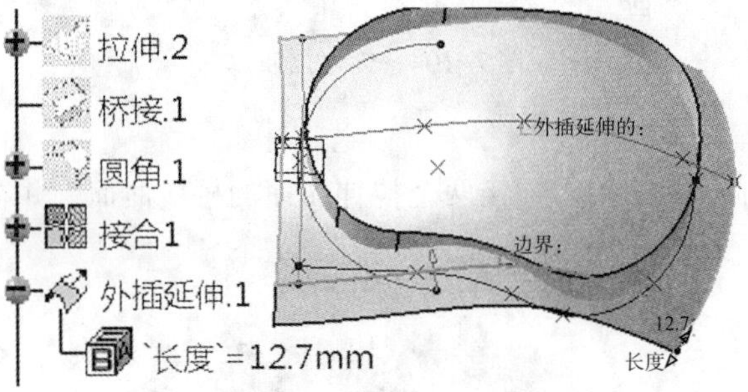

图 7-108　外插延伸扫掠

9. 修剪曲面

修剪接合 .1 与外插延伸 .1，完成 3D 鼠标曲面模型的创建，结果如图 7-109 所示。

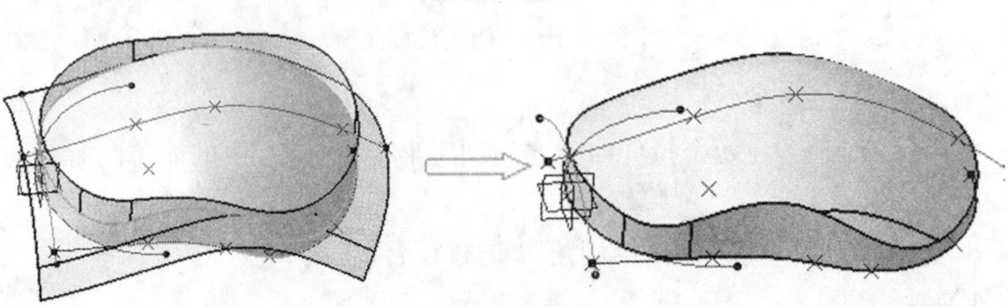

图 7-109　修剪曲面

10. 实体化曲面模型

（1）单击主菜单"开始"→"机械设计"→"零件设计"→回到零件设计工作台。

（2）单击结构树"零件几何体"→右击选择"定义工作对象"，激活"零件几何体"为当前工作对象（名称下有下划线）。

（3）单击"基于曲面的特征"工具栏中"封闭曲面"按钮 →选取"修剪.1"，如图7-110所示。

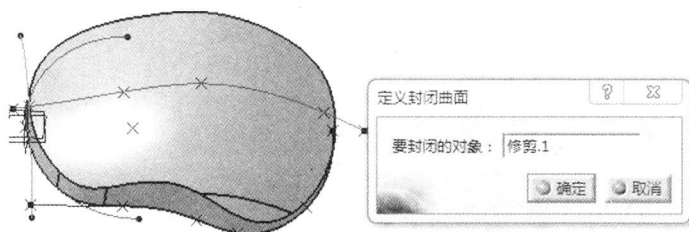

图7-110　封闭曲面

（4）单击"确定"，即完成3D鼠标模型实体化。

11. 偏移曲面

（1）单击主菜单"开始"→"形状"→"创成式外形设计"→回到曲面设计工作台。

（2）单击结构树"曲面"→右击选择"定义工作对象"，重新激活曲面几何图形集为当前工作对象。

（3）单击"偏移" 按钮→选取"扫掠.1"→向下偏移5mm，如图7-111所示。

（4）单击"确定"，完成偏移。

图7-111　偏移曲面

12. 外插延伸边界

（1）单击"外插延伸" 按钮→选取"偏移.1"→偏移曲面边线外插延伸12mm，如图7-112所示。

（2）单击"确定"，同样操作2次，完成左右各延伸12mm。

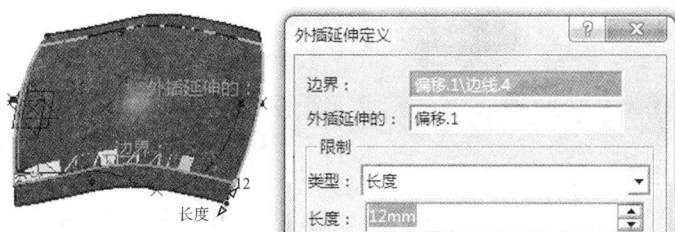

图7-112　外插延伸偏移面

13. 创建草图

（1）在 XY 平面上 46mm 高度处创建一个平面。

单击"平面" ⟋ 按钮→在对话框中选取"偏移平面"→"参考"为"XY 平面"→"偏移"46mm →单击"确定"，完成辅助平面创建。

（2）将该平面作为草图支持面，创建一个如图 7-113 所示的草图。

① 选取"平面.1"→单击草图 ⟋ →进入草图工作台。

② 如图 7-113 所示，选取鼠标实体前部边缘 →单击投影 3D 元素按钮 →沿着鼠标前部对三条曲线进行投影 →以投影曲线的端点创建一条垂直线 →创建没有封闭部分投影 →使用修剪工具修剪上面的投影线，修剪到垂直线为止。

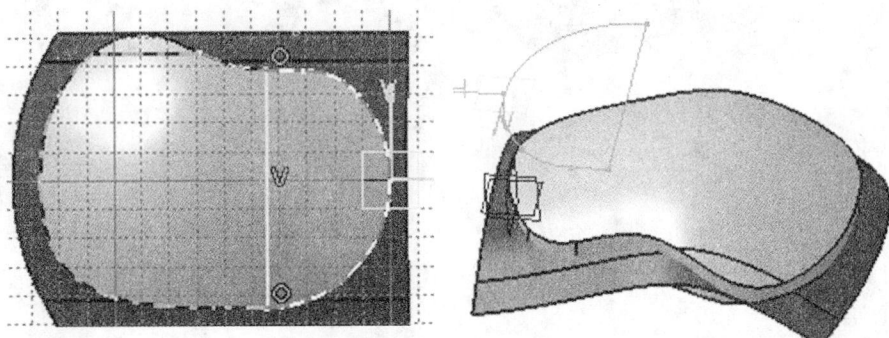

图 7-113　草图曲线创建

14. 创建凹槽

切换到零件设计工作台，单击 ⬚ 按钮 →使用上述草图作为凹槽特征的轮廓 →将凹槽拉伸至外插延伸偏移曲面 → 复选"厚"→使用"薄凹槽"创建厚度为 2mm 的凹槽，如图 7-114 所示。

图 7-114　创建薄凹槽

15. 添加厚度

单击厚度按钮 ⬚ →选取凹槽顶面，如图 7-115 所示 →单击"确定"。使用"厚度工具"在凹槽顶部添加 -1mm 的厚度。同理，凹槽顶部曲面添加 -3mm 厚度，如图 7-116 所示。

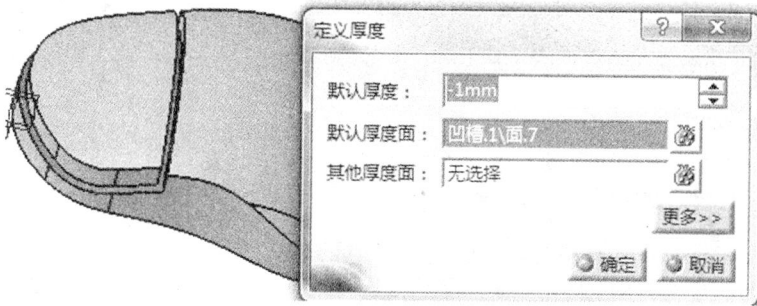

图 7-115 添加凹槽厚度

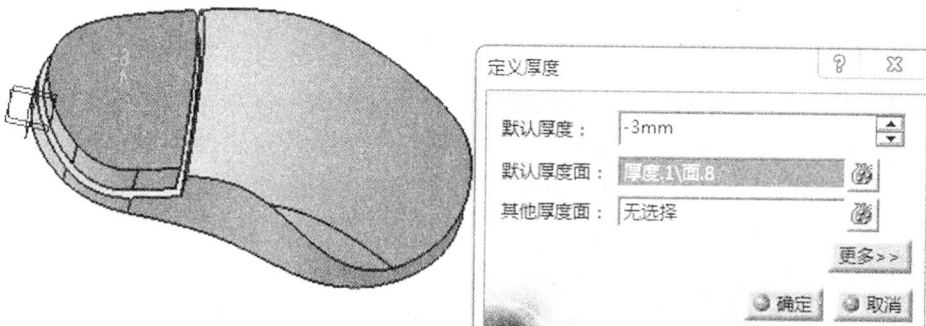

图 7-116 凹槽顶部曲面添加 -3 厚度

16. 创建新几何体

单击主菜单"插入"→"几何体"→右击选择"属性"→命名为"按钮"。

17. 复制草图

单击结构树上"草图.1"→右击选择"复制"→单击结构树"按钮"→右击选择"粘贴",将"草图.1"复制到按钮几何体下。

18. 拉伸按钮

单击拉伸 按钮→弹出"定义凸台"对话框→单击"更多"→"轮廓"选取复制过来的草图→"第一限制"类型文本框中选取"直到曲面"→移动鼠标选取"凹槽曲面"→"第二限制"类型文本框中选取"直到曲面"→移动鼠标选取"外插延伸.1"→单击"确定"，完成创建，结果如图 7-117 所示。

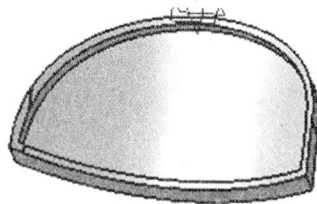

图 7-117 拉伸创建按钮实体

19. 绘制草图 .2

以 "平面 .1" 为草图平面绘制如图 7–118 所示的草图。

图 7–118　按钮凹槽草图

20. 拉伸凹槽

单击 🔲 按钮→使用 "草图 .2" 作为凹槽特征的轮廓→尺寸为 88mm，结果如图 7–119 所示。

单击 "保存" 保存模型，至此，我们完成了整个 3D 鼠标的创建，结果如图 7–120 所示，结构树如图 7–121 所示。

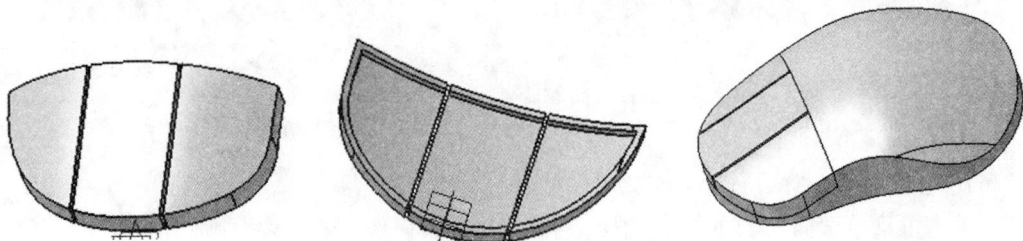

图 7–119　拉伸按钮凹槽

图 7–120　创建结果

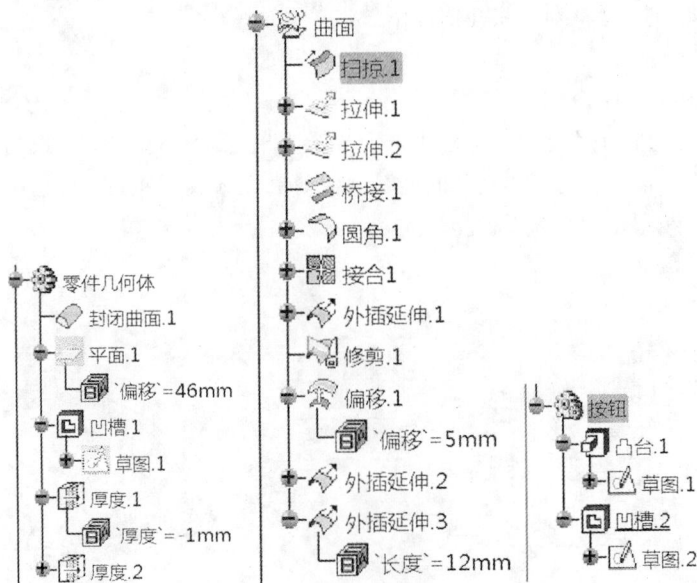

图 7–121　3D 鼠标结构树（3 段展开）

思考与练习7

1. 熟悉 CATIA 曲面设计工作环境设置。

2. 创建曲面的方法有哪些?

3. 曲面操作有哪些方法，各有什么作用?

4. 如何创建样条曲线?

项目 8

螺栓参数化设计

学习目标

1. 了解 CATIA 参数化设计术语。
2. 会设置参数化设计环境。
3. 会建立基于 CATALOG 零件库。
4. 会使用零件库。

任务 1　设置参数化设计环境

任务要求

1. 启动 CATIA，新建模型文件。
2. 按规则命名文件并保存文件到目标路径 D：\ 参数化练习 \GB5780_M8。
3. 设置参数化设计环境。

相关知识

1. 术语介绍

（1）参数（Parameter）在 CATIA 文档中被作为一个特征，参数有自己的"值"，可以用"关系（Relation）"来进行约束。

（2）关系（Relation）是知识工程特征（公式、设计表等）的集合。

（3）公式（Formula）定义了一个参数是怎样和其他参数发生关联的，比如：Length_of_Circle = 2 * Pi * Radius_of_Circle。

2.参数化设计基本环境设置

在使用 CATIA V5 软件的过程中，我们要用到的一些功能在默认的界面中没有出现，例如上面提到的参数、关系、公式等。我们要根据设计任务进行一些功能修改和设置，需要用到 CATIA 的环境设置。

打开主菜单，单击"工具"→"选项"，弹出如图 8-1 所示的"选项"对话框，可在该对话框中设置参数化设计环境。

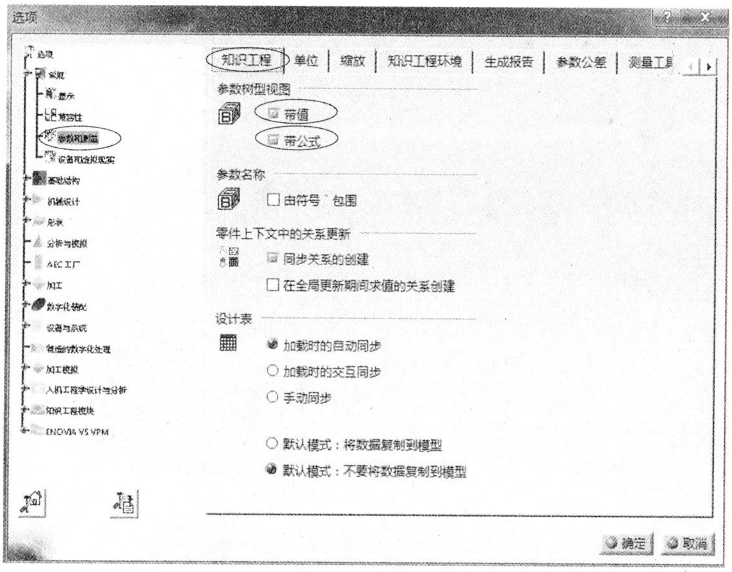

图 8-1 "参数与测量"设置

任务 1 解决方案

1. 启动 CATIA，新建 .part 模型文件。

2. 参数显示方式设置

（1）单击主菜单"工具"→"选项"命令，出现"选项"对话框。

（2）在左边目录树中单击激活"参数和测量"选项卡 →单击打开"知识工程"选项，如图 8-1 所示。

（3）在"参数树型视图"选项下勾选"带值"、"带公式"复选框。

（4）完成设置后单击"确定"，参数会以带值和表达式的方式显示在 CATIA 工作窗口左边的结构树中。

3. 参数显示设置

（1）单击主菜单"工具"→"选项"命令，出现"选项"对话框。

（2）展开目录树中的"基础结构"。

（3）单击激活"产品结构"选项卡。

（4）单击"自定义树"选项，如图 8-2 所示。

（5）在"结构树节点名称"选项下双击"参数"、"关系"后的"否"，使之变为"是"，参数、关系就会显示在结构树中。

4. 外部参考连接与显示设置

（1）单击主菜单"工具"→"选项"命令，出现"选项"对话框。

（2）展开目录树中的"基础结构"。

（3）单击激活"零件基础结构"选项卡。

（4）单击"常规"选项，如图 8-3 所示，在"外部参考"选项下勾选"保持与选定对象的链接"、"显示新建的外部参考"复选框，完成设置后单击"确定"，参数可与外部参考链接。

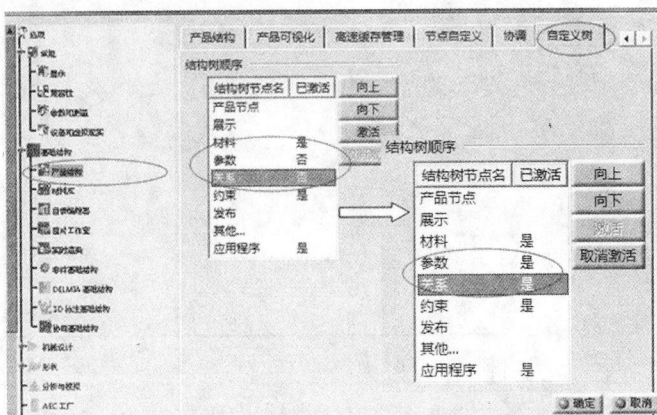

图 8-2　"参数"、"关系"显示设置

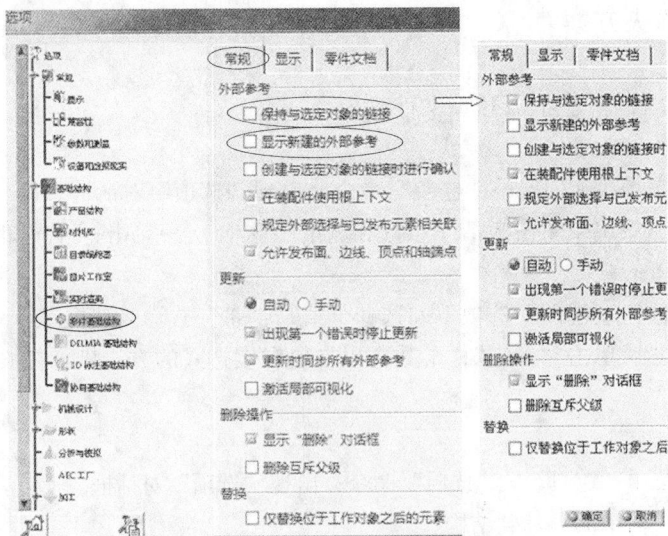

图 8-3　外部参考链接设置

（5）在图 8-3 中单击激活"显示"选项，如图 8-4 所示，在"在结构树中显示"选项下勾选"参数"、"关系"前的选项框，完成设置后单击"确定"退出，参数、关系即可显示在结构树中。

5. 命名并保存文件到目标路径 D:\ 参数化练习 \GB5780_M8。

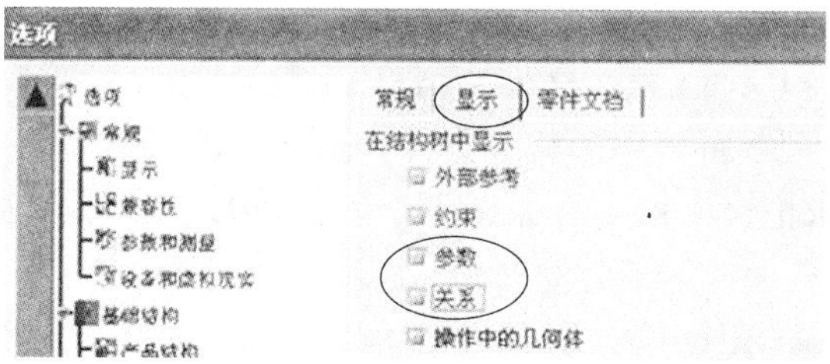

图 8-4 "显示"设置

任务 2 建立基于 CATALOG 的零件库

任务要求

1. 建立基准零件 GB5780_M8 模型。
2. 建立设计表单。
3. 建立零件库。
4. 按规则命名文件并保存文件到目标路径 D:\ 参数化练习 \GB5780_M8。

相关知识

1. 术语介绍

（1）设计表（Design Table）：是一个包含一系列参数的 Excel 或纯文本的表格，这个表格里面的每一列定义了一个对应参数的"值"，参数的名字位于列的第 1 位；表格中的每一行包含着这些参数的一个"系列值"。

（2）Catalog：是一个供用户快速调用 CATIA 模型文件或特征的一个库文件，在 Catalog 中，用章节（Chapters）、类（Family）、关键字（keywords）等来管理数据。

Catalog 的主要结构如下：

① Catalog: 用来管理多个物件（模型、特征、设备等）的工具，V5 的 Catalog 以树形结构组织数据，一个 Catalog 包含多个章节（Chapter）和类（Family）。

② 章节（Chapter）：由章节和类组成的一系列参考。

③ 类（Family）：一系列"引用"，由具有同样类别属性的实体组成。不能在类下面建立章节。

④ 关键字（Keyword）：Catalog 里面的"引用（references）"是用关键字来表述的，关键字包括：名字、类型、直径、长度等等。关键字主要用于在 Catalog 中进行查询零件。

⑤ 部件（Component）：是对应于实体（Entity）的引用（Reference），它带着关键字显示。

⑥ 实体（Entities）：CATIA 模型文档（CATPart 或 CATProduct...）的引用。

⑦ 基准零件：一系列零件之中的代表零件。基准零件包含这个系列零件的所有参数和特征。在建模时，要求把模型相关的所有特征用参数体现出来，参数的名称要求有意义，方便后续使用。为了避免出现不必要的麻烦，模型草图要求"全约束"，草图上的约束尺寸要和已经定义的那些参数相关联。

2. 设计流程

六角头螺栓是最普通、常用的紧固件。以 M8 螺栓为例，通过这个案例我们将学习如何进行参数化设计基本环境设置、标准件、非标准件的参数化、系列化设计及零件库的建立。六角螺栓关键尺寸如图 8-5 所示，规格如表 8-1 所示。

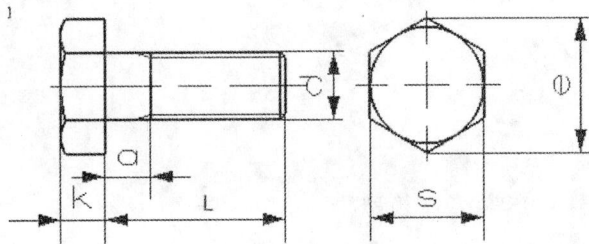

图 8-5　六角螺栓关键尺寸

表 8-1 六角螺栓参数表

螺纹规格d	a（max）	e	k公称	s（max）	L范围	T螺距
M5	3.2	8.63	3.5	8	10~40	0.75
M6	4	10.89	4.0	10	12~50	1
M8	5	14.20	5.3	13	16~65	1.25
M10	6	17.59	6.4	16	20~80	1.5
M12	7	19.85	7.5	18	25~100	1.75
...						

六角螺栓参数设计流程如图 8-6 所示。

先绘制六角螺栓草图曲线 →拉伸增料得主体 →旋转除料倒圆角 →倒角修饰 →建立用户参数 →建立参数关联 →创建设计表 →编辑 Excel 参数表格 →参数表驱动零件 →进入目录编辑器，添加系列零件 →添加零件生成系列 →在装配中应用系列零件。至此完成零件库建立与调用。

1. 螺栓草图

2. 拉伸增料得主体

3. 旋转除料

6. 建立参数关联

5. 建立用户参数

4. 倒角修饰

7. 创建设计表

8. 编辑 Excel 参数表格

9. 参数表驱动零件

10. 进入目录编辑器，添加系列零件

11. 添加零件生成系列

12. 在装配中应用系列零件

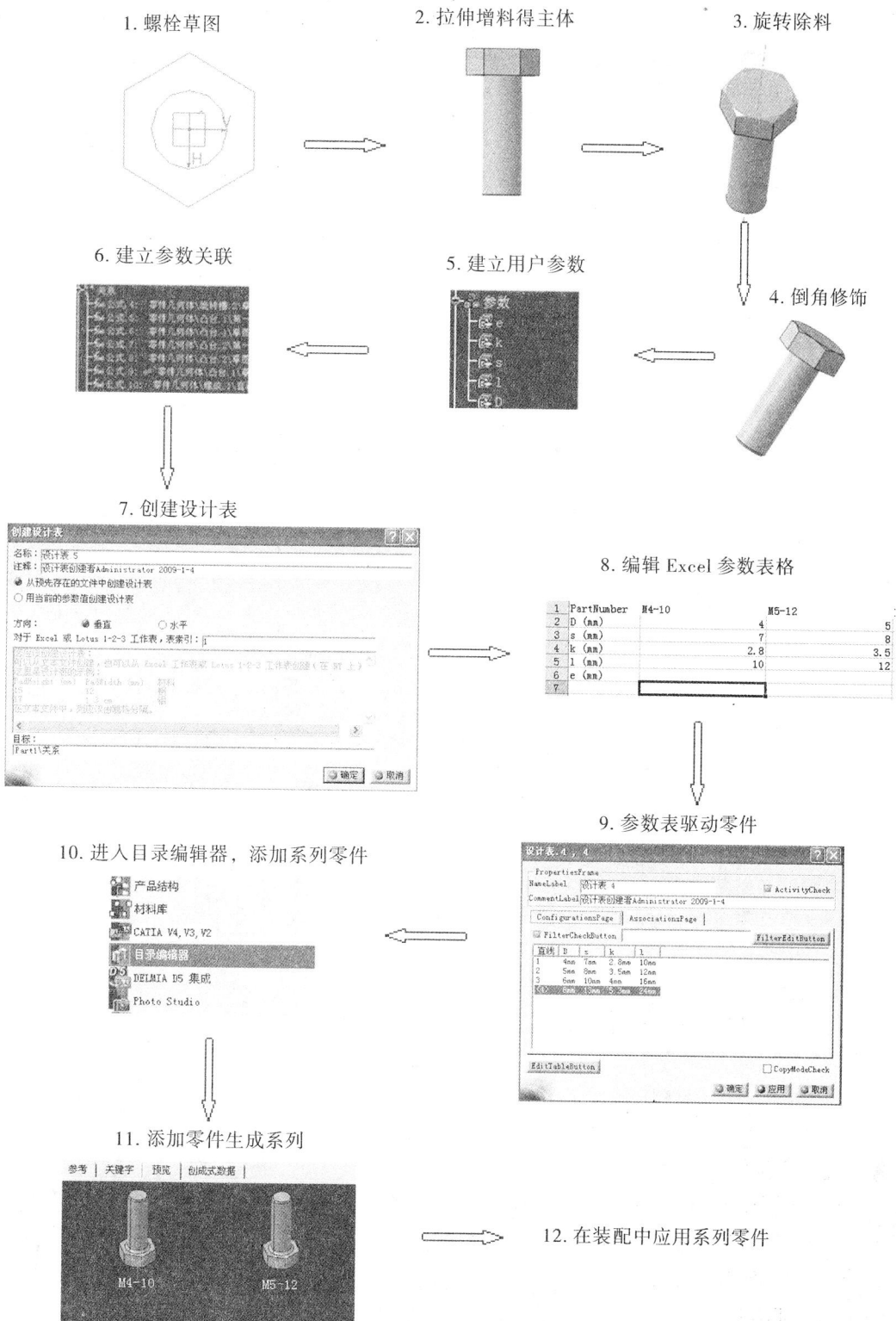

图 8-6　螺栓参数化设计流程

任务2　解决方案

1. 绘制六角螺栓草图曲线

（1）打开 D:\参数化练习\GB5780_M8 文件（此文件的设计环境设置已在任务1中完成）。

（2）以 XY 平面为草图平面，绘制草图1，如图8-7所示的六边形。

单击结构树中，再单击，进入草图绘制环境，绘制六边形。绘制六边形步骤如下：

① 单击"轮廓"工具栏上的"六边形"按钮。

② 单击主菜单下"插入"→"轮廓"→"预定义轮廓"→"六边形"。

以坐标原点为中心，平行边距离为13，一顶点在 H 轴上，草图颜色为绿色，即完成草图1绘制。单击按钮退出草图。

（3）同理，以 XY 平面为草图平面，绘制草图2，如图8-8所示的圆，圆心在坐标原点，直径为 Φ8，完成后退出草图。

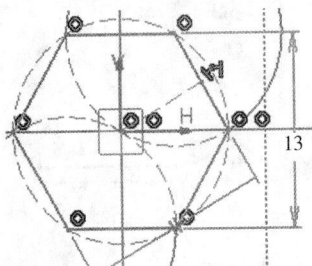

图8-7　草图1

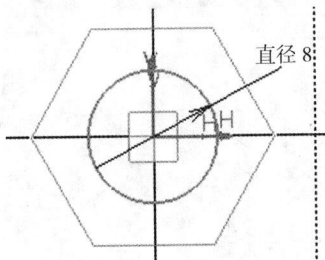

图8-8　草图2

2. 拉伸增料得主体

（1）单击菜单下"插入"→"基于草图的特征"→"凸台"或单击工具条中凸台图标。

（2）在出现如图8-9所示的"定义凸台"对话框中，将凸台1"长度"定义为5.3。

（3）"轮廓"选择草图1，单击"确定"完成六棱体创建。

（4）同理，凸台2"长度"定义为20，"轮廓"选择草图2，单击"确定"完成圆柱体创建。至此，螺栓主体已经建成，如图8-10所示。

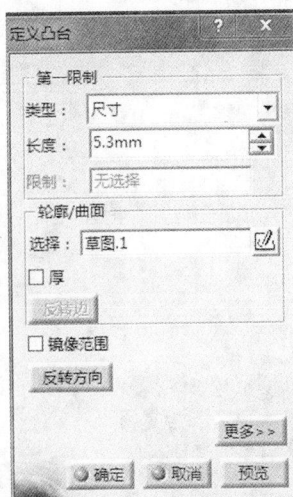

图8-9　凸台对话框

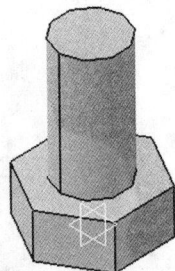

图8-10　螺栓主体

3.旋转除料倒圆角

（1）进入草图工作台，绘制草图3。

进入草图工作台，以 XZ 平面为草图平面，绘制草图3，如图8-11所示的三角形。三角形一直角边与 H 轴共线。

（2）旋转除料倒圆角

① 单击"基于草图的特征"工具条上的按钮🖻。

② 在出现如图8-12所示的"定义旋转槽"对话框中，旋转槽1"第一角度"定义为360°，"第二角度"定义为0°。

③ "轮廓／曲面"选择草图3。

④ "轴线"选择 V 轴，单击"确定"完成六棱体旋转除料。至此，螺栓顶部倒角创建完成，如图8-13所示。

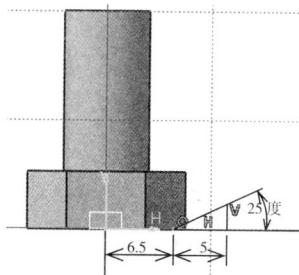

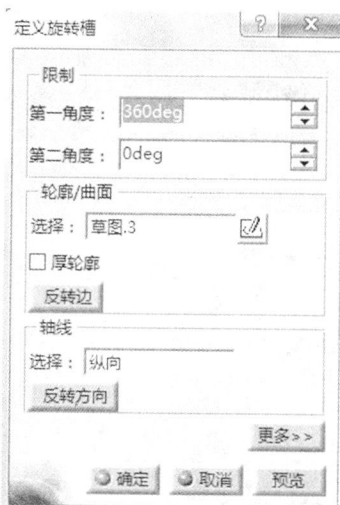

图 8-11　草图 3　　　　　图 8-12　"定义旋转槽"对话框　　　　图 8-13　旋转除料

4.倒角修饰

（1）倒圆角

① 单击"修饰特征"工具条中倒圆按钮🔘。

② 在出现的"倒圆定义"对话框中，将倒圆角1"半径"定义为1mm。

③ "要圆角化的对象"选择圆柱体与六棱体交线。

④ "选择模式"选择"相切"，单击"确定"完成倒圆角。

（2）倒斜角

① 单击倒角按钮🔘。

② 在出现的"倒角定义"对话框中，倒角1"模式"选择"长度1/角度"，"长度1"定义为1mm；"角度"定义为45°。

③ "要倒角的对象"选择圆柱体顶边，"拓展"选择"相切"，单击"确定"完成倒角1，结果如图8-14所示。

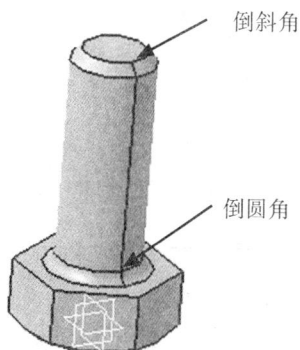

图 8-14　倒角修饰结果

5. 添加螺纹

单击工具条中"内螺纹 / 外螺纹"按钮⊕，出现如图 8-15 所示的"定义内螺纹 / 外螺纹"对话框。在此对话框中，螺纹 1 的参数设置如图 8-15 所示：

（1）"几何图形定义"中"侧面"选择圆柱面。

（2）"限制面"选择圆柱顶面。

（3）底部类型中"类型"选择"尺寸"。

（4）数值定义中"类型"选择"非标准螺纹"。

（5）"外螺纹直径"定义为 8mm。

（6）"螺距"定义为 1.25mm，单击"确定"完成螺纹 1 创建，如图 8-16 所示。

至此，基准零件 GB5780_M8 模型已经建成。

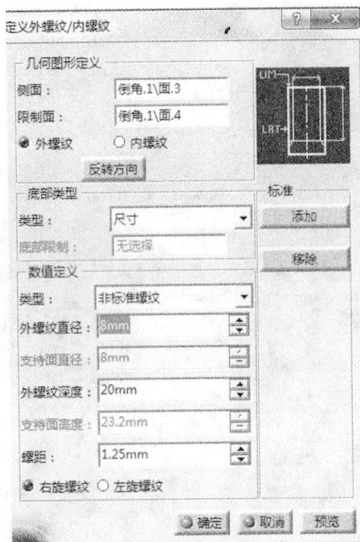

图 8-15 "定义外螺纹 / 内螺纹"对话框

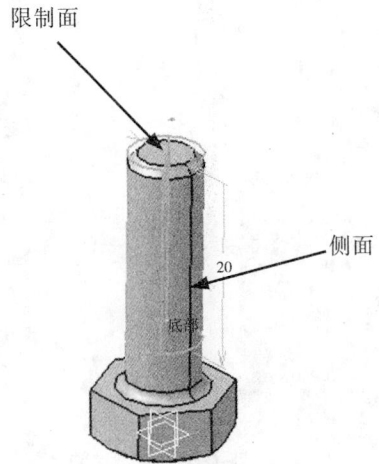

图 8-16 螺纹 1 结果

6. 建立用户参数

六角螺栓模型是由表 8-2 参数驱动：螺纹公称直径 d、螺帽六角对边距离 e、螺帽厚度 k、螺纹长度 L-a、螺距 T。因此，要参数化建模，必须先创建上述参数，再建立参数与驱动尺寸的关系。

表 8-2 六角螺栓模型驱动参数

螺纹规格d	a（max）	k公称	s（max）	L范围	T螺距
M8	5	5.3	13	16~65	1.25

（1）单击主菜单"工具"→"f(x) 公式"或单击"知识工程"工具条中的按钮f∞，出现如图 8-17 所示的"公式"对话框。

（2）在此对话框中，选择"新类型参数"为"长度"，"具有"为"单值"。

（3）在"编辑当前参数的名称"文本框中输入"L"，在其后的文本框中输入 25mm，单击"应用"，即完成长度参数 L 定义。

（4）再单击"新类型参数"，依次完成参数 a、k、s、T、d 的定义，完成后参数列表如图 8-17 所示。

同时，在结构树上会增加参数选项显示，如图 8-18 所示。

图 8-17　"公式"对话框

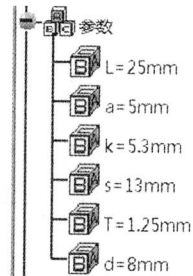

图 8-18　参数显示

7. 建立参数关联

如上所述，用户参数已经建立，但参数要驱动模型，必须与模型驱动尺寸关联。为此要建立参数关联。

（1）单击"知识工程"工具条中"公式"按钮 $f_{(x)}$，在弹出的"公式"对话框中，单击"参数列表"图标 ，使零件几何体的驱动参数显示在列表中，如图 8-19 所示。

（2）单击选择需要关联的参数，如单击"零件几何体 \ 草图 .1\ 偏移 .12\Offset"。

图 8-19　驱动参数列表

（3）单击"添加公式"，"公式"对话框变成图8-20所示。

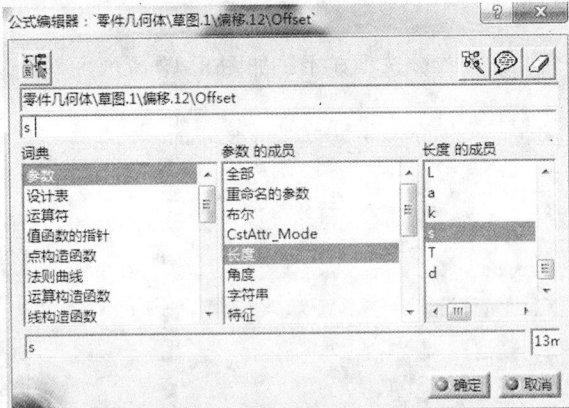

图8-20　参数关联列表

（4）"词典"选项中单击"参数"→在"参数的成员"列表中单击"长度"→"零件几何体＼草图 .1＼偏移 .12\Offset"。与用户参数"s"关联。

（5）拖动右侧滑块或单击黑三角，使参数"s"显示出来 →双击"s"，使之显示在文本框或直接在文本框中输入 s，单击"确定"即完成关联设置。

①零件几何体＼凸台 .2＼第一限制＼长度 =L+k；

②零件几何体＼凸台 .2＼草图 .2＼半径 .14＼半径 =d/2；

③零件几何体＼凸台 .1＼第一限制＼长度 =k；

④零件几何体＼螺纹 .1＼直径 =d；

⑤零件几何体＼螺纹 .1＼深度 =L−a；

⑥零件几何体＼螺纹 .1＼螺距 =T。

结果如图8-21所示，同时，在结构树上增加了关系选项，单击 关系 中的"+"，展开，如图8-22所示。

图8-21　完成的参数关联列表

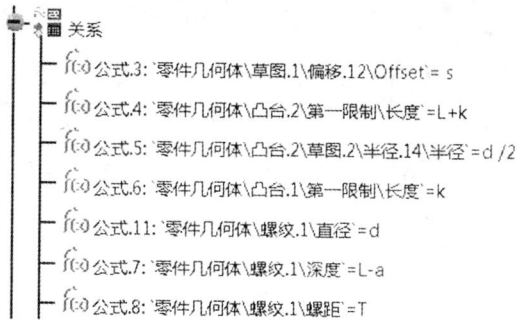

图 8-22 结构树展开"关系"显示

8. 创建设计表（Design Table）

要想生成一系列的零件（或标准件），必须以表格的形式管理零件的各个参数。

（1）建立设计表的方法

① 单击"知识工程"工具栏中"设计表"按钮▦，出现如图 8-23 所示的"创建设计表"对话框。

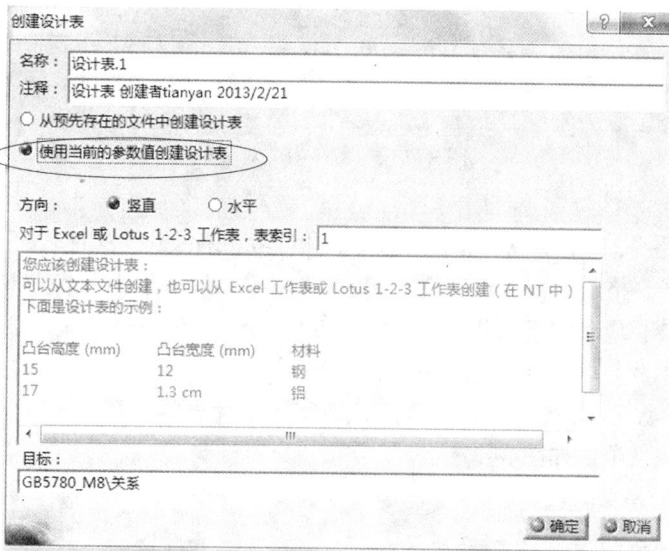

图 8-23 "创建设计表"对话框

② 在对话框中勾选"使用当前的参数值创建设计表"，表格方向"竖直"和"水平"皆可，单击"确定"，出现如图 8-24 所示的"选择要插入的参数"对话框。

③ 在对话框左侧"要插入的参数"列表中选择已建立的参数，单击对话框中间按钮，选定的参数会移入右侧"已插入的参数"列表中，把要插的参数 L、a、k、s、T、d 依次移入右侧"已插入的参数"列表中，单击"确定"，弹出如图 8-25 所示的保存设计表文件"另存为"对话框。

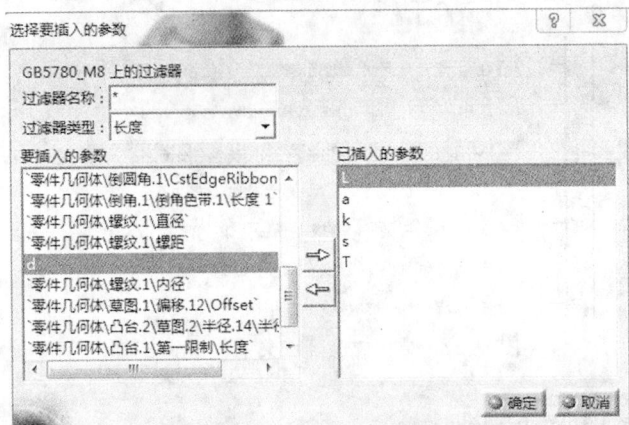

图 8-24 "选择要插入的参数"对话框

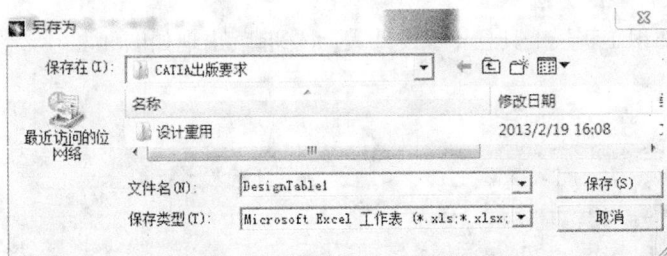

图 8-25 "另存为"对话框

④ 设置保存路径，保存在目标路径 D: \ 参数化练习 文件夹中，文件名默认为 DesignTabel，保存类型为 Excel 表格，单击"保存"，出现如图 8-26 所示的"设计表 .1 活动，配置 1"对话框，六角螺栓相应参数已经载入。

（2）保存设计表

单击图 8-26 所示对话框中的"确定"，即完成设计表的保存。同时，在左侧的结构树上会增加设计表选项，如图 8-27 所示。

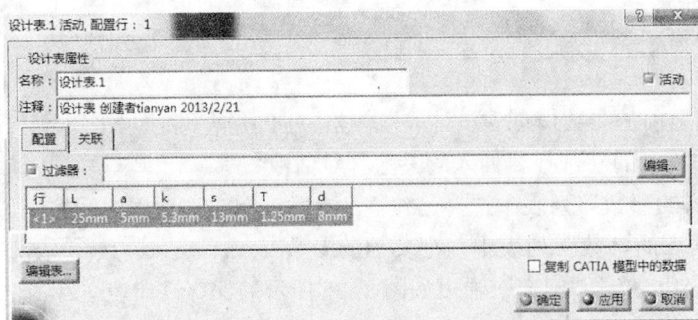

图 8-26 "设计表配置"对话框

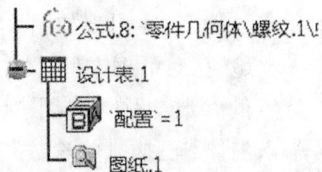

图 8-27 结构树上显示的设计表

9. 编辑 Excel 参数表格

如上所述，设计表 1 的基础已经建成，六角螺栓 M8 的参数已加载。但我们想要生成的是一系列的零件（或标准件），我们需要把该系列其他螺栓的驱动尺寸添加在设计表中，因此必须对设计表 1 进行编辑。可以由以下 3 种方法进入 Excel 参数表编辑界面：

（1）在没有单击图 8-26 对话框的“确定”前，我们可以单击对话框左下角的“编辑表”，即会出现如图 8-28 所示的 Excel 参数表。

（2）如果已经单击图 8-26 对话框的“确定”，我们可以双击如图 8-27 所示的结构树上的设计表或▦按钮，也会出现如图 8-28 所示的 Excel 参数表。

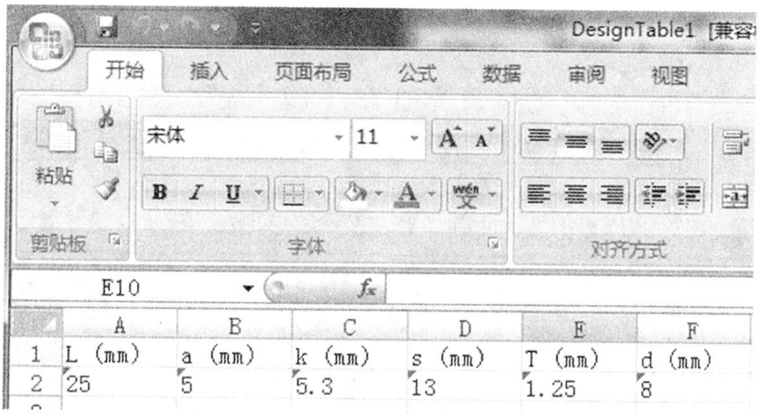

	A	B	C	D	E	F
1	L (mm)	a (mm)	k (mm)	s (mm)	T (mm)	d (mm)
2	25	5	5.3	13	1.25	8

图 8-28　Excel 参数设计表

（3）到根目录 D:\参数化练习 文件夹中，直接双击打开名为 DesignTabel 的 Excel 表格。

编辑 Excel 参数表的方法与普通 Excel 表格相同。右击，在左面第一列前插入一列，在第一行第一列中输入 PartNumber；按图 8-29 所示，把表 8-1 中 M5、M6、M10、M12 等参数输入，单击“保存”并退出。即会弹出如图 8-30 所示的“知识工程报告”对话框，提醒设计表 1 已经修改，同步设计表，单击“关闭”就可。

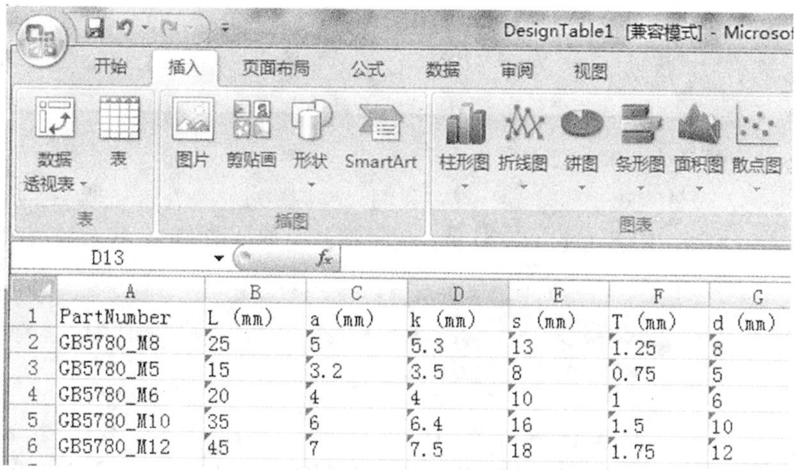

	A	B	C	D	E	F	G
1	PartNumber	L (mm)	a (mm)	k (mm)	s (mm)	T (mm)	d (mm)
2	GB5780_M8	25	5	5.3	13	1.25	8
3	GB5780_M5	15	3.2	3.5	8	0.75	5
4	GB5780_M6	20	4	4	10	1	6
5	GB5780_M10	35	6	6.4	16	1.5	10
6	GB5780_M12	45	7	7.5	18	1.75	12

图 8-29　编辑完成的 Excel 参数表

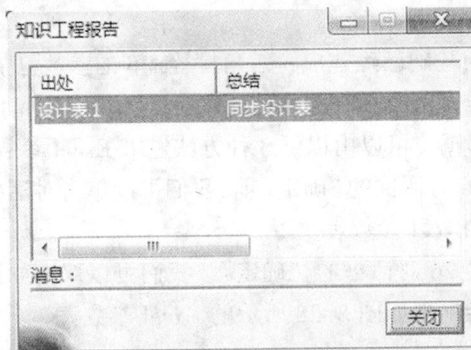

图 8-30 "知识工程报告"对话框

完成后，双击结构树上的"设计表.1"，设计表列表如图 8-31 所示。

> 📢 **特别提示**：Excel 参数表的第一行第一列必须是 PartNumber；注意 P 和 N 字母必须大写，其他为小写，中间不能有空格等，GB5780_M8 是基准零件名。

图 8-31 完成的设计表.1

10. 参数表驱动生成系列零件

如上所述，设计表 1 已经建成，现在我们只要调用就可使用参数驱动生成新的螺栓。

（1）双击结构树上设计表 .1 下配置或按钮，出现如图 8-32 所示的"编辑参数"对话框。

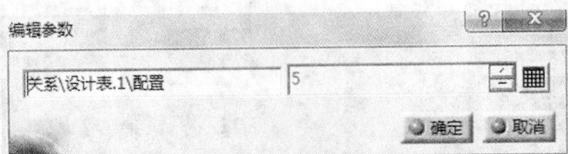

图 8-32 "编辑参数"对话框

（2）单击对话框最右侧按钮▦，弹出如图8-33所示的配置参数列表，选择所需配置，如第5行。

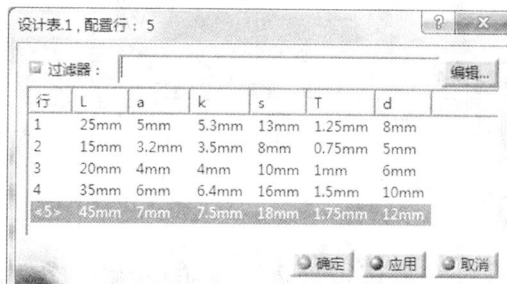

行	L	a	k	s	T	d
1	25mm	5mm	5.3mm	13mm	1.25mm	8mm
2	15mm	3.2mm	3.5mm	8mm	0.75mm	5mm
3	20mm	4mm	4mm	10mm	1mm	6mm
4	35mm	6mm	6.4mm	16mm	1.5mm	10mm
‹5›	45mm	7mm	7.5mm	18mm	1.75mm	12mm

图8-33 选择配置参数列表

（3）单击"确定"退出，如图8-34所示，绘图区域中零件由M8变成M12模型，参数也自动更改了。结构树如图8-35所示，配置变成了5。

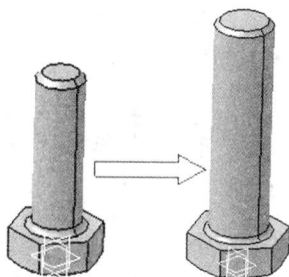

图8-34 模型自动更改结果

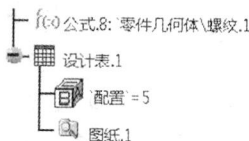

图8-35 结构树配置显示

11. 建立 CATALOG 零件库（标准件库）

上面我们已经建好了系列零件，为了方便使用，可以建立一个空白的 Catalog，把上述系列零件添加其中。具体方法如下。

（1）建 Catalog 库的方法有下列两种：

① 单击主菜单"开始"→"基础结构"→"目录编辑器"。

② 单击主菜单"新建"→在弹出的对话框的"文件类型"列表中选择"Catalog Document"。

随之出现如图8-36所示的"Catalog"编辑器。在该对话框中，我们可对其进行编辑，按章节（Chapter）、部件系列（Family）、零件系列的关系建好库结构，建立企业自己的标准库，并分类进行管理。

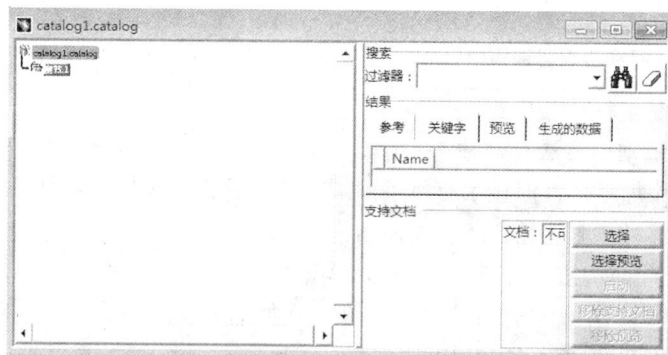

图8-36 "Catalog"编辑器对话框

（2）建立章节、部件系列的方法：

进入 CATIA 目录编辑器模块后，会弹出如图 8-37 所示的章节、数据、规格目录等工具栏。

图 8-37　目录编辑器常用工具栏

① 建立章节方法

单击章节工具栏中 ![按钮] 按钮，会在图 8-36 左侧的结构树上添加新的章节，章节下可以套章节，如同文件夹下可以套文件夹，如图 8-38 所示。

但一般是在章节下添加部件系列，部件系列下添加零件系列。

② 建立部件系列方法

单击章节工具栏中 ![按钮] 按钮，会弹出如图 8-39 所示的"系列定义"对话框，单击"确定"即完成。

> 📢 **特别提示**：在激活章节下，单击章节工具栏中 ![按钮] 按钮，部件系列会添加在所激活的章节下，如图 8-38 中将"部件系列 .1"添加在"章节 .6"下。如果章节没有激活，单击章节工具栏中 ![按钮] 按钮，部件系列会直接添加在结构树上，如图 8-38 中的"部件系列 .2"和"部件系列 .11"。

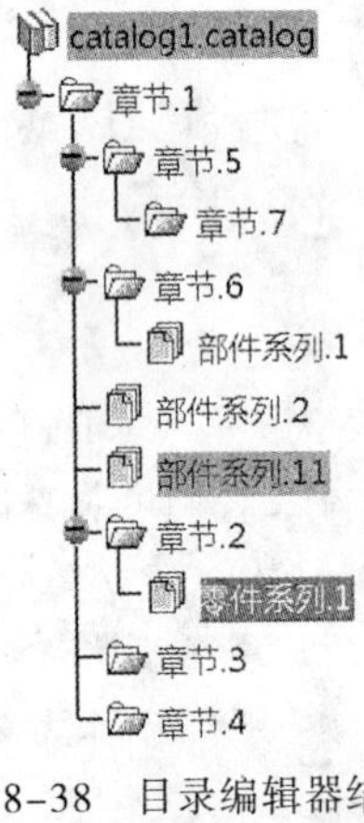

图 8-38　目录编辑器结构树

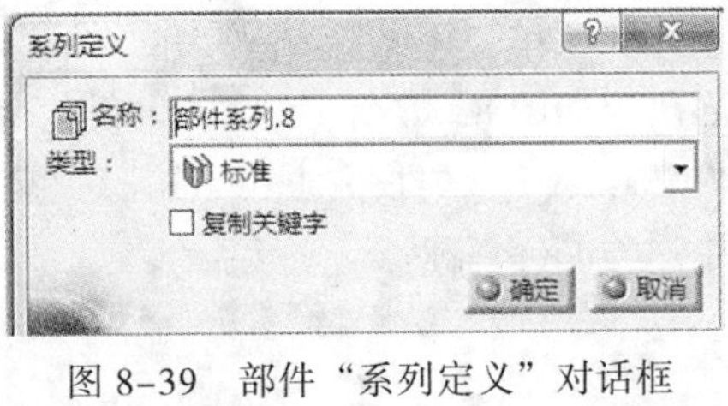

图 8-39　部件"系列定义"对话框

（3）添加零件系列的方法

添加零件系列的方法有两种：单击"章节"工具栏中 ![按钮] 按钮和单击"数据"工具栏中 ![按钮] 按钮，都可添加零件，但显示有所不同。章节工具栏中添加"零件系列"按钮和数据工具栏中添加"零件系列"按钮不会同时激活。

① 单击上述两按钮中任意一个，都会弹出如图 8-40 所示的"零件系列定义"对话框。

② 单击对话框中的"选择文档"按钮，在如图 8-41 所示的"选择文档"对话框中，选择前面已经创建的"GB5780_M8"文件。

③ 再单击"打开",即回到如图 8-40 所示的对话框界面。

④ 单击对话框中的"确定"按钮完成零件系列的添加,返回工作界面。在工作窗口单击"预览"选项,结果如图 8-42 所示。

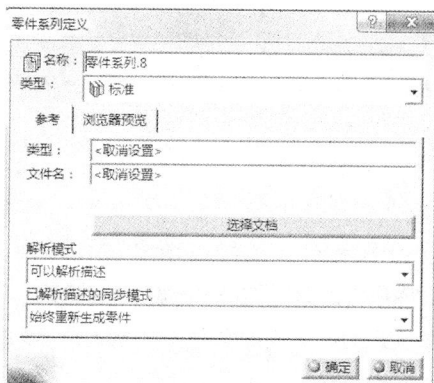

图 8-40 "零件系列定义"对话框

图 8-41 "选择文档"对话框

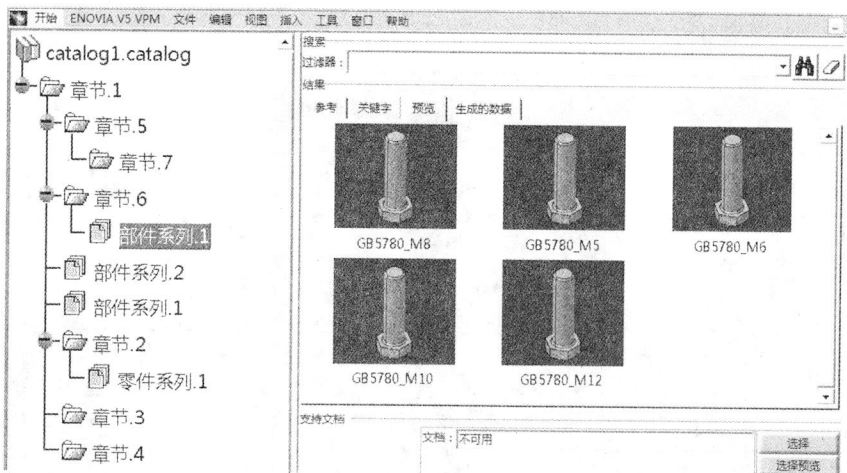

图 8-42 部件系列下添加零件结果预览

特别提示：

① "章节" 下添加 "零件系列" 和 "部件系列" 下添加 "零件系列" 在显示上有所不同。

② 部件系列下添加的零件系列，零件系列不显示在结构树上，如图 8-42 所示。双击部件系列 .1 → 单击 "数据" 工具栏中 ▓ 按钮（章节工具中添加零件系列按钮不在激活状态）→ 选择添加零件 "GB5780_M8" → 确定后，零件系列并没有显示在部件系列 .1 下。单击部件系列 .1 → 再单击 "预览"，GB5780 系列零件直接显示在结果栏中。

③ 章节下添加零件系列，零件系列显示在结构树上，如图 8-43 所示。双击章节 .2 → 单击章节工具条中 ▓ 按钮 → 选择添加零件 GB5780_M8 → 确定后，零件系列 .1 显示在章节 .2 下。单击章节 .2 → 再单击 "预览"，如图 8-43 所示，结果栏中只显示零件系列 .1。如图 8-44 所示，单击零件系列 .1 → 再单击 "预览"，结果栏中才显示 GB5780 系列零件。

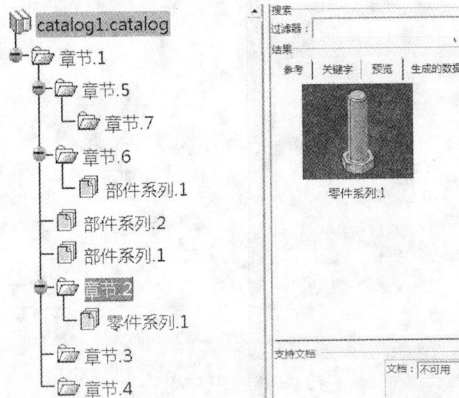

图 8-43　章节下添加零件结果预览

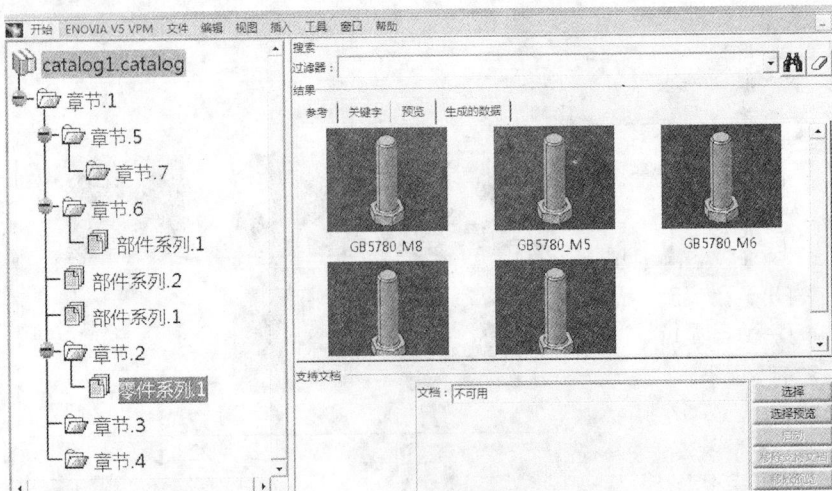

图 8-44　零件系列下结果预览

（4）关键字（Keywords）的建立方法

关键字用来定义章节和类的特征，关键字的值可以帮助用户排列或查询引用
（references）。

① 单击激活零件系列 .1 。

② 单击数据工具栏中关键字按钮 ，弹出如图 8-45 所示的"关键字定义"对话框。

③ 在对话框中输入关键字名称"Keyword11"。

④ 在"类型"下拉列表中选择关键字类型属性——"长度"。

⑤ 设置默认值。

⑥ 单击对话框中的"确定"按钮，完成关键字定义。

依上述办法，添加其他类型的标准件，可形成企业内部的基于 Catalog 的一个零件库
或标准件库。

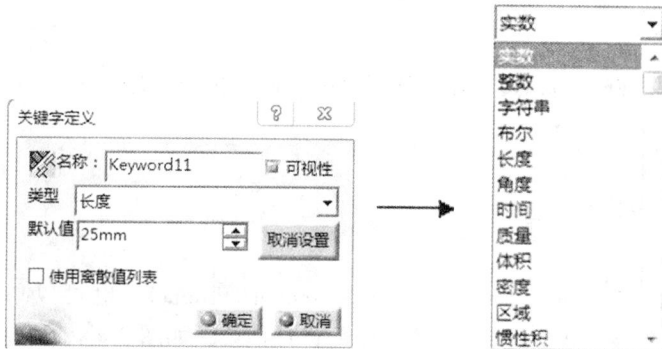

图 8-45　"关键字定义"对话框

12. 标准件库的管理

一个完整的标准件库，由"标准模型"、"设计表格"、"Catalog 文件"组成，企业内
部需要有专人管理和维护。建议按图 8-46 所示的目录结构组织磁盘文件。做好的标准件
库放到企业服务器的专门目录中，设好权限，供设计人员使用。

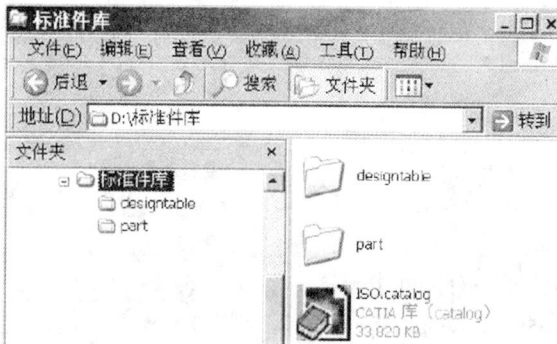

图 8-46　目录结构

任务 3　零件库的使用

任务要求

1. 启动 CATIA，新建装配文件。
2. 直接调用 catalog1.catalog 中 GB5780_M10。

相关知识

标准件库建好之后，我们在设计产品的时候就可以利用 Catalog 浏览器来插入所需标准件。

任务 3　解决方案

1. 如图 8-47 所示，新建装配文件 Product1.Product。也可以单击主菜单"开始"→"机械设计"→"装配设计"→进入装配设计模块，如图 8-48 所示。

图 8-47　新建装配文件

图 8-48　进入装配模块方式

2. 单击常用工具栏上的 ◇ 按钮，弹出如图 8-49 所示的"目录浏览器"对话框，调入标准件库。

3. 单击"目录浏览器"对话框中 ☞ 按钮，弹出如图 8-50 所示的"查找文件"对话框。选择任务 2 中建成的 catalog1.catalog 文件，单击"打开"。

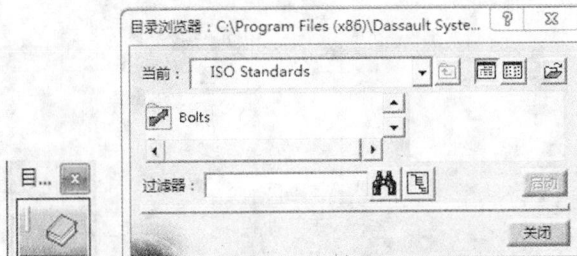

图 8-49　"目录浏览器"对话框

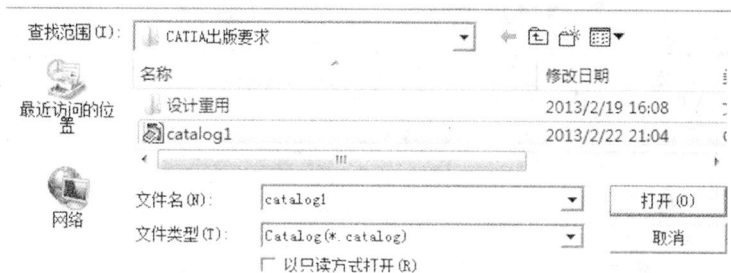

图 8-50 "查找文件"对话框

4. 回到目录浏览器对话框，如图 8-51 所示，零件库 catalog1 显示其中。依次双击部件和零件系列图标。零件系列显示在列表中，如图 8-52 所示。

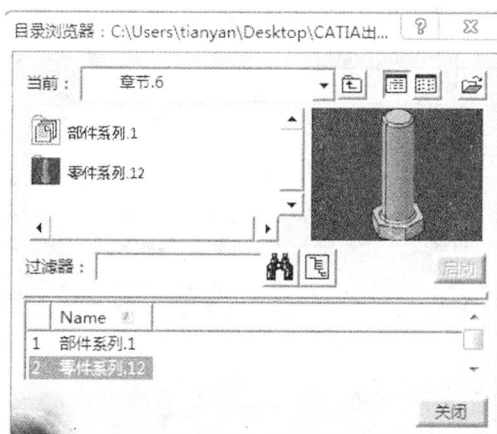

图 8-51 章节显示列表

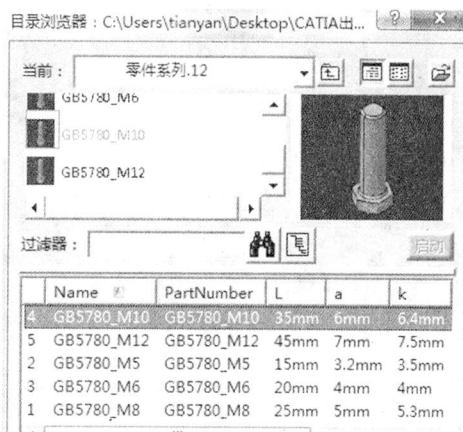

图 8-52 零件系列显示列表

5. 双击 GB5780_M10，出现如图 8-53 所示的"预览"对话框。单击"确定"，M10 的螺栓即加载完成。结构树如图 8-54 所示，零件也显示在绘图区域。

至此，我们已经完成零件库或标准件库的建立和调用。减少系列零件的重复建模，可大大提高设计效率。

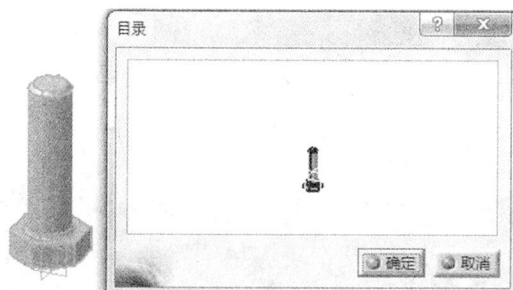

图 8-53 "预览"对话框

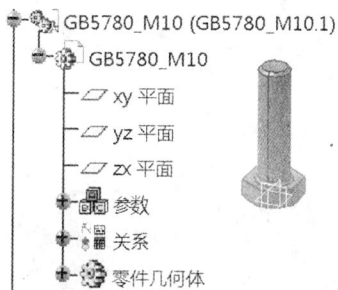

图 8-54 完成加载后的结构树

思考与练习 8

1. 熟悉 CATIA 参数化设计工作环境设置。

2. 如何建立用户参数？

3. 如何建立参数关联？

4. 如何创建设计表？

5. 编辑 Excel 参数表格方法有几种？如何编辑？有何要求？

6. 如何使用参数表驱动零件？

7. 如何建立标准件库？怎样添加系列零件？建立 ISO_4034_HEXAGON 系列 M10、M12、M16、M24、M30 六角螺母标准件库。

8. 怎样才能在装配中应用系列零件？

项 目 9

钣金设计

学习目标

1. 了解钣金设计流程。
2. 熟悉钣金设计工作环境。
3. 熟练掌握第一钣金壁和附加钣金壁的创建方法。
4. 掌握钣金的折弯与展开的生成方法。
5. 掌握钣金的切削及成形特征的建立方法。

任务 1　钣金设计基础

任务要求

1. 了解 CATIA 钣金设计流程。
2. 熟悉钣金设计环境。
3. 掌握钣金的参数设置。

相关知识

1. 钣金设计介绍

　　钣金件一般是指利用金属的可塑性，针对具有一定厚度（5mm以下）的金属薄板通过折弯、剪切、成形等工艺，制造出零件，然后通过焊接、铆接等组装成完整的钣金件，其特点是同一产品的厚度一致。由于钣金件成形具有极高的材料利用率、重量轻、设计及其操作便捷，故而应用十分普遍，几乎占据各行各业，如机床、电器、汽车、仪器仪表和航空航天等，日常生活中也十分普遍，市场中的钣金零件占全部金属制品的 80% 左右。

2. 钣金设计基本过程

CATIA 钣金设计模块进行钣金结构设计的基本过程如下：

第一步：新建一个钣金模型，进入钣金设计环境。

第二步：设置钣金参数。

第三步：以钣金件所支持或保护的内部零件大小和形状为基础，创建第一钣金壁（主要钣金壁）。

第四步：在创建第一钣金壁后，需要在其基础上添加另外的钣金壁，即附加钣金壁。

第五步：在钣金模型中，还可随时添加一些实体特征，如实体切削、孔特征、圆角和倒角等。

第六步：创建钣金孔和切口特征，为钣金的折弯做准备。

第七步：进行钣金的折弯与展平。

最后，创建工程图。

3. 钣金设计环境介绍

首先，启动 CATIA 软件，然后单击"开始"菜单→"机械设计"→"创成式钣金设计"，在弹出对话框中选择 □ 启用混合设计 复选框，单击"确定"按钮。通过"文件"菜单→"打开"命令，打开一个钣金文件即进入如图 9-1 所示的"创成式钣金设计"窗口。

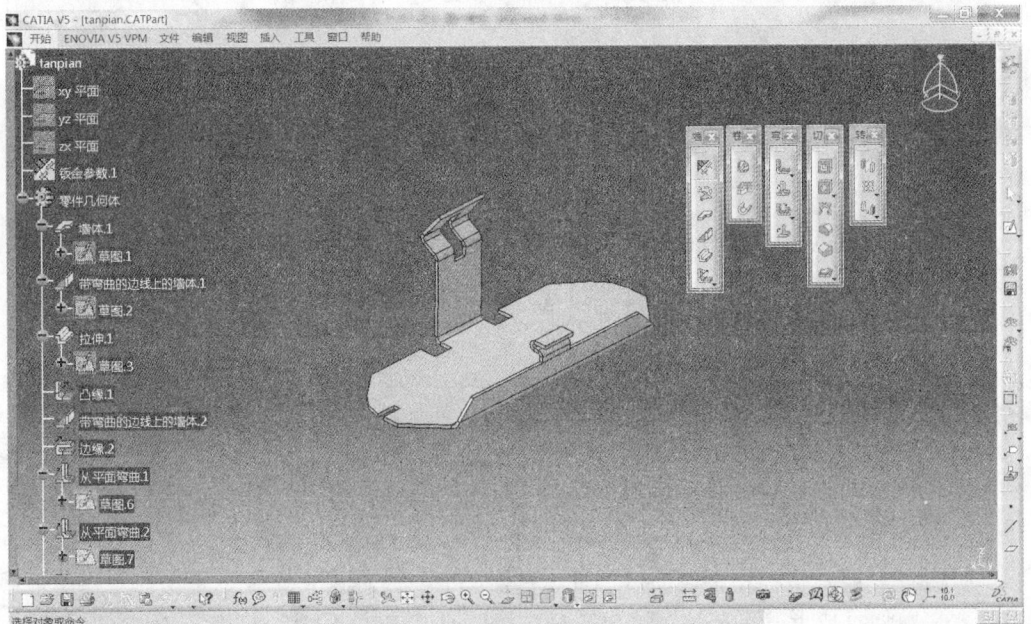

图 9-1 钣金设计工作环境

钣金设计常用的工具栏如图 9-2 所示。

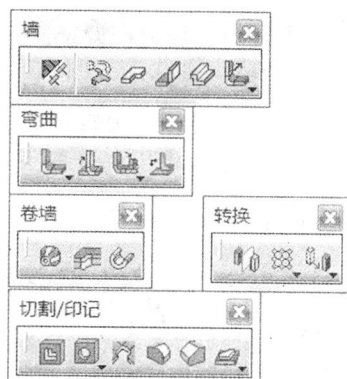

图 9-2 钣金设计常用工具栏

4. 创建钣金设计文档

进入钣金设计环境可以通过以下方式：

（1）菜单法：启动 CATIA 软件后，选择主菜单"开始"→"机械设计"→"创成式（或者自发性）钣金设计"即可，如图 9-3（a）所示。

（2）新建文档法：选择"文件"主菜单→"新建"或单击"标准工具栏上的"新建"按钮，此时系统会弹出"新建"对话框，如图 9-3（b）所示，选择"Part"文件类型，单击"确定"按钮，新建一个文件。然后，进行切换工作台的操作，将系统切换到"创成式（或者自发性）钣金设计"工作台。

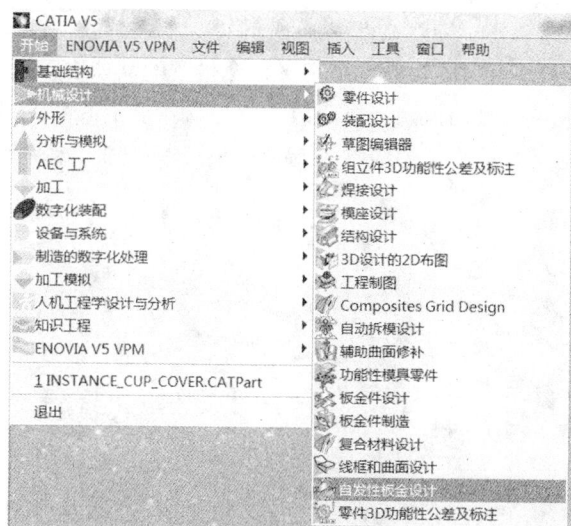

（a）菜单法

（b）新建文档法

图 9-3 创建钣金设计文档

5. 钣金的参数设置

在创建第一钣金壁前首先需要对钣金的参数进行设置，然后再创建第一钣金壁，否则钣金设计模块的相关钣金命令处于不可用状态。钣金参数的设置可以极大地提高了设计效率以及使钣金件在完成后能顺利地加工及精确地展开。选择下拉菜单"插入"→"钣金参数…"命令，弹出如图 9-4 所示的"钣金件参数"对话框，界面中包含 3 项。

> 📢 **特别提示**：初次进入"创成式钣金设计"环境，所有的命令都是灰色的失效模式，这是由于还没有设置钣金的参数（厚度、折弯半径、过度方式等）所致，所以在进入创成式钣金模块的首要操作是设置钣金参数。

在"钣金件参数"对话框的"参数"选项卡中输入"厚度"值用于设置钣金厚度及"顺接曲面半径"用于设置默认的钣金折弯半径，单击"板件标准档…"按钮后，用户可以在相应的目录中载入钣金设计参数表。

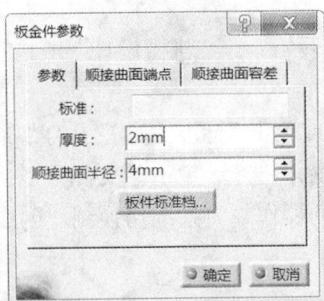

图 9-4 "钣金件参数"对话框

图 9-5 "顺接曲面端点"选项卡

其"顺接曲面端点"选项卡如图 9-5 所示，该选项卡可定义钣金折弯的默认末端形式，单击 右下角按钮会出现多种过渡方式，主要是控制当折弯钣金与母材宽度不同时的过渡情况，如图 9-6 所示。L1 与 L2 用于定义"最小方形清除"与"最小圆形清除"末端形式的默认宽度与长度。

图 9-6 各种折弯过渡方式 图

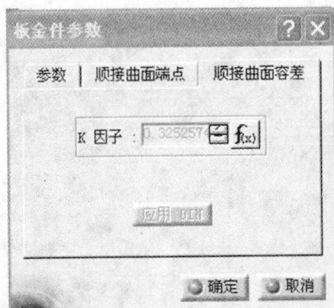

图 9-7 "顺接曲面容差"选项卡

其"顺接曲面容差"选项卡如图 9-7 所示，用于设置钣金的默认折弯系数，其中"K 因子"文本框用于指定折弯系数 K 的值；"$f(x)$"用于打开允许更改驱动方程的对话框；"应用 DIN"按钮用于根据 DIN 公式计算并应用折弯系数。

> 📢 **特别提示**："顺接曲面容差"，这是一个比较高级的设置项，是建立在对钣金材料加工的经验积累上，在此暂不作研究（这点并不影响对建模方法的了解和熟悉）。

任务 1　解决方案

1. 双击电脑桌面 CATIA 图标快速启动 CATIA。
2. 单击主菜单"开始"→"机械设计"→"创成式钣金设计"，进入钣金设计工作台。
3. 单击主菜单"文件"→"保存"→在对话框中选择 D 盘 →创建新文件夹并重命名为"CATIA 练习"→打开"CATIA 练习"文件夹→将新建零件取名为"tanpian"→"保存"。
4. 单击窗口右上角"关闭"按钮，安全退出 CATIA。

任务 2　钣金壁的创建

任务要求

1. 掌握"墙"工具栏、熟悉第一钣金壁的各种创建方法。
2. 熟悉第一钣金壁和附加钣金壁的各种创建方法。
3. 完成钣金件"tanpian"的建模（如图 9-8 所示）。

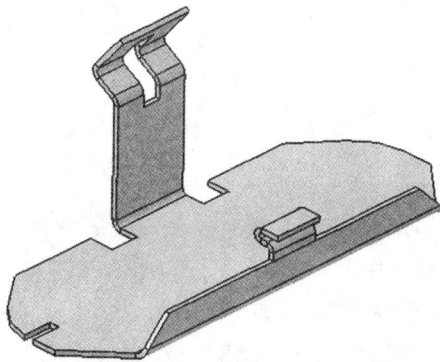

图 9-8　例图

相关知识

钣金壁是指厚度一致的薄板，它是一个钣金零件的"基础"，其他的钣金特征（如冲孔、成形、折弯和切割等）都要在这个"基础"上创建，因而钣金壁是钣金件中最重要的部分。钣金壁操作的有关命令位于"插入"下拉菜单的"墙"和"弯墙"子菜单中。

1. 平整类型的第一钣金壁

平整钣金壁是一个平整的薄板如图9-9所示，在创建这类钣金壁时，需要先绘制钣金壁的正面轮廓（必需为封闭的线条），然后给定钣金厚度值即可，其操作过程如下：

（1）新建一个钣金模型，将其命名为 Wall。

（2）设置钣金参数的"厚度"值为3，"顺接曲面半径"值为2；在"顺接曲面端点"选项中选择"没有清除的最小值"。

（3）单击工具栏"墙"按钮 ，弹出如图9-10所示的对话框。

（4）定义截面草图。单击 按钮，选择 xy 为草绘平面，绘制如图9-11所示的截面草图，完成后退出草绘环境，如图9-12所示。

（5）单击"确定"按钮，完成平整钣金壁的创建。

图 9-9　平整钣金壁　　　　　　　　　　　　图 9-10　"墙定义"对话框

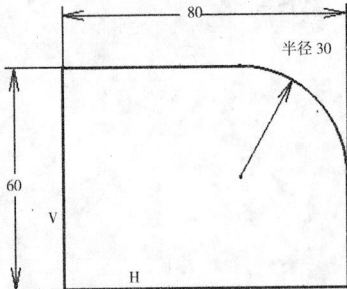

图 9-11　截面草图　　　　　　　　　　　　　图 9-12　完成草绘

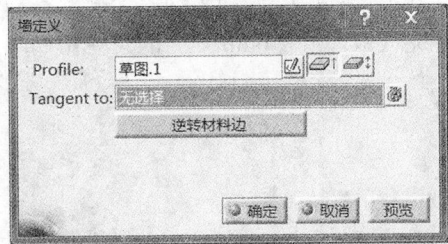

图 9-10"墙定义"对话框中的各选项说明：

"Profile"文本框：单击此文本框，用户可在绘图区选取钣金壁的轮廓。

按钮：单击此按钮，使钣金壁在草图的一侧。

按钮：单击该按钮，使钣金壁在草图的两侧，并且相对草图平面对称。

<u>逆转材料边</u>按钮：用于转换材料边，即钣金壁的创建方向。

"Tangent to"区域：用于定义与钣金壁的相切金属特征。

2.拉伸类型的第一钣金壁

在创建拉伸钣金壁时，需要先绘制钣金壁的侧面轮廓草图，然后给定拉伸深度，形成薄壁实体（如图 9-13 所示），其与平整钣金壁最大的不同在于拉伸钣金壁的轮廓草图不一定是封闭的，而平整钣金壁的轮廓草图必须是封闭的。创建拉伸钣金壁的一般操作过程如下：

图 9-13　拉伸钣金壁

（1）新建一个钣金模型，命名并设置钣金参数的"厚度"值为 3，"顺接曲面半径"值为 2。

（2）单击工具栏"拉伸"按钮⟋，弹出如图 9-14 所示的"挤出定义"对话框。

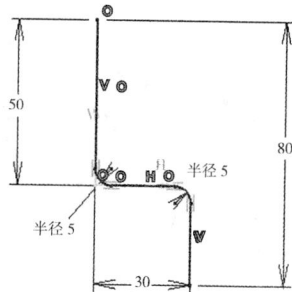

（3）定义草图截面。单击按钮▣，选择 yz 平面，绘制如图 9-15 所示的截面草图，完后退出草绘环境。

（4）设置拉伸参数。在"限制 1 尺寸"下拉列表中选择"限制 1 尺寸"选项，在后文本框中输入 100，"限制 2 尺寸"输入 0。

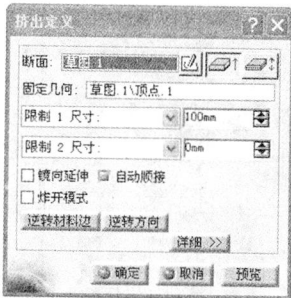

（5）单击"确定"按钮，完成创建。

图 9-14　"挤出定义"对话框

图 9-15　截面草图

图 9-14"挤出定义"对话框部分说明如下：

"断面"文本框：定义拉伸钣金壁的轮廓。

"限制 1 尺寸"下拉列表：用于定义拉伸第一方向属性。

□镜向延伸复选框：用于镜像当前的钣金壁。

□自动顺接复选框：选中后，当草图有尖角时，系统自动创建圆角。

□ 炸开模式 复选框：用于设置分解，选中后依照草图实体的数量自动将钣金壁分解为多个单位。

逆转材料边 按钮：用于转换材料边，即钣金壁的创建方向（如图 9-16 所示）。

逆转方向 按钮：单击此按钮，可反转拉伸方向（如图 9-17 所示）。

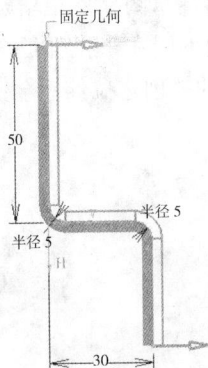

图 9-16　逆转材料边

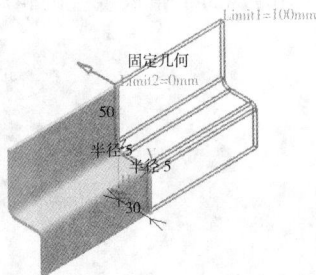

图 9-17　逆转方向

3. 将实体零件转化为第一钣金壁

创建钣金壁还有另一种方式，就是先创建实体零件，然后将实体零件转化为钣金件。下面以图 9-18 右图所示的模型为例讲解其创建的一般操作步骤。

（1）首先，建立一个如图 9-18 左图所示的实体零件。

（2）在工具栏中单击"辨识"按钮 ，弹出如图 9-19 所示的"辨识定义"对话框。

（3）单击"参考修剪面"文本框，选取如图 9-20 所示的面为参考平面，选中 □ 完整辨识 复选框，其他选项采用默认设置，单击"确定"完成创建。

图 9-18　将实体零件转化为第一钣金壁

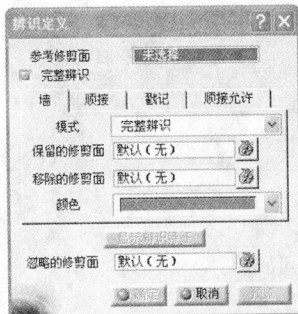

图 9-19　"辨识定义"对话框

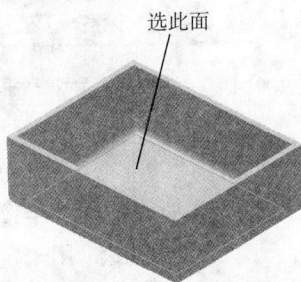

图 9-20　定义识别参考平面

4. 平整附加钣金壁

　　平整附加钣金壁是一种正面平整的钣金壁，其厚度与主钣金壁（即第一钣金壁）相同，该方式只能在其他钣金壁上创建，其一般操作过程如下：

　　（1）单击工具栏"边线上墙"按钮 ⬚，弹出如图 9-21 所示的"边线墙定义"对话框。

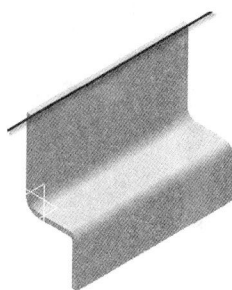

　　（2）设置折弯类型。在"型式"下拉列表中选择"自动"选项。

　　（3）定义附着边。选择如图 9-22 所示的边为附着边。

　　（4）设置高度和折弯参数。在 ⬚ 下拉列表中选择"高度"选项，在其后文本框中输入 50，在 ⬚ 下拉列表中的"角度"选项，在其后文本框中输入 120，⬚ 下拉列表中选择 ⬚ 选项。

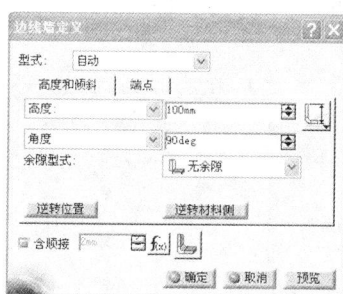

图 9-21　"边线墙定义"对话框　　　　　图 9-22　定义附着边

　　（5）设置折弯弧度。在对话框中选中 ⬚ 含顺接 复选框。

　　（6）单击"确定"，完成创建，如图 9-23 所示。

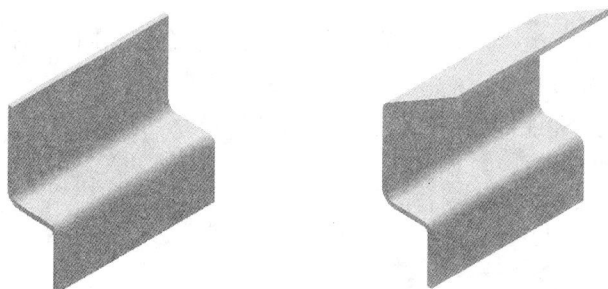

图 9-23　创建平整钣金壁前后图

　　图 9-21 "边线墙定义"对话框部分说明如下：

　　"型式"下拉列表：用于设置创建折弯的类型。

　　⬚ 无余隙 下拉列表：用于设置钣金壁与附着钣金壁的位置关系。

　　⬚ 逆转位置 按钮：用于改变钣金壁的位置，如图 9-24 所示。

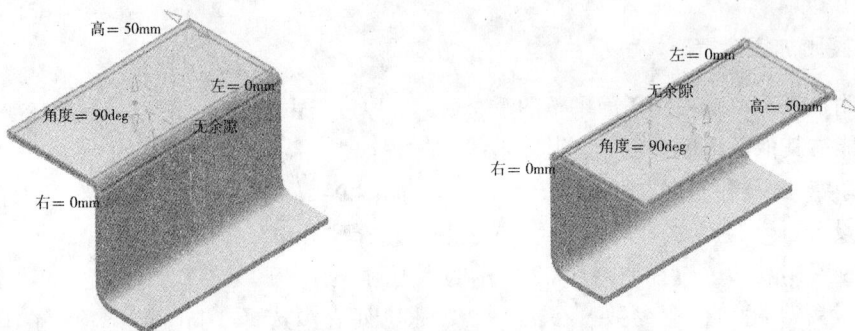

图 9-24 逆转位置

逆转材料侧 按钮：用于改变钣金壁在附着边的位置，如图 9-25 所示。

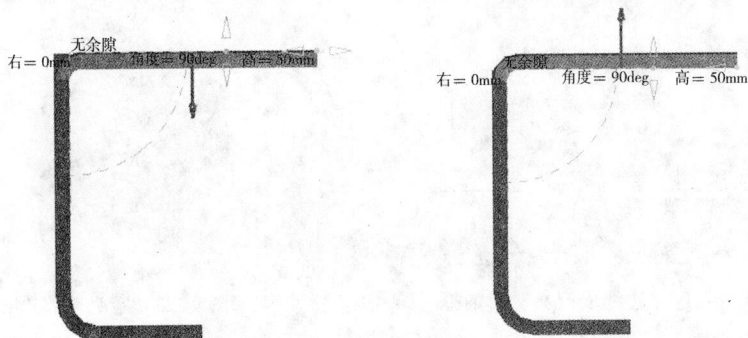

图 9-25 逆转材料侧

5. 轮缘

是一种可定义其侧面形状的钣金壁，厚度与第一钣金壁相同。同样只能创建在其他钣金壁上。其一般操作过程如下：

（1）单击工具栏"轮缘"按钮 ，弹出如图 9-26 所示的对话框。

（2）定义附着边，如图 9-27 所示。

（3）定义创建的凸缘类型,在对话框的 基本 下拉列表中选择"基本"选项。

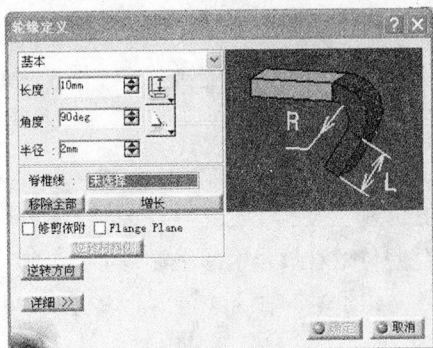

图 9-26 "轮缘定义"对话框

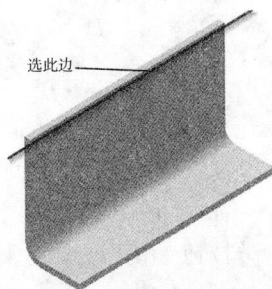

图 9-27 定义附着边

（4）设置凸缘参数。在"高度"文本框中输入数值10，然后在 下拉列表中选择选项 ；在"角度"文本框中输入数值90，在其后的 下拉列表中选择 选项；在"半径"文本框中输入值2。

（5）单击"确定"，完成创建，如图9-28所示。

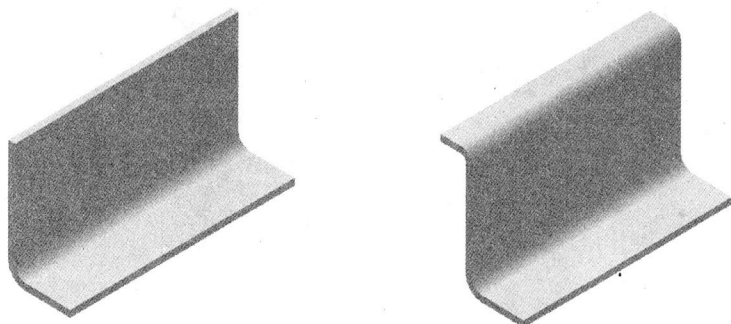

图9-28　轮缘创建前后

图9-26"轮缘定义"对话框部分说明如下：

下拉列表：用于设置凸缘的类型。

下拉列表框：用于设置长度的方式。

"角度"文本框：定义凸缘的折弯角度。

下拉列表：设置限制弯曲角的方式。

"脊椎线"文本框：激活此文本框，选取凸缘的附着边。

按钮：清除所有已选的附着边。

按钮：用于选择与所选择的附着边相切的所有边。

复选框：指定凸缘创建的相对位置，选择时附着在内侧，取消后附着在外侧，如图9-29所示。

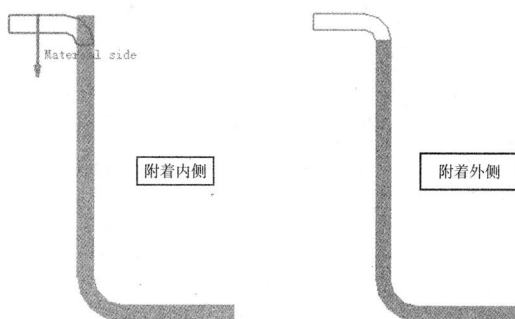

图9-29　凸缘的相对位置

按钮：当 □修剪依附 与 □Flange Plane 中有一个被选中时才可操作，用于更改材料与附着边的相对位置。

按钮：用于显示"轮缘定义"对话框的更多参数。

6. 边缘

是一种可以定义其侧面形状的钣金壁，厚度与第一钣金壁相同，与凸缘的不同之处在于边缘的角度是不能定义的。同样也只能附着于其他钣金壁上，其一般操作过程如下：

（1）单击工具栏"预弯刀"按钮，弹出如图9-30所示的对话框。

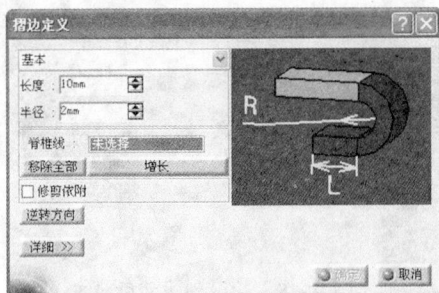

图9-30 "边缘定义"对话框

（2）定义附着边。在图9-31所示处选择附着边。

（3）定义边缘类型。在"边缘定义"对话框的 基本 下拉列表中选择"基本"选项。

（4）设置边缘参数。"长度"值为10，"半径"值为2，取消 □修剪依附。

（5）单击"确定"按钮，完成创建，如图9-32所示。

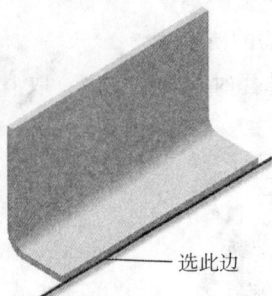

图9-31 定义附着边

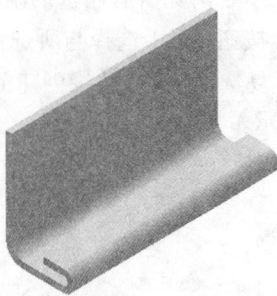

图9-32 创建边缘后

7. 滴料折边

滴料折边是一种可以定义其侧面形状的钣金薄壁，并且其开放端的边缘与第一钣金壁相切，其厚度与第一钣金壁相同，只能依附于其他钣金壁上。下面以图9-33所示为例介绍其一般创建过程。

（1）单击工具栏"泪滴"按钮，弹出图9-34所示的"泪滴定义"对话框。

（2）选取图9-35所示的边为附着边。

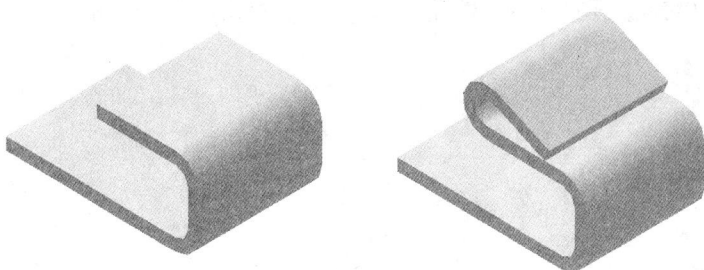

图 9-33 滴料折边

（3）在对话框的 基本 ▼ 下拉列表中选择"基本"选项；输入"长度"值为
10，"半径"值为 2；取消 □修剪依附 复选框；单击 逆转方向 按钮，调整至图 9-33 所示的方向，
单击"确定"按钮，完成创建。

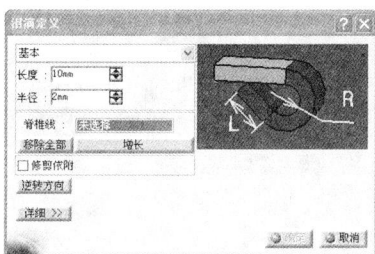

图 9-34 "泪滴定义"对话框

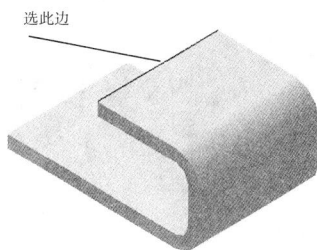

图 9-35 定义附着边

8. 自定义凸缘

是一种可以自定义其截面形状的钣金薄壁，壁厚与第一钣金壁相同，同样依附于其
他钣金壁上。下面以图 9-36 为例讲解其创建的一般步骤。

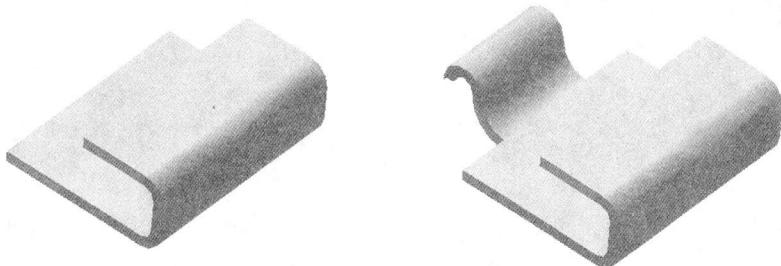

图 9-36 自定义凸缘

（1）单击工具栏"自定轮缘"按钮 ，弹出图 9-37 所示的"使用者轮缘定义"对话框。
（2）选取图 9-38 所示的边为附着边。
（3）单击 按钮，选取图 9-38 所示的模型表面为草绘表面，绘制图 9-39 所示的截
面草图，完后退出草绘环境。

（4）选取图9-38所示的平面1为第一限制面，平面2为第二限制面，单击"确定"按钮，完成创建。

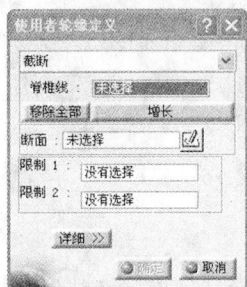

图9-37 "使用者轮缘定义"对话框   图9-38 定义附着边

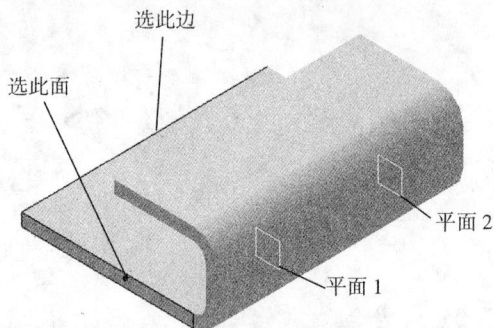

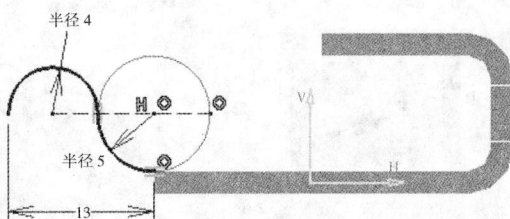

图9-39 截面草图

9. 止裂槽

当附加钣金壁部分与附着边相连，并且弯曲角度不为0时，需要在连接处的两端创建止裂槽，否则弯曲部分的局部应力会过大，从而导致龟裂或材料的堆积。止裂槽的种类有扯裂止裂槽、矩形止裂槽、圆形止裂槽、线性止裂槽、相切止裂槽、闭合的止裂槽和平直接合的止裂槽如图9-40所示。

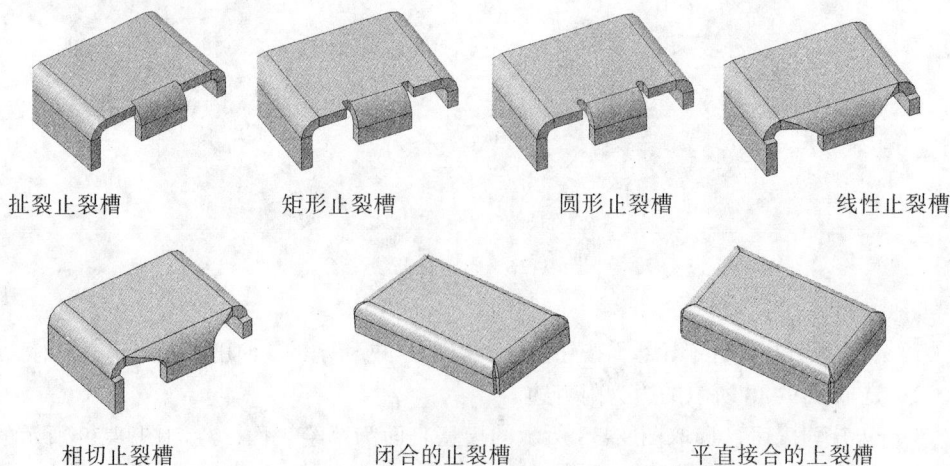

扯裂止裂槽   矩形止裂槽   圆形止裂槽   线性止裂槽

相切止裂槽   闭合的止裂槽   平直接合的上裂槽

图9-40 不同类型的止裂槽

（1）设置折弯的类型。在"边线墙定义"对话框的"型式"下拉列表中选择"自动"选项。

（2）定义附着边。在绘图区选择如图9-41（a）所示的边线为附着边。

（3）设置平面钣金壁的高度为50，角度为90，余隙型式为无余隙。

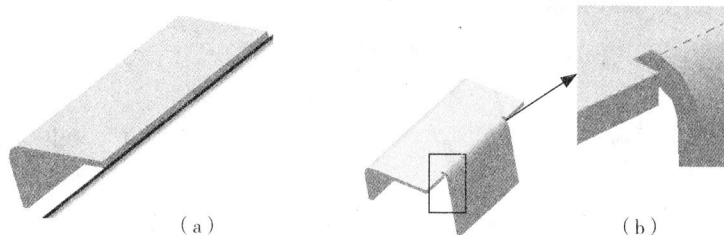

图9-41　创建矩形止裂槽

（4）设置端点。在"左偏移"文本框中输入数值-20，"右偏移"文本框中输入数值为-20，选中 合顺接 复选框。

（5）设置止裂槽。单击 按钮，弹出"顺接定义"对话框，在"左侧端点"选项卡 下拉列表中选择"Minimun with spuare relief"选项 ；单击"右侧端点"选项卡，在 下拉列表中选择"Minimun with spuare relief"选项 ，单击 关闭 按钮，完成设置。

（6）单击"确定"，完成创建。

任务2　解决方案

1. 双击打开目标文件"D:\CATIA 练习 \tanpian，建立"tanpian"钣金模型。

2. 单击主菜单"开始"→"机械设计"→"创成式钣金设计"，进入钣金设计工作台。

3. 设置钣金参数。单击工具栏"钣金参数"按钮 ，弹出"钣金件参数"对话框。设置其"厚度"为0.5，"顺接曲面半径"为0.5，选择"顺接曲面端点"选项卡，在 没有清除的最小值 下拉列表中选择"没有清除的最小值"，单击确定完成参数设置。

4. 创建如图9-42所示的墙体1。

（1）单击工具栏"墙"按钮 。

（2）定义截面草图。在对话框中单击 按钮，选取 xy 平面为草图平面。

（3）绘制截面草图。绘制如图9-43所示的截面草图，完后退出草绘环境。

（4）定义加厚方向。采用系统默认的加厚方向。

（5）单击"确定"，完成创建。

图9-42　墙体1

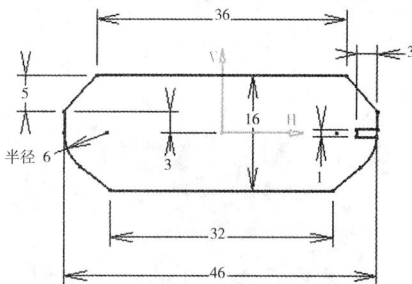

图9-43　截面草图

5. 创建如图 9-44 所示的带弯曲的边线上的墙 1。

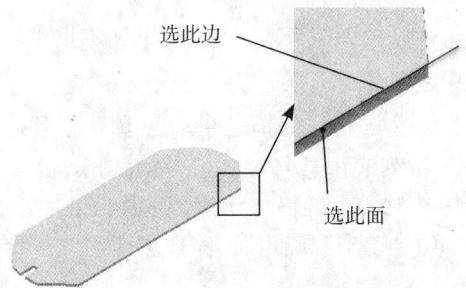

（1）单击工具栏"边线上墙"按钮 。

（2）在绘图区选取图 9-45 所示的边为附着边。

（3）在"型式"下拉列表中选择"草图基础"。

（4）单击 按钮，选取图 9-45 所示的模型表面为草绘平面，绘制图 9-46 所示的草图截面。

（5）在"余隙"下拉列表中选择 选项，在"数值"文本框中输入值 0.5，选中 复选框。

（6）单击 按钮，弹出"顺接定义"对话框，在 下拉列表中选择"Curved shape"选项 。

（7）单击"确定"，完成创建。

图 9-44　带弯曲的边线上墙 1

图 9-45　定义附着边

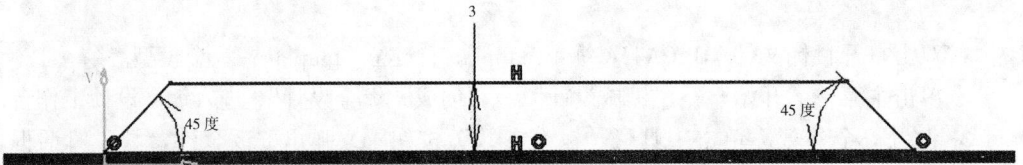

图 9-46　截面草图

6. 创建如图 9-47 所示的拉伸 1。

（1）单击工具栏按钮"拉伸"按钮 。

（2）选择 yz 平面为草绘面，绘制图 9-48 所示的截面草图。

（3）在对话框的 下拉列表中选择"限制 1 尺寸"选项，在其后文本框中输入值 2.5，并选中 自动顺接 复选框。

（4）单击"确定"，完成创建。

图 9-47　拉伸 1

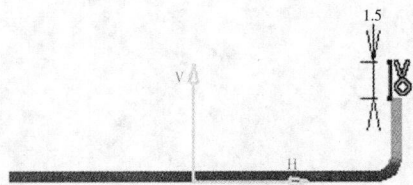

图 9-48　截面草图

7. 创建如图 9-49 所示的凸缘 1。

（1）单击工具栏"轮缘"按钮 。

（2）在绘图区选取图 9-50 所示的边为凸缘的附着边。

（3）在 基本 下拉列表中选择"基本"选项。在"长度"文本框中输入值为 0.8，"角度"为 90，在 下拉列表中选择 选项，在"半径"文本框中输入值 0.25，选中 修剪依附 。

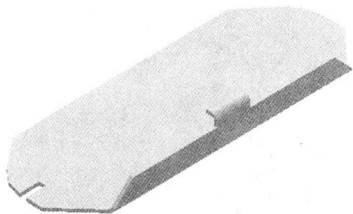

（4）单击"确定"，完成创建。

图 9-49 凸缘 1

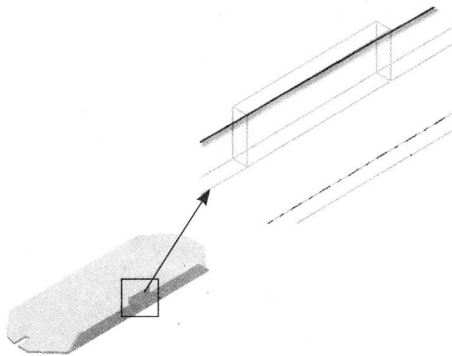

图 9-50 定义附着边

8. 创建如图 9-51 所示的边缘 2。

（1）单击工具栏"预弯刀"按钮 。

（2）定义图 9-52 所示的边为附着边。

（3）在对话框中的 基本 下拉列表中选择"基本"选项。设置凸缘参数。在"长度"文本框中输入值 2，"半径"文本框中输入值 0.25。

（4）单击"确定"，完成创建。

图 9-51 边缘 2

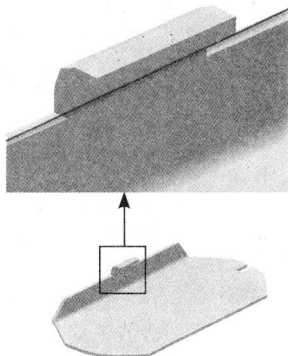

图 9-52 定义附着边

9. 创建如图 9-53 所示的带弯曲的边线上的墙体 2。

（1）单击工具栏按钮 ；

（2）在对话框中"型式"下拉列表中选择"自动"选项；选取图 9-54 所示的边为附着边；在 高度 下拉列表中选择"高度"选项，在其后的文本框中输入值 20，在 角度 下拉列表中选择"角度"选项，并在其后的文本框中输入 90，单击

⬛逆转材料侧 按钮调整材料侧方向；在"端点"选项卡中的"左限制"文本框中单击，选取 yz 平面，在"左偏移"文本框中输入值 4，在"右限制"文本框中单击，选取 yz 平面，在"右偏移"文本框中输入值 4，并选中 ⬛含顺接 复选框；单击 ⬛ 按钮，在弹出的对话框中单击 ⬛ 下拉列表，选择"Minimum with square relif"选项 ⬛，在"L1"文本框中输入默认设置值 2，在"L2"文本框中输入默认设置值 3；单击"右端点"选项卡操作方法及参数设置同前。

（3）单击"确定"，完成创建。

10. 保存钣金件模型文件。

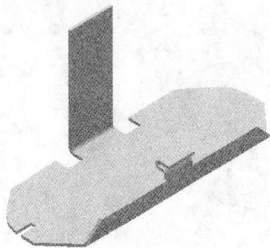

图 9-53 带弯曲的边线上的墙体 2   图 9-54 定义附着边

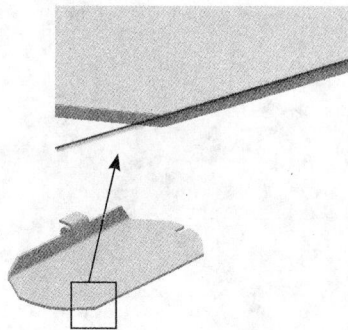

任务 3   钣金的折弯与展开

任务要求

1. 掌握"弯曲"工具栏的操作方法。

2. 熟悉钣金的折弯、钣金的展开、钣金的折叠、钣金的视图及钣金的重叠检查。

3. 继续完成钣金件"tanpian"的建模。

相关知识

"弯曲"工具条，提供了对已有钣金进行折弯、加圆角等操作。通过此工具条，可以将平面的钣金折弯，手动地添加钣金过度圆角等功能。

1. 柱面弯曲

即创建两个钣金壁之间的柱面折弯圆角，下面以图 9-55 为例讲解其创建的一般步骤。

（1）单击工具栏"弯曲"按钮 ⬛，弹出如图 9-56 所示的"弯曲定义"对话框。

（2）在绘图区依次选取图 9-57 所示的钣金壁 1 和钣金壁 2 为支持元素，单击"确定"按钮，完成创建。

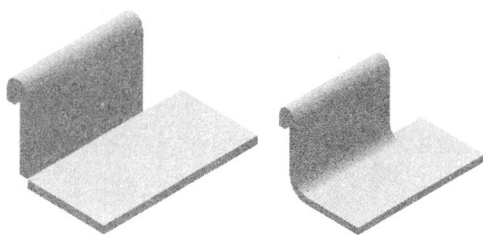

图 9-55 柱面弯曲

图 9-56 "弯曲定义"对话框

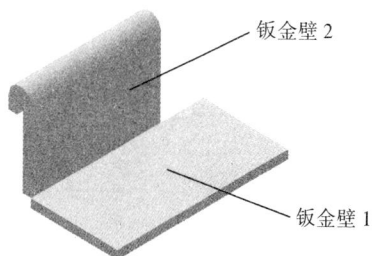

图 9-57 定义支持元素

2. 圆锥弯曲

即创建在两个钣金壁之间的锥面折弯圆角（如图 9-58 所示），其操作方法与柱面弯曲类同，不同之处是圆锥弯曲定义的左右侧半径不同。

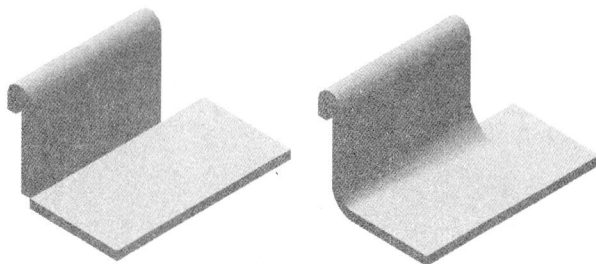

图 9-58 圆锥弯曲

3. 钣金的折弯

钣金折弯是将钣金的平面区域弯曲成某个角度，应注意折弯特征仅能在钣金的平面区域建立，不能跨越另一个折弯特征。

钣金折弯特征包括三个要素：折弯线用于确定折弯位置和折弯形状的几何线；折弯角度用于控制折弯的折弯程度；折弯半径用于定义折弯处的内侧或外侧半径。折弯操作一般过程如下：

（1）单击工具栏"由平坦弯曲"按钮 ，弹出如图 9-59 所示的"平坦至弯曲定义"对话框。

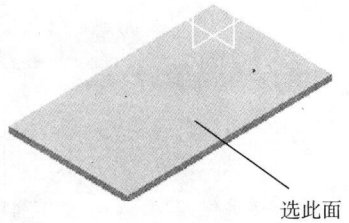

（2）绘制折弯草图。单击 按钮，选择如图 9-60 所示的模型表面为草绘平面，并绘制如图 9-61 所示的折弯草图，完后退出草绘环境。

（3）定义折弯线的类型。在 下拉列表中选择"轴"选项 。

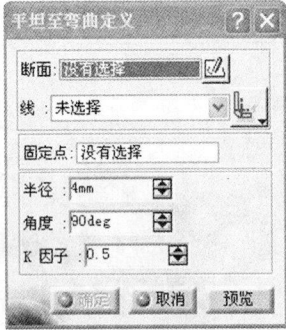

图 9-59 "平坦至弯曲定义"对话框

图 9-60 定义草图平面

（4）定义固定侧。单击"固定点"文本框，选择如图 9-62 所示的点为固定点以确定该点所在的一侧为折弯固定侧。

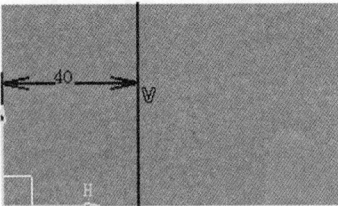

图 9-61 折弯草图

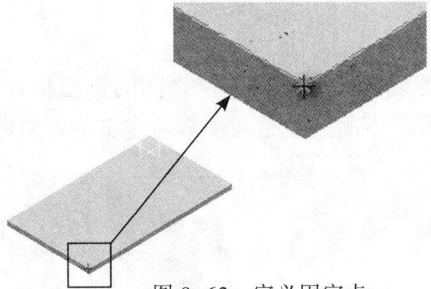

图 9-62 定义固定点

（5）定义弯曲参数。单击"半径"文本框后的 ，弹出如图 9-63 所示的"公式编辑器"窗口，在图中所示处修改，在"角度"文本框中输入 120，完成后单击"确定"。

说明：如在右下角修改将导致该模型的默认"顺接曲面半径"值被修改，在左上角修改仅改变当前值，且必需带单位，否则系统默认单位为 m。

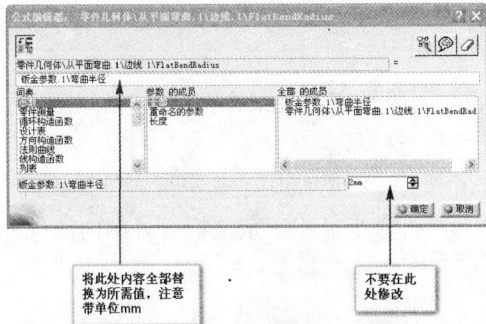

将此处内容全部替换为所需值，注意带单位 mm

不要在此处修改

图 9-63 "公式编辑器"窗口

（6）单击"确定"，完整折弯创建，如图 9-64 所示。

图 9-64　创建折弯后

图 9-59 "平坦至弯曲定义"对话框各项说明如下：

"断面"文本框：可在绘图区选取现有的折弯草图。

"线"下拉列表：用于选择折弯线。

下拉列表：定义折弯类型。

4. 钣金的展开与折叠

在钣金设计工作台中，可以使用展开命令将三维的折弯钣金件展开为二维平面板，之后便可进行展开钣金的折叠操作，使其还原。

钣金展开有如下作用：

展开后，可更容易地了解如何如何剪裁薄板及各部分的尺寸，对钣金的下料和工程图的创建十分有用；有些钣金特征需要在钣金展开后才可创建。

使用钣金展开与折叠的注意事项：

展开前不一定要有折弯操作，也可是附加钣金壁形成的弯曲，折叠前须有展开操作；

若仅是为了查看钣金件的二维视图，而不执行在展开状态下才操作的命令，在执行下一个操作前必须将前面的展开操作删除，不然之后的操作会出错或无法进行，此时也不要使用折叠命令将其复原，这会增大模型文件的大小，并且延长更新模型的时间或导致更新失败。

> 📢 **特别提示**：若要在展开状态下建立某些特征，在操作完成后不能将展开特征删除，否者会使参照创建的其他特征更新失败。

钣金展开及折叠的一般操作过程：

（1）单击工具栏"展开"按钮 ▣▣，弹出如图 9-65 所示的"展开定义"对话框。

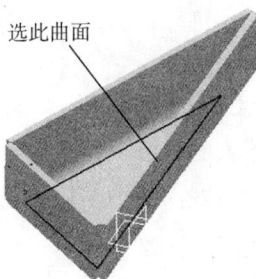

（2）在绘图区选取如图 9-66 所示的平面为参考修剪面。

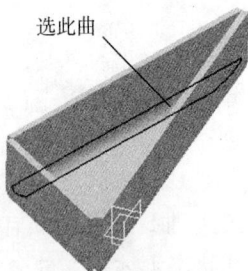

（3）选取图 9-67 所示的曲面为展开修剪面，此时亦可单击 选择全部 按钮，系统将自动展开曲面（如图 9-68 所示）。

（4）单击"确定"，完成曲面展开创建，如图 9-69 所示。

（5）单击工具栏"收合"按钮 ▣▣，弹出如图 9-70 所示的"收合定义"对话框。

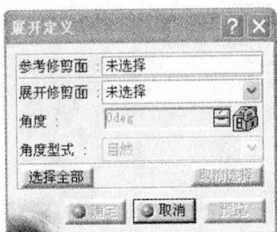

图 9-65 "展开定义"对话框

图 9-66 参考修剪面

图 9-67 展开修剪面

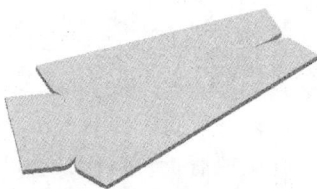

图 9-68 全部展开

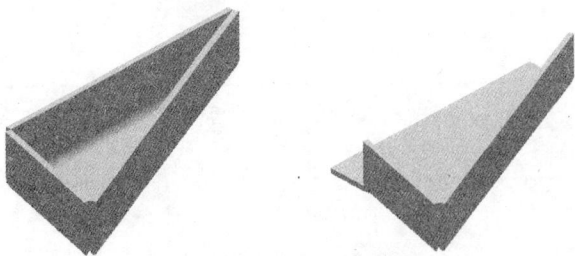

图 9-69 展开前后

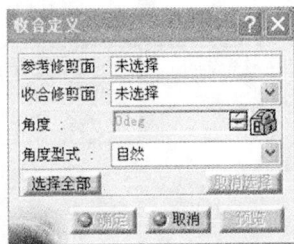

图 9-70 "收合定义"对话框

（6）选择图 9-71 所示的平面为参考修剪面。

（7）选择图 9-72 所示的平面为收合修剪面，亦可单击 选择全部 按钮，系统将自动进行收合操作。

（8）单击"确定"，完成折叠创建，如图 9-73 所示。

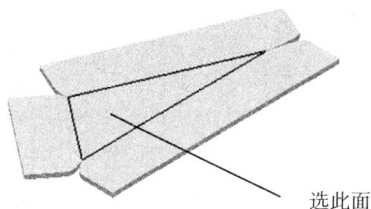

选此面

图 9-71　参考修剪面

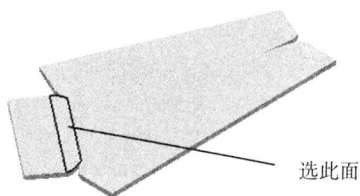

选此面

图 9-72　收合修剪面

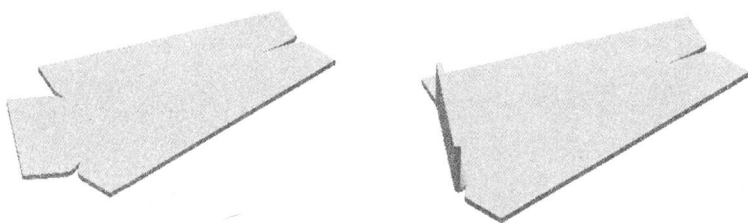

图 9-73　收合前后

5. 钣金的视图

钣金视图包括三维视图和平面视图。

创建平面视图和三维视图的一般过程如下：

选择菜单"插入"→"视图"→"展开…"命令，创建平面视图，如图 9-74 所示，再次执行上述过程即可还原。

该模块还可同时观察两个视图，方法如下：

选择下拉菜单"插入"→"视图"→"多重监视器…"命令，打开两个视图；

选择下拉菜单"窗口"→"水平平铺"命令，结果如图 9-75 所示。

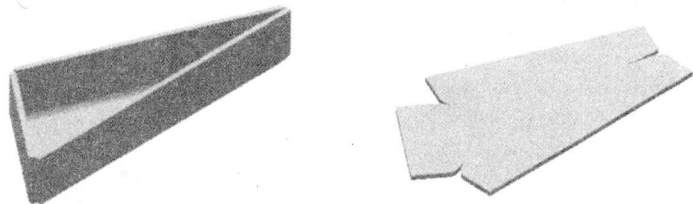

图 9-74　展开前后

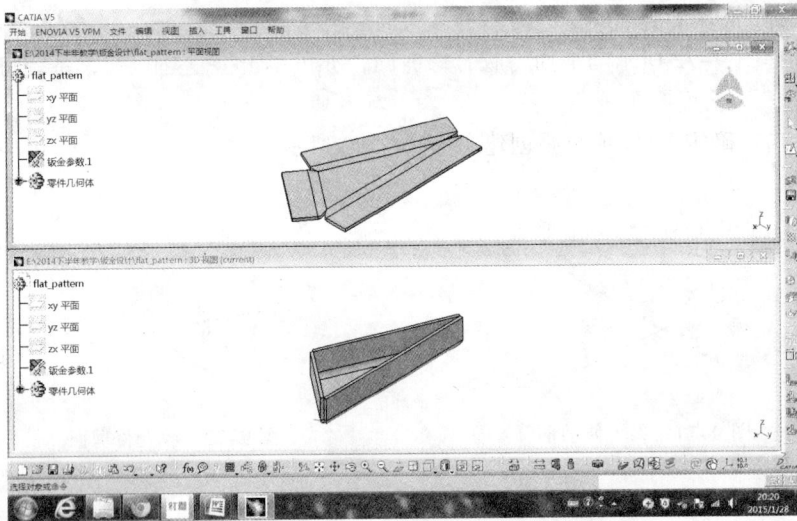

图 9-75　水平平铺

6. 钣金件的重叠检查

所谓重叠检查，就是将钣金件展开后，看是否存在重合叠加在一起的情况。钣金件通常都是一块平板折弯压制而成的，故钣金件的特殊性决定了必须对其进行重叠检查。其操作过程如下：

（1）单击工具栏"收合或展开"按钮，将模型展开成平面视图。

（2）单击工具栏"重叠面检查"按钮，弹出如图 9-76 所示的对话框，且显示有一个重叠区域，若无重叠区域系统会提示。

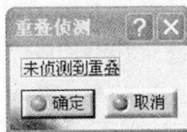

图 9-76　"重叠侦测"对话框

（3）单击"确定"，同时在展开的钣金件上显示一个重叠区域边缘生成的曲线，如图 9-77（a）所示。切换至三维视图后，如图 9-77（b）所示。

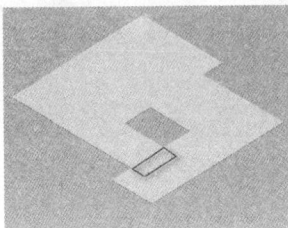
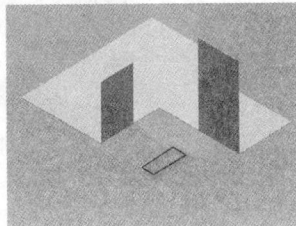

（a）平面视图　　　　　　　　　　　　　（b）三维视图

图 9-77　平面视图与三维视图对比

> **特别提示**：从上述操作中可以看到，重叠检查是很必要的，看似合理的钣金设计，若存在重叠问题，那么就无法进行钣金件的加工，其设计结果是失败的。

任务3　解决方案

1. 双击打开目标文件"D:\CATIA 练习 \tanpian"。

2. 继续完成"tanpian"钣金件的建模。

（1）打开上节所建的"tanpian"模型文件。

（2）创建如图 9-78 所示的从平面弯曲 1。单击工具栏"由平坦弯曲"按钮 按钮，选取图 9-79 所示的模型表面为草绘平面，绘制图 9-80 所示的折弯线；在 下拉列表中选择折弯类型为"轴"选项 ；定义折弯角度为 120，其他参数为默认设置，完成后单击"确定"。

图 9-78　从平面弯曲 1

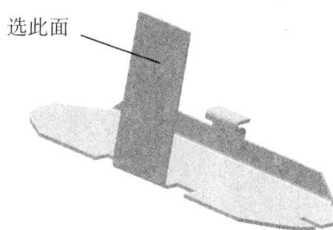

图 9-79　定义草图平面

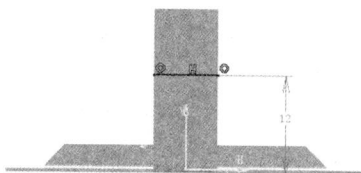

图 9-80　折弯草图

（3）创建如图 9-81 所示的从平面弯曲 2。单击工具栏按钮，选择图 9-82 所示的平面为草绘平面，绘制图 9-83 所示的草图；在 下拉菜单中选择"轴"选项 ；选取图 9-84 所示的固定点以确定折弯固定侧；折弯角值为 90，其他参数保持默认设置；单击"确定"，完成创建。

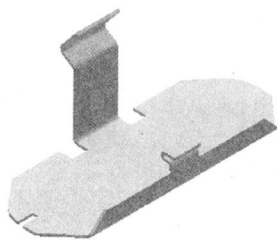

图 9-81　从平面弯曲 2

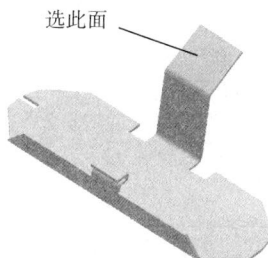

图 9-82　定义草图平面

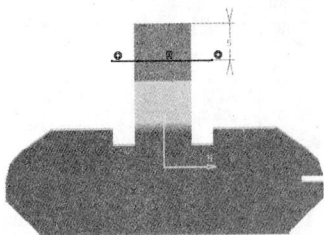

图 9-83　折弯草图   图 9-84　固定点

（4）创建如图 9-85 所示的展开 1。单击工具栏"展开"按钮 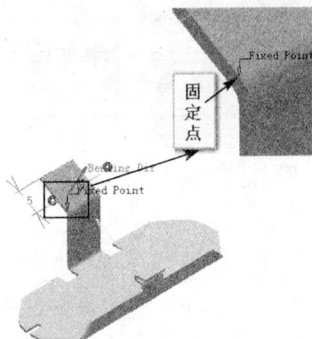；选取图 9-85（a）所示的模型表面为固定几何平面；选取图 9-85（b）所示的折弯特征为展开面；单击"确定"按钮，完成创建。

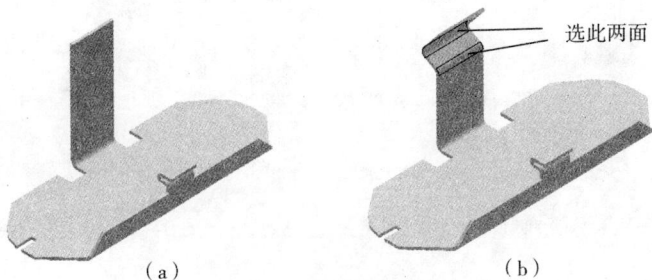

（a）   （b）

图 9-85　展开 1

（5）创建如图 9-86 所示的剪口 1。单击工具栏 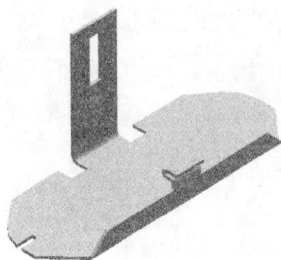命令弹出如图 9-87 所示的对话框；选择"板金标准"选项，在"型式"下拉列表中选择"至下一个"选项；选取图 9-88 所示的模型表面为草绘平面，绘制图 9-89 所示的草图，其他参数为系统默认，单击"确定"，完成创建。

图 9-86　剪口 1   图 9-87　"Cut Out 定义"对话框

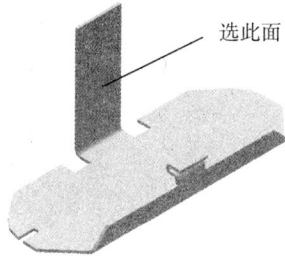

图 9-88 定义草图平面   图 9-89 截面草图

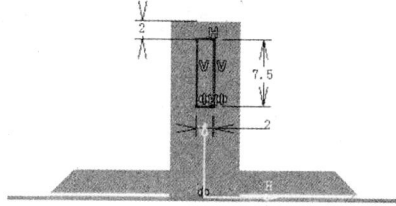

（6）创建如图 9-90 所示的折叠 1。单击工具栏"由平坦弯曲"按钮 按钮，选取图 9-90 所示模型平面为固定几何平面；单击 选择全部 按钮，单击"确定"，完成创建。

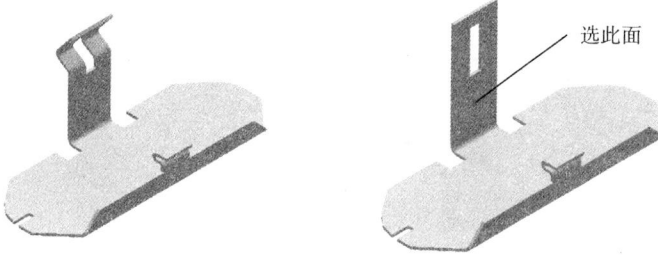

图 9-90 折叠 1

（7）最终的模型及模型树如图 9-91 示。

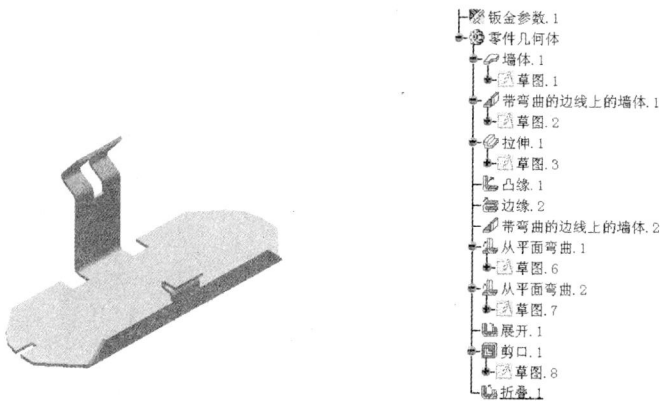

图 9-91 模型及其特征树

任务 4　钣金的切割与成形

任务要求

1. 掌握"切割 / 印记"工具条的操作方法。
2. 完成如图 9-92 所示的钣金件"canpan"的建模。

图 9-92　餐盘模型

相关知识

1. 钣金的切割

钣金设计模块提供了凹槽切削🔲、孔切削🔲和圆形切削✎三种类型。钣金凹槽切削与孔切削跟实体切削功能相近，在此不再赘述。圆形切割是指在钣金弯曲面上创建孔，且空的外观形状与钣金壁的厚度及钣金弯曲的程度有关。下面以图 9-93 为例讲解圆形切口创建的一般操作步骤。

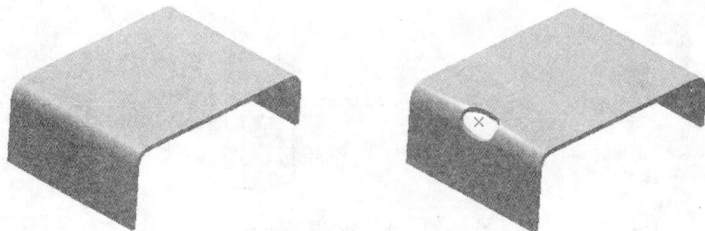

图 9-93　圆形切口创建前后

（1）单击工具栏"圆弧切除"按钮 ![icon] 按钮，弹出如图 9-94 所示的"圆弧切割定义"对话框。

（2）在对话框的"直径"文本框中输入值 8.

（3）在绘图区选取图 9-95 所示的模型表面为支持面，此时在图中出现圆形切口的预览图。

（4）单击"确定"完成创建。

（5）在特征树中双击 ![icon] 圆形剪口.1 节点下的"草图"进入草图环境，添加图 9-96 所示的几何约束。

图 9-94 "圆弧切割定义"对话框

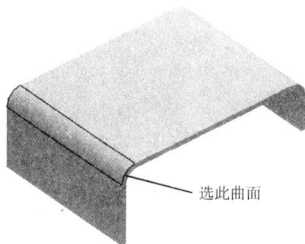

图 9-95 定义放置位置和支持面

图 9-96 添加几何约束

2. 钣金的成形特征

钣金成形特征是指把一个实体零件上的某个形状印贴在钣金壁上（也称之为印贴特征），之后进行冲压操作。CATIA 钣金设计模块提供了十种常用的预设钣金成形特征（曲面冲压、凸圆冲压、曲线冲压、凸缘开口、散热孔冲压、桥形冲压、凸缘孔冲压、环状冲压、加强肋冲压和销子冲压），也可以自己建立模具模型进行成形特征的创建。

（1）曲面冲压

曲面冲压是指使用封闭的轮廓形成曲面印贴在钣金壁上完成的冲压。在进行曲面冲压时需定义印贴的轮廓草图及冲压的深度值，下面以图 9-97 所示的模型为例讲解曲面冲压的一般操作过程。

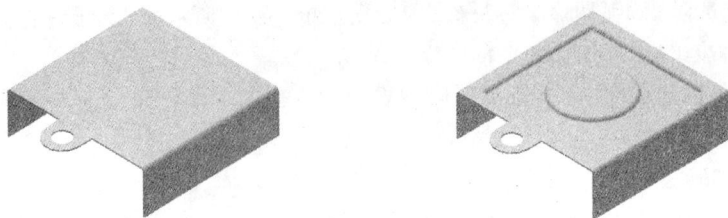

图 9-97　曲面冲压前后

① 单击工具栏"曲面印记"按钮 ▱，弹出如图 9-98 所示的"曲面印记定义"对话框。

② 在该对话框"参数选择"下拉列表中选择"角度"选项；"角度 A"文本框中输入 90，"高度 H"为 1，选中 ▱ 半径 R1：和 ▱ 半径 R2：复选框，并分别在其后的文本框中输入值 0.5，选中 ▱ 圆形 die 复选框。

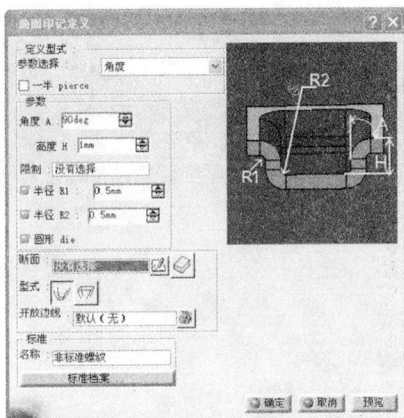

图 9-98　"曲面印记定义"对话框

③ 单击该对话框中的 ▱ 按钮，选取如图 9-99 所示的模型表面为草绘表面，绘制图 9-100 所示的截面草图，退出草绘环境。

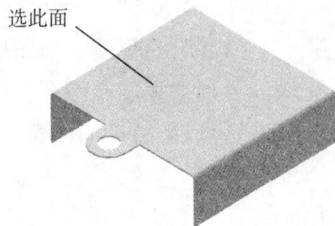

④ 单击"确定"，完成创建。

图 9-99　定义草图平面

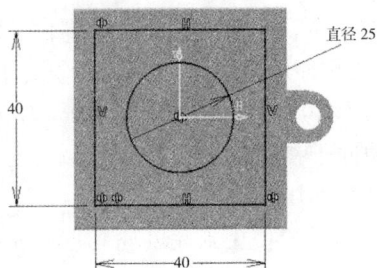

图 9-100　截面草图

（2）凸圆冲压

是指使用开放的草图轮廓印贴在钣金壁上完成的冲压，冲压后的截面为圆弧形凹面。以图 9-101 所示介绍其操作的一般步骤。

图 9-101 凸圆冲压

① 单击工具栏"填料"按钮，弹出图 9-102 所示的"滴面定义"对话框。

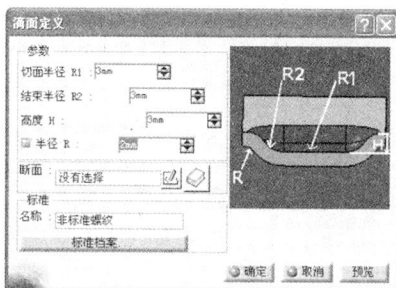

图 9-102 "滴面定义"对话框

② 在"切面半径 R1"文本框、"结束半径 R2"文本框和"高度 H"文本框中分别输入数值 3，选中 半径 R：复选框，并赋值 2。

③ 单击 按钮，选取如图 9-103 所示的模型表面为草绘平面，然后绘制如图 9-104 所示的截面草图，之后退出草绘环境。

④ 单击"确定"，完成创建。

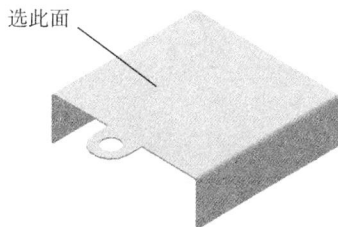

图 9-103 定义草图平面

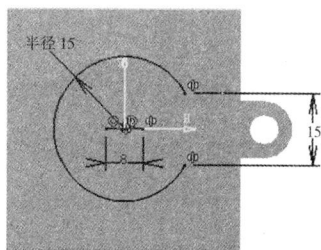

图 9-104 截面草图

特别提示：凸圆冲压的轮廓必须是开放的，且不能相交，在创建冲压时冲压范围亦不能相交，否者特征无法创建。

（3）曲线冲压

曲线冲压是指使用曲线形成曲线印贴在钣金壁上完成的冲压，在进行曲线冲压时需定义印贴的轮廓草图及冲压的长度及深度值。下面以图 9-105 所示的模型为例讲解曲线冲压的一般步骤。

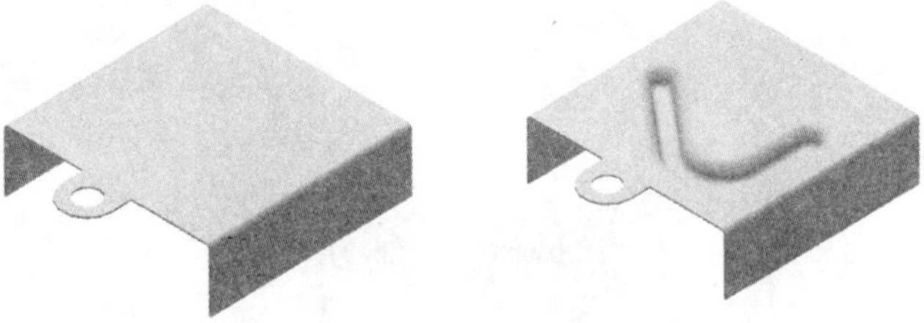

图 9-105　曲线冲压

① 单击工具栏"曲线印记"按钮 ⌂，弹出如图 9-106 所示的"曲线印记定义"对话框。

② 选中 ▣ Obround 复选框，"角度 A"值为 75，"高度 H"值为 3，"长度 L"值为 5，选中 ▣ 半径 R1 : 复选框并赋值 2，选中 ▣ 半径 R2 : 复选框并赋值 1。

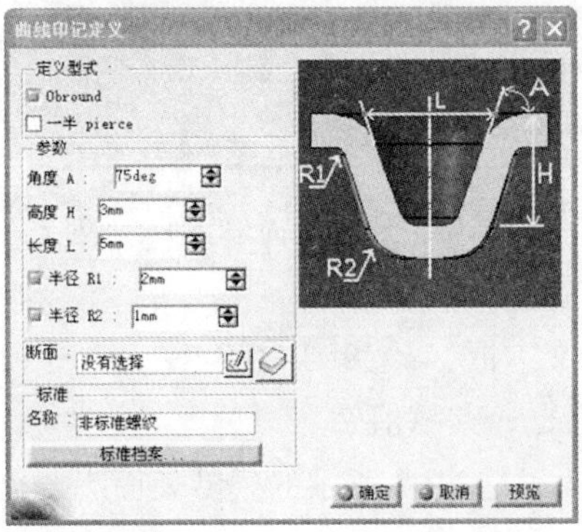

图 9-106　"曲线印记定义"对话框

③ 单击 ⊿ 按钮，选取如图 9-107 所示的模型表面为草绘平面，绘制如图 9-108 所示的截面草图，完成后退出草绘环境。

④ 单击"确定"，完成创建。

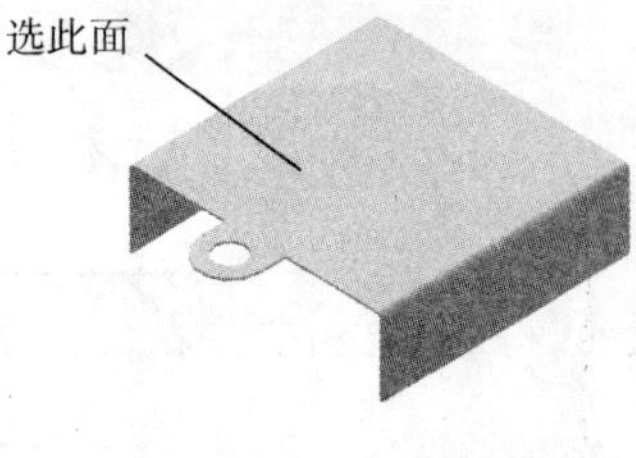

图 9-107　定义草图平面 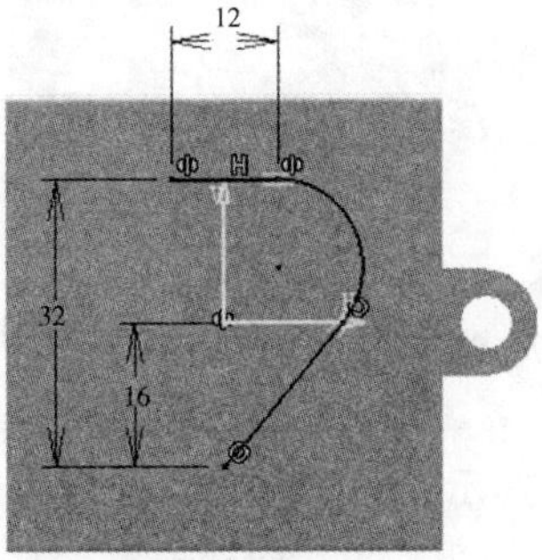　　　　图 9-108　截面草图

> ⚡ **特别提示**：曲线冲压的轮廓在创建时冲压范围不能相交，否者无法保证曲线轮廓的定义，特征无法创建。

（4）凸缘开口

以图9-109所示为例讲解其一般操作步骤。

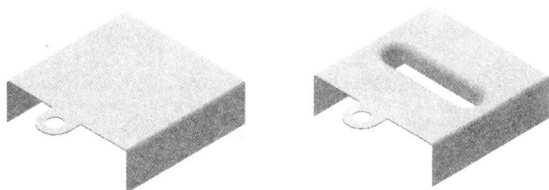

图9-109 凸缘冲压

① 单击工具栏"轮缘切除"按钮 ，弹出如图9-110所示的"轮缘cutout定义"对话框。

② 设置"高度H"值为5，"角度A"值为70，选中 半径R: 复选框，在其后文本框中输入值2。

③ 单击 按钮，选取如图9-111所示的模型表面为草绘平面，绘制如图9-112所示的截面草图。

④ 单击"确定"，完成创建。

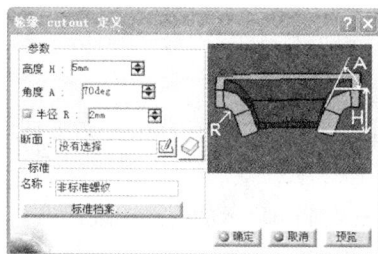

图9-110 "轮缘cutout定义"对话框

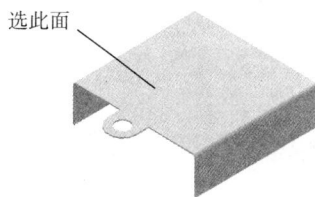

图9-111 定义草图平面

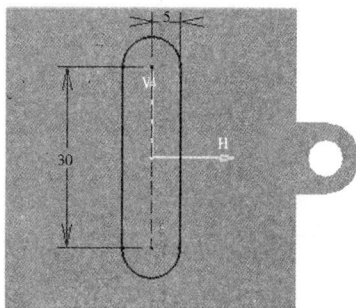

图9-112 截面草图

（5）散热孔冲压

以图 9-113 所示为例讲解散热孔冲压的一般步骤。

① 单击工具栏"气栅"按钮 ⚒，弹出如图 9-114 所示的"天窗定义"对话框。

图 9-113　散热孔冲压

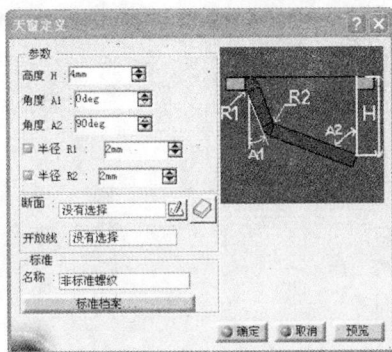

图 9-114　"天窗定义"对话框

② 设置"高度 H"值为 4，"角度 A1"值为 0，"角度 A2"值为 90，选中 半径 R1 复选框和 半径 R2 复选框，并分别赋值 2。

③ 单击 按钮，选取如图 9-115 所示的模型表面为草绘平面，绘制如图 9-116 所示的截面草图。

④单击"确定"，完成创建。

图 9-115　定义草图平面

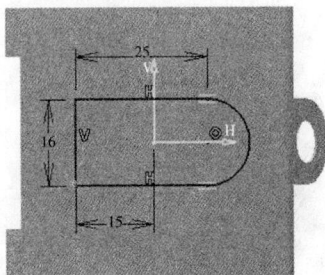

图 9-116　截面草图

（6）桥形冲压

通常在钣金制成的箱上经常会冲出几个桥特征来方便箱盖的吊装、开启等操作。以图 9-117 所示为例讲解其操作的一般步骤。

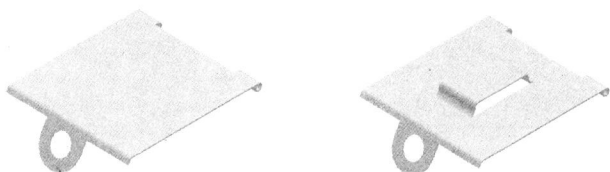

图 9-117 桥形冲压

① 单击工具栏"桥"按钮 。

② 选取如图 9-118 所示的模型表面为放置面,弹出如图 9-119 所示的"桥接定义"对话框。

③ 输入"高度 H"值为 4,"长度 L"值为 22,"宽度 W"值为 15,"角度 A"值为 85,"半径 R1"值为 2,"半径 R2"值为 1,单击"确定"。

④ 在特征树 桥接.1 节点下双击草图进入草绘环境,添加如图 9-120 所示的尺寸约束,完成后退出。

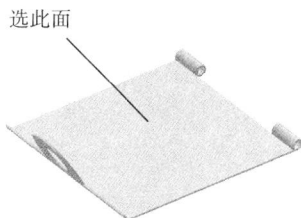

选此面

图 9-118 定义放置面

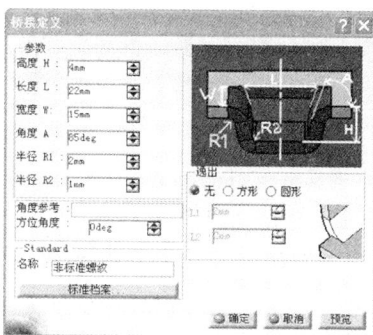

图 9-119 "桥接定义"对话框

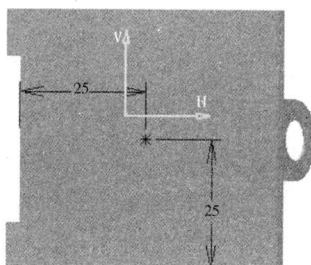

图 9-120 添加尺寸约束

（7）凸缘孔冲压

以图 9-121 所示为例讲解其创建的一般操作步骤。

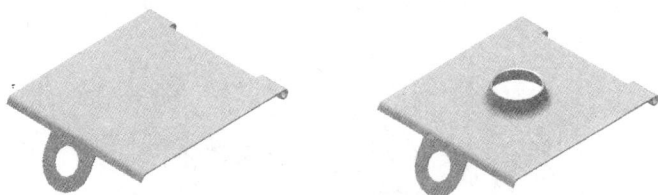

图 9-121 凸缘孔冲压

① 单击工具栏"轮缘孔"按钮 。

② 选取如图 9-122 所示的模型表面为放置面，弹出如图 9-123 所示的"轮缘孔孔定义"对话框。

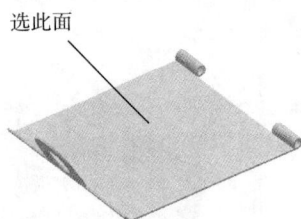

选此面

图 9-122 定义放置面   图 9-123 "轮缘孔定义"对话框

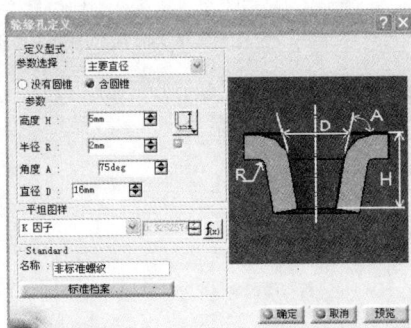

③ 输入"高度 H"值为 5，"半径 R"值为 2，"角度 A"值为 75，"直径 D"值为 16，在 K 因子 下拉列表中选择"K 因子"选项，单击"确定"。

④ 在特征树的 凸缘孔.1 节点下双击草图进入草图环境，添加如图 9-124 所示的尺寸约束。

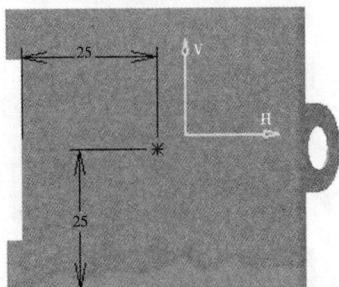

图 9-124 添加草图约束

（8）环状冲压

以图 9-125 所示为例讲解其创建的一般过程。

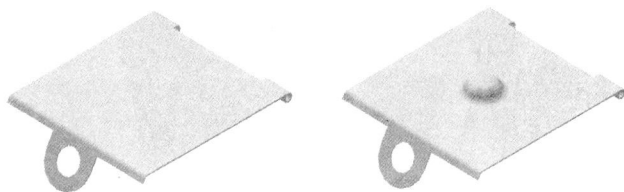

图 9-125　环状冲压

（1）单击工具栏"圆形印记"按钮 。

（2）选取图 9-126 所示的模型表面为放置面，弹出图 9-127 所示的"圆弧印记定义"对话框。

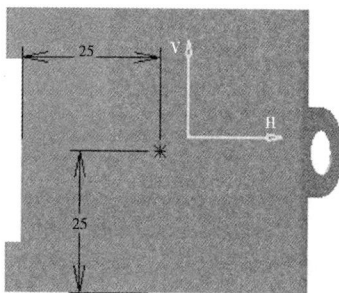

（3）输入"高度 H"值为 3，"半径 R1"值为 2，"半径 R2"值为 2，"直径 D"值为 10，"角度 A"值为 75，单击"确定"。

（4）在特征树 环状冲压.1 节点下双击草图进入草绘环境，绘添加如图 9-128 所示的尺寸约束。

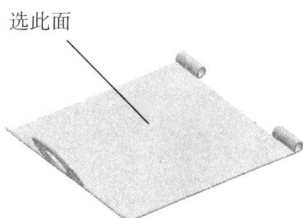

选此面

图 9-126 定义放置面

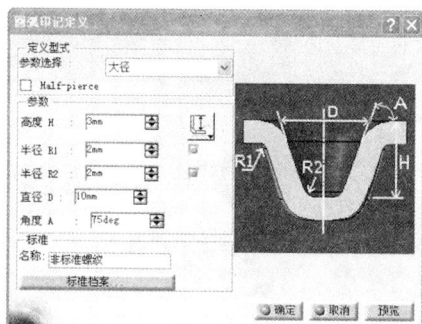

图 9-127　"圆弧印记定义"对话框

图 9-128 添加草图约束

（9）加强肋冲压

以图 9-129 为例讲解其创建的一般过程。

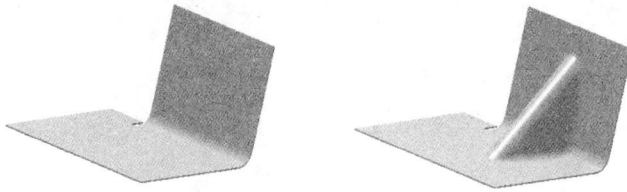

图 9-129　加强肋冲压

① 单击工具栏"加强肋"按钮 。

② 选取如图 9-130 所示的模型表面为草绘平面，弹出如图 9-131 所示的"加强肋定义"对话框。

③ 输入"长度 L"值为 40，选中 半径 R1 复选框，并在其后文本框中输入数值 2，"钣金 R2"值为 3，"角度 A"值为 80，单击"确定"。

④ 在特征树 加强肋.1 节点下双击草图进入草绘环境，添加如图 9-132 所示的尺寸约束。

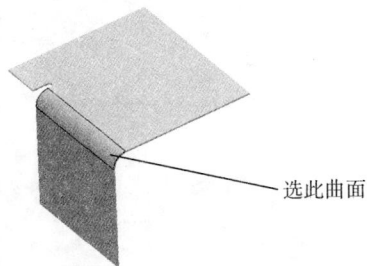

选此曲面

图 9-130　定义附着面图

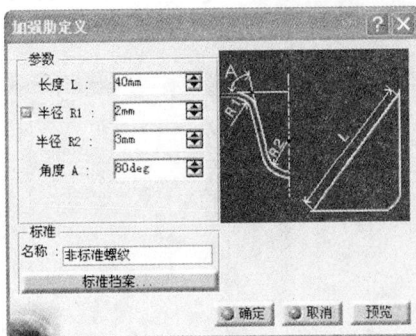

图 9-131　"加强肋定义"对话框

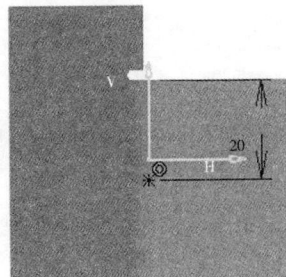

图 9-132　添加约束尺寸

（10）销子冲压

以图9-133所示为例讲解其创建的一般过程。

图9-133　销子冲压

①单击工具栏"隐藏销"按钮 ⏚。

②选取如图9-134所示的模型表面为草绘平面，弹出如图9-135所示的"Dowel定义"对话框。

③在"直径D"文本框中输入值8，单击"确定"。

④在特征树 ⏚ 销子.1节点下双击草图进入草图绘制环境，添加如图9-136所示的尺寸约束。

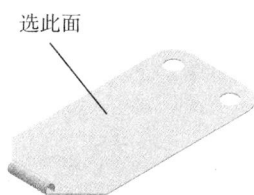

图9-134　定义附着面

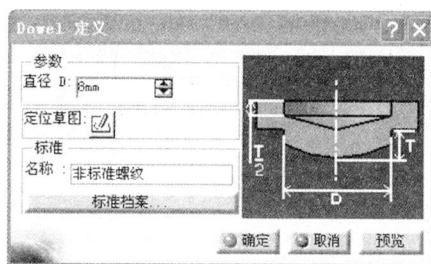

图9-135 "Dowel定义"对话框

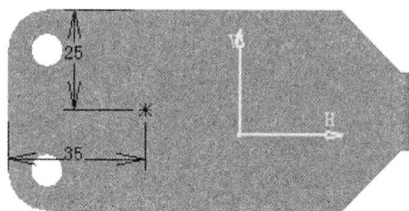

图9-136　添加草图尺寸约束

（11）以自定义方式创建成形特征

钣金设计工作台为用户提供了多种模具来创建成形特征。其他类型的冲压特征，需要用户自定义模具来创建冲压特征，其操作方法在此不再赘述。

3. 钣金的边角处理

（1）止裂口

是指在展开钣金零件的内边角处切除材料，以除去钣金相邻两边在折弯时产生的材料淤料。下面以图 9-137 所示的实例来讲解创建止裂口的一般操作步骤。

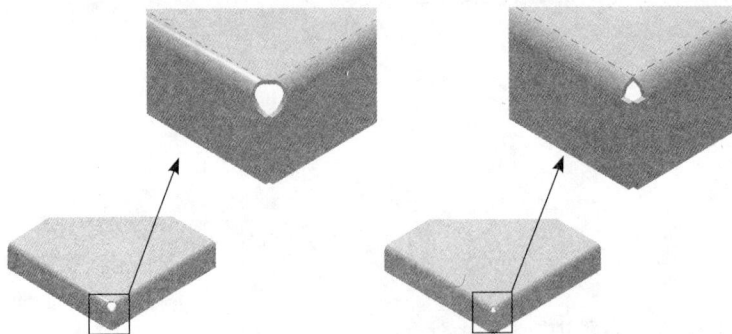

图 9-137　创建止裂口

① 单击工具栏 按钮，将钣金视图切换至平面视图。
② 单击工具栏"转交逸出"按钮 ，弹出如图 9-138 所示的"圆角逸出定义"对话框。
③ 选取图 9-139 所示的两个面为支持面。
④ 在"型式"下拉列表中选择"圆弧"选项。
⑤ 在"半径"文本框中输入值 2，单击"确定"。
⑥ 单击工具栏 按钮，将其平面视图切换至三维视图。

图 9-138　"圆角逸出定义"对话框

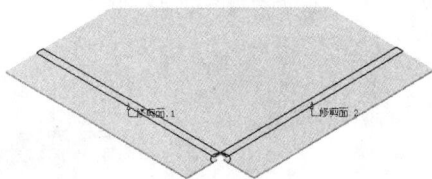

图 9-139　定义支持面

（2）圆角和倒角

圆角命令 、倒角命令 ，指在钣金件边角处创建圆弧过渡或创建一个或多个倒角，其操作与零件设计模块操作方法类似。

任务 4　解决方案

1. 新建目标文件 "D:\CATIA 练习 \canpan"。
2. 餐盘是典型的钣金零件，经过下料、冲压、卷边工序就可完成钣金本体的创建。
创建 "canpan" 的模型，切换工作台进入"创成式钣金设计"环境，操作步骤如下：
（1）单击工具栏"钣金参数"按钮 ，在弹出的对话框中，输入"厚度"值为 0.5，"顺接曲面半径"值为 0.1；选择"顺接曲面端点"选项卡 没有清除的最小值 ▼ 下拉列表中的"没有清除的最小值"选项，完后单击"确定"，完成参数设置。

（2）创建如图 9-140 所示的墙体 1。

① 单击工具栏"墙"按钮 🗁。

② 在对话框中单击 🗹 按钮，选取 xy 平面为草绘平面。

③ 绘制如图 9-141 所示的截面草图，完成后退出。

④ 采取系统默认的加厚方向，单击"确定"，完成创建。

图 9-140 墙体 1

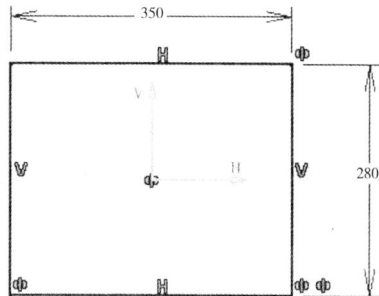

图 9-141 截面草图

（3）创建剪口 1，结果如图 9-142 所示。

① 单击工具栏"切除"按钮 🔳。

② 使用"标准钣金"的剪口型式，端点限制型式为"至下一个"。

③ 在对话框中单击 🗹 按钮，选取 xy 平面为草绘平面，绘制如图 9-143 所示的截面草图，完成后退出。

④ 采用系统默认的轮廓方向，单击确定。

图 9-142 剪口 1

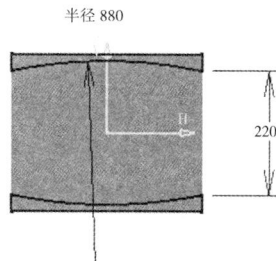

图 9-143 截面草图

（4）创建环形冲压 1，结果如图 9-144 所示。

① 单击工具栏"圆形印记"按钮 ☁。

② 选取如图 9-144 所示的模型表面为放置面。

③ 在对话框中输入"高度 H"值为 8,选中"半径 R1"后的复选框输入值为 6,选中"半径 R2"后的复选框输入值为 5,"直径 D"值为 70,"直径 d"值为 62,单击"确定"。

④ 在特征树 ⌷环状冲压.1 节点下双击草图进入草绘环境,添加如图 9-145 所示的尺寸约束,之后后退出。

图 9-144　环形冲压 1   图 9-145　添加尺寸约束

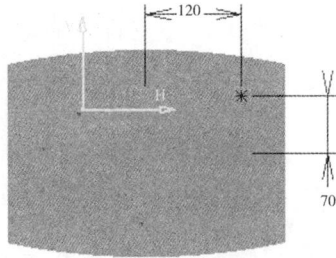

（5）创建曲面冲压 1,结果如图 9-146 所示。

① 单击工具栏"曲面印记"按钮 ⌷。

② 在"参数选择"下拉列表中选择"角度"选项,"角度 A"赋值为 60,"高度 H"赋值为 15,选中 ⌷半径 R1 : 复选框并赋值 6,选中 ⌷半径 R2 : 复选框并赋值 5,取消 ⌷圆形 die 复选框。

③ 单击 ⌷ 按钮,选取图 9-147 所示的模型表面为草绘平面,绘制如图 9-148 所示的截面草图,退出草绘环境,单击确定。

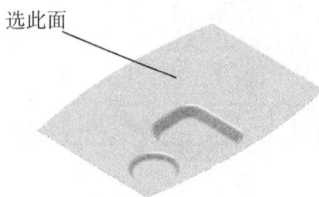

图 9-147　曲面冲压 1   图 9-148　截面草图

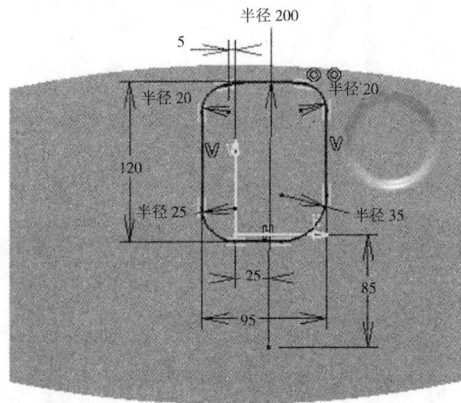

（6）创建曲面冲压 2,结果如图 9-149 所示。

截面草图如图 9-150 所示,选中 ⌷圆形 die 复选框,其余与步骤（5）相同。

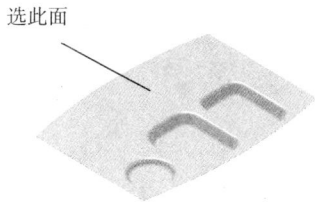

图 9-149 曲面冲压 2

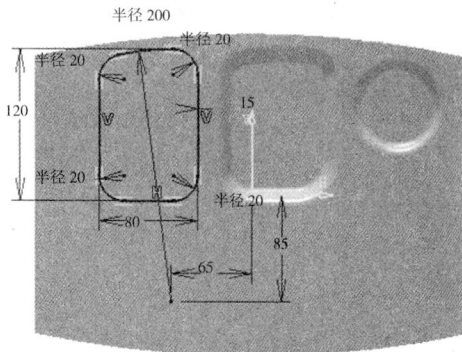

图 9-150 截面草图

（7）创建曲线冲压 1，结果如图 9-151 所示。

① 单击工具栏"曲线印记"按钮 △ 按钮。

② 选中 ☑ Obround 复选框，"角度 A"赋值为 60，"高度 H"赋值为 15，"长度 L"赋值 30，选中 ☑ 半径 R1: 复选框并赋值 6，选中 ☑ 半径 R2: 复选框并赋值 5，取消 □ 圆形 die 复选框。

③ 单击 ⬚ 按钮，选取如图 9-151 所示的模型表面为草绘平面，绘制如图 9-152 所示的截面草图，退出草绘环境，单击"确定"，完成创建。

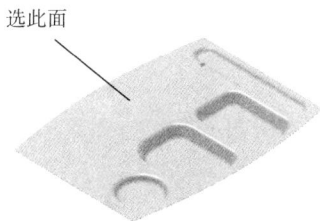

图 9-151 曲线冲压 1

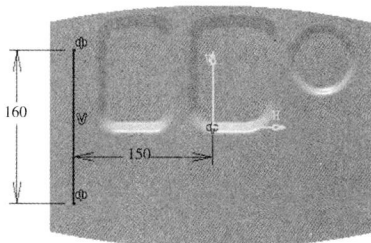

图 9-152 截面草图

（8）创建曲面冲压 3，结果如图 9-153 所示。

截面草图如图 9-154 所示，选 □ 圆形 die 复选框，其余与步骤（5）相同。

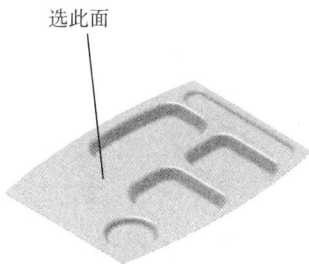

图 9-153 曲面冲压 3

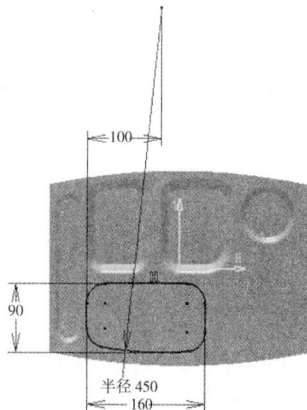

图 9-154 截面草图

（9）创建曲面冲压 4，结果如图 9-155 所示。

截面草图如图 9-156 所示，选中 □圆形 die 复选框，其余与步骤（5）相同。

图 9-155 曲面冲压 4

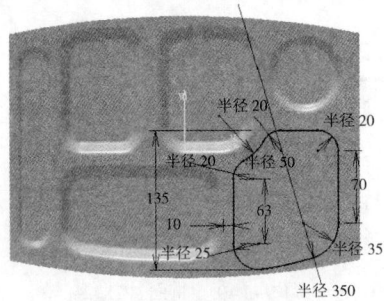

图 9-156 截面草图

（10）创建圆角 1，结果如图 9-157 所示。

单击工具栏"圆角"按钮 ，选取如图 9-157 所示的四条边为圆角对象，圆角半径赋值 40，单击"确定"，完成圆角创建。

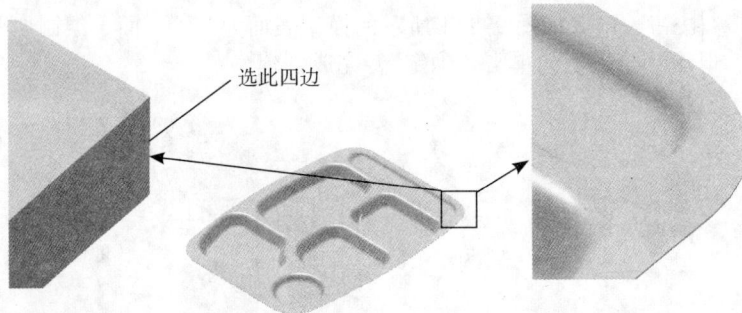

图 9-157 创建圆角

（11）创建滴料折边，结果如图 9-158 所示。

单击工具栏"泪滴"按钮 ；选取如图 9-159 所示的边为附着边；在 基本 下拉列表中选择"基本"选项；"长度"赋值为 1，"半径"值为 1；取消 □修剪依附 复选框，单击确定。

（12）保存餐盘模型文件。

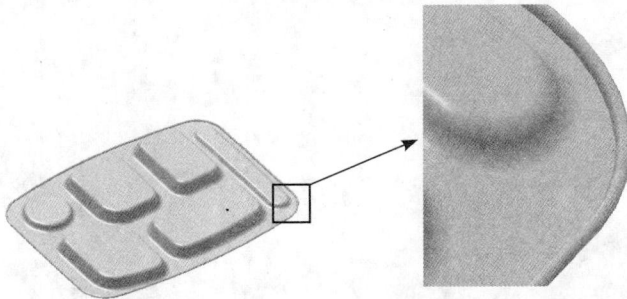

图 9-158 滴料折边

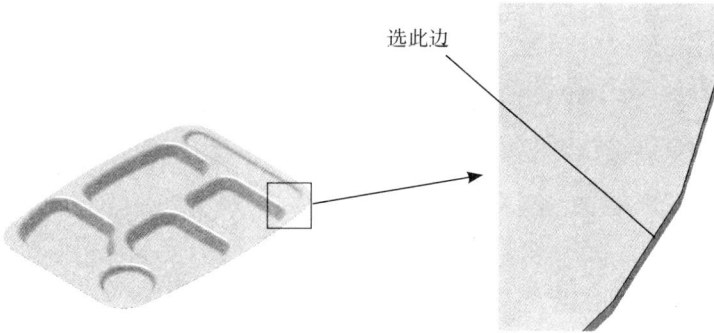

选此边

图 9-159　定义附着边

思考与练习　9

1. 熟悉 CATIA 钣金设计工作环境。

2. 钣金设计的流程是什么？

3. 钣金壁的创建方法有哪些？

4. 钣金冲压成形的类型有哪些？

5. 创建图 9-160、图 9-161 的钣金模型。

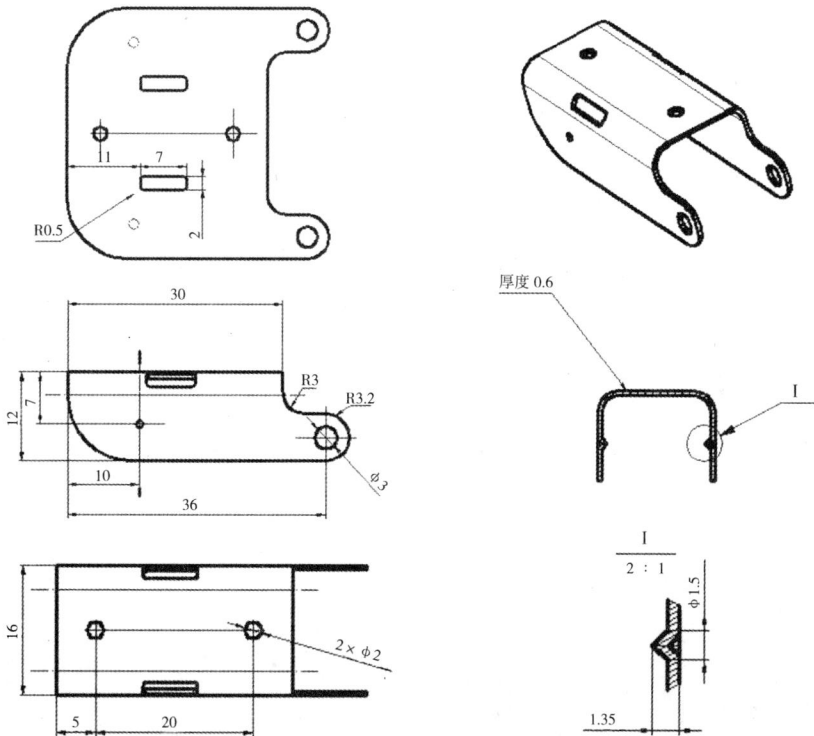

图 9-160

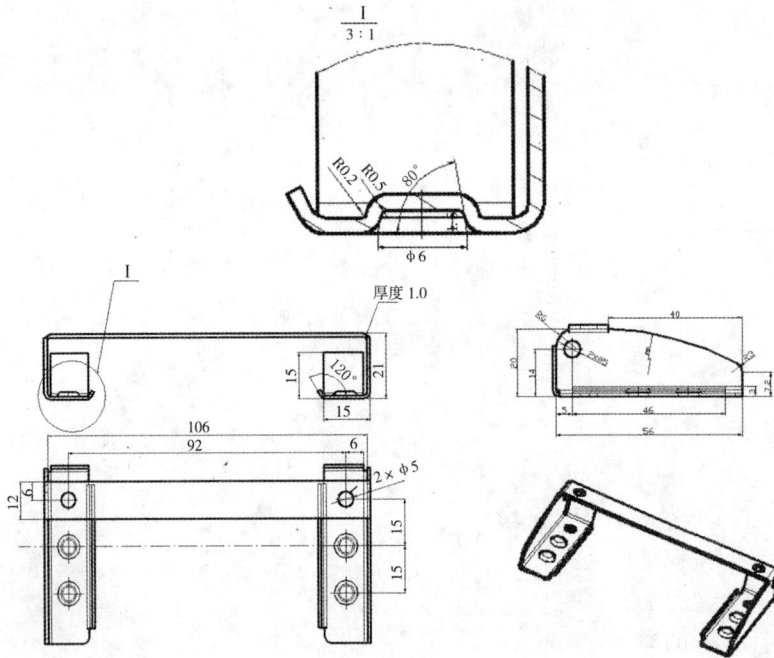

$$\frac{\text{I}}{3:1}$$

厚度 1.0

2 × φ5

图 9-161

附 录 1

CATIA V5快捷键

1. Esc：退出当前命令

2. F1：实时帮助

3. Shift + F1：工具栏图标的帮助

4. Shift + F2：结构树（specification tree）总览的开关

5. F3：隐藏 / 显示特征树

6. Shift + F3：切换结构树 / 图形区域的激活状态

7. Ctrl + F4：关闭 CATIA 当前的窗口

8. Ctrl + F11：出现物体选择器

9. Alt + F8：运行宏（Run macros）

10. Ctrl + C：复制（Copy）

11. Ctrl + F：查找（Search）

12. Ctrl + G：选择集（Selection Sets...）命令

13. Ctrl + O：打开（OPEN）

14. Ctrl + P：打印（Print...）

15. Ctrl + S：保存

16. Ctrl + U：更新（Update）

17. Ctrl + V：粘贴（Paste）

18. Ctrl + X：剪切（Cut）

19. Ctrl + Y：重做（Redo）

20. Ctrl + Z：撤销（Undo）

21. Ctrl + Tab：在 CATIA 打开的各个窗口之间进行切换

22. Ctrl + 鼠标滚轮：缩放特征树

23. Ctrl + Y：重复上一次的操作

24. Ctrl+ 按下鼠标中键并上下拖动：视图放大缩小

25. 按下鼠标中键并拖动：视图平移

26. 同时按下鼠标中键 + 鼠标右键并拖动：视图旋转

27. Shift + 上下左右箭头：视图按指定方向旋转

28. Alt + Enter：打开属性窗口

29. 按下鼠标中键再单击鼠标右键并上下拖动：放大或缩小

30. 先按中键，再加 Ctrl 是对象旋转，而对象旋转时，外面会出现红色的圆形区域，在圆形区域内，是 XYZ 轴的任意旋转，而在圆形区域外，是针对 Z 轴的特定旋转，用鼠标指向某个封闭空心实体外表面，然后按键盘方向键，就可以选到内表面。

31. 在自由造型与 A 级曲面中，F5：调出"操作平面对话框"（对"由 N 点成面"等命令尤为重要）

32. 移动工具栏时，按住 Shift 键可以实现工具栏的横竖转换。

附 录 2

CATIA模块中英文对照

1. 零件设计 PDG：Part Design
2. 装配设计 ASD：Assembly Design
3. 交互式工程绘图 IDR：Interactive Drafting
4. 创成式工程绘图 GDR：Generative Drafting
5. 结构设计 STD：Structure Design
6. 线架和曲面设计 WSF：Wireframe and Surface
7. 钣金设计 SMD：SheetMetal Design
8. 航空钣金设计 ASL：Aerospace Sheetmetal Design
9. 钣金加工设计 SMP：SheetMetal Production
10. 三维功能公差与标注设计 FTA：3D Functional Tolerancing & Annotation
11. 模具设计 MTD：Mold Tooling Design
12. 阴阳模设计 CCV：Core & Cavity Design
13. 焊接设计 WDG：Weld Design
14. 自由风格曲面造型 FSS：FreeStyle Shaper
15. 自由风格曲面优化 FSO：FreeStyle Optimizer
16. 基于截面线的自由风格曲面造型 FSP：FreeStyle Profiler
17. 基于草图的自由风格曲面造型 FSK：FreeStyle Sketch Tracer
18. 创成式外形设计 GSD：Generative Shape Design
19. 创成式曲面优化 GSO：Generative Shape Optimizer
20. 汽车白车身接合 ABF：Automotive Body In White Fastening
21. 数字化外形编辑 DSE：Digitized Shape Editor
22. 汽车 A 级曲面造型 ACA：Automotive Class A
23. 快速曲面重建 QSR：Quick Surface Reconstruction
24. 创成式零件结构分析 GPS：Generative Part Structural Analysis
25. 创成式装配件结构分析 GAS：Generative Assembly Structural Analysis
26. 变形装配件公差分析 TAA：Tolerance Analysis of Deformable Assembly
27. Elfini 结构分析 EST：Elfini Solver Verification
28. 电路板设计 CBD：Circuit Board Design
29. 电气系统功能定义 EFD：Electrical System Functional Definition

30. 电气元件库管理员 ELB：Electrical Library

31. 电气线束安装 EHI：Electrical Harness Installation

32. 电气线束布线设计 EWR：Electrical Wire Routing

33. 电气线束展平设计 EHF：Electrical Harness Flattening

34. 管路和设备原理图设计 PID：Piping & Instrumentation Diagrams

35. HVAC 图表设计 HVD：HVAC Diagrams

36. 电气连接原理图设计 ELD：Electrical Connectivity Diagrams

37. 系统原理图设计 SDI：Systems Diagrams

38. 管线原理图设计 TUD：Tubing Diagrams

39. 波导设备原理图设计 WVD：Waveguide Diagrams

40. 系统布线设计 SRT：Systems Routing

41. 系统空间预留设计 SSR：Systems Space Reservation

42. 电气缆线布线设计 ECR：Electrical Cableway Routing

43. 设备布置设计 EQT：Equipment Arrangement

44. 线槽与导管设计 RCD：Raceway & Conduit Design

45. 波导设备设计 WAV：Waveguide Design

46. 管路设计 PIP：Piping Design

47. 管线设计 TUB：Tubing Design

48. HVAC 设计 HVA：HVAC Design

49. 支架设计 HGR：Hanger Design

50. 结构初步布置设计 SPL：Structure Preliminary Layout

51. 结构功能设计 SFD：Structure Functional Design

52. 设备支撑结构设计 ESS：Equipment Support Structures

53. 厂房设计 PLO Plant Layout

54. 数控加工审查 NCG：NC Manufacturing Review

55. 数控加工验证 NVG：NC Manufacturing Verification

56. 2 轴半加工准备助手 PMA：Prismatic Machining Preparation Assistant

57. 2 轴半加工 PMG：Prismatic Machining

58. 3 轴曲面加工 SMG：3 Axis Surface Machining

59. 多轴曲面加工 MMG：Multi−Axis Surface Machining

60. 车削加工 LMG：Lathe Machining

61. 高级加工 AMG：Advanced Part Machining

62. STL 快速成型 STL：STL Rapid Prototyping

63. 知识工程顾问 KWA：Knowledge Advisor

64. 知识工程专家 KWE：Knowledge Expert

65. 产品工程优化 PEO：Product Engineering Optimizer

66. 产品知识模板 PKT：Product Knowledge Template

67. 业务流程知识模板 BKT：Business Process Knowledge Template

68. 产品功能定义 PFD：Product Function Definition
69. 产品功能优化 PFO：Product Function Optimizer
70. DMU 漫游器 DMN：DMNDMU Navigator
71. DMU 运动机构模拟 KIN：DMU Kinematics Simulator
72. DMU 空间分析 SPA：DMU Space Analysis
73. DMU 装配模拟 FIT：DMU Fitting Simulator
74. DMU 优化器 DMO：DMU Optimizer
75. DMU 工程分析审查 ANR：DMU Engineering Analysis Review
76. DMU 空间工程助手 SPE：DMU Space Engineering Assistant
77. 人体模型构造器 HBR：Human Builder
78. 人体模型测量编辑 HME：Human Measurements Editor
79. 人体姿态分析 HPA：Human Posture Analysis
80. 人体行为分析 HAA：Human Activity Analysis
81. 创成式钣金设计 GSD：Generative Sheetmetal Design

附 录 3

三维CAD应用工程师（CATIA）考试大纲及模拟试题

1 考试内容

1.1 机械设计知识点

（1）制图的基本规定

（2）几何作图

（3）点、线、面及基体的投影

（4）轴测图

（5）组合体

（6）图样的基本表示法

（7）图样中的特殊表示法

（8）零件图

（9）装配图

1.2 CATIA 知识点

（1）CATIA 设计基础

（2）草图设计

（3）零件设计

（4）创建和编辑工程图

（5）创建和编辑装配模型

2 考试方式

理论题（20分）其中：

机械设计知识点（15分），CATIA 知识点（5分）

题型为 选择题 每题1分

上机题（80分）其中：

零件建模4题（16分1题），装配建模（16分1题）

3 培训计划学时

建议开课学时 48 学时

4 考试样题

见三维 CAD 工程师（CATIA）模拟考试系统

三维 CAD 应用工程师认证模拟试题

（科目：CATIA）

CATIA 理论基础

一、选择题（说明）

1. 如何用鼠标上下移动实现模型的缩放 （　　）
   A. 按住中键 + 单击右键　　　　　　B. 按住中键 + 按住右键
   C. 按住左键　　　　　　　　　　　　D. 按住中键

2. 鼠标左键点击罗盘上的 Z 轴，当 Z 轴高亮显示时、鼠标呈手型时拖动鼠标是进行哪项操作 （　　）
   A. 模型绕 Z 轴旋转　　　　　　　　B. 模型在 XY 平面内移动
   C. 沿 Z 轴移动模型进行观察　　　　D. 模型沿 Z 轴方向缩放

3. 快捷键 F3 是实现以下哪项操作 （　　）
   A. 隐藏 / 显示模型树　　　　　　　B. 隐藏 / 显示模型
   C. 切换窗口　　　　　　　　　　　　D. 资源配置

4. 如下图工具条所示，当工具条第三个图标处于高亮显示时，是进行哪个元素的过滤：
（　　）

   A. 点元素过滤　　　　　　　　　　B. 曲面元素过滤
   C. 实体特征过滤　　　　　　　　　D. 曲线元素过滤

5. CATIA 系统中，选中对象或特征，右键关联菜单可以调出属性对话框。以下哪项不属于属性对话框修改内容： （　　）
   A. 对象颜色　　　　　　　　　　　B. 特征名称
   C. 对象线型　　　　　　　　　　　D. 对象材料属性

6. 如图所示拉伸 .2 对象处于什么状态：　　　　　　　　　　（　　）

    A. 取消状态　　　　　　　B. 隐藏状态

    C. 错误状态　　　　　　　D. 隔离状态

7. CATIA 中一般用以下哪个工具能够连续一次性绘制出如下图所示图形：　（　　）

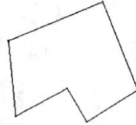

    A. 　　　　　　　　B.

    C. 　　　　　　　　D.

8. 全约束的草图，系统默认的呈颜色是：　　　　　　　　　　（　　）

    A. 绿色　　　　　　B. 黑色　　　　　　C. 红色　　　　　　D. 粉色

9. 如图所示中间的孔特征有多种生成方法，根据树结构可以知道当前的特征是用以下哪个方法实现的：　　　　　　　　　　　　　　　　　　　　　　　　（　　）

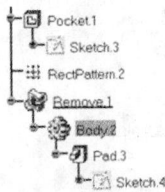

    A. 拉伸增料　　　　B. 拉伸除料　　　　C. 布尔移除　　　　D. 孔命令

10. 机械设计中经常要对某些部位作加强，CATIA 中一般用以下哪个工具作这样的加强筋特征：　　　　　　　　　　　　　　　　　　　　　　　　　　　　（　　）

    A. 　　　　　　B. 　　　　　　C. 　　　　　　D.

11. 如图所示的弹簧，在零件设计工作台一般用哪个命令完成：　　　（　　）

    A. 　　　　　　B.

    C. 　　　　　　D.

12. 如图所示框选的正视图一般是由以下哪个工具生成的：　　　　（　　）

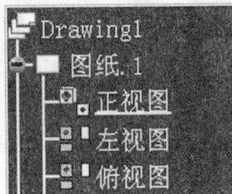

    A. 　　　　　　B. 　　　　　　C. 　　　　　　D.

13. 工具的作用是：　　　　　　　　　　　　　　　　　　　　（　　）

    A. 标注长度　　　　　　　　　　　　B. 给装配产品添加球标

    C. 添加公差基准　　　　　　　　　　D. 标注弧长

14. CATIA 装配文件的后缀名是：　　　　　　　　　　　　　　（　　）

    A. CATPart　　　　B.CATProduct　　　　C. CATDrawing　　　　D. DXF

15. 在装配工作台将同一个零件（例如螺栓）复制了多个进行应用，如何在装配工作

台区分它们：　　　　　　　　　　　　　　　　　　　　　　　　　　（　　　）

A. 根据零件材料属性　　　　　　　　　B. 根据零件名称

C. 根据零件实例名称（Instance Name）　　D. 根据零件颜色

16. 如下图在装配设计工作台，产品2（Product2）背景呈蓝色高亮显示表示该子装配

处于：　　　　　　　　　　　　　　　　　　　　　　　　　　　　　（　　　）

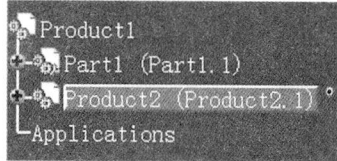

A. 激活状态　　　　　　　　　　　　　B. 未激活状态

C. 不可编辑状态　　　　　　　　　　　D. 柔性装配状态

17. 如下图所示要进行同轴约束应采用以下哪个工具：　　　　　　　　　（　　　）

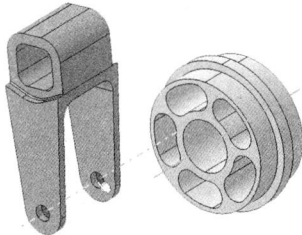

A. ⬚　　　　　B. ⬚　　　　　C. ⬚　　　　　D. ⬚

18. 以下哪项不是 CATIA 平面工具定义平面的方法：　　　　　　　　　　（　　　）

A. 过三点的平面　　　　　　　　　　　B. 过两条直线的平面

C. 曲线的法平面　　　　　　　　　　　D. 过三条直线的平面

19. 关于连接曲线工具⬚描述正确的是：　　　　　　　　　　　　　　　（　　　）

A. 连接两条曲线，并可设定连接线和原有曲线的连续性

B. 连接两条曲线，只能设定连接线和原有曲线 G0 连续

C. 连接两条曲线，使其变为抛物线

D. 延长两条曲线，使其光顺

20. 以下哪条螺旋线不能由⬚工具一步创建：　　　　　　　　　　　　　（　　　）

A.　　　　　　　　　　　　　　　　　B.

C.　　　　　　　　　　　　　　　　　D.

<h1 align="center">CATIA 实际操作</h1>

二、完成草图

要求：全部约束。

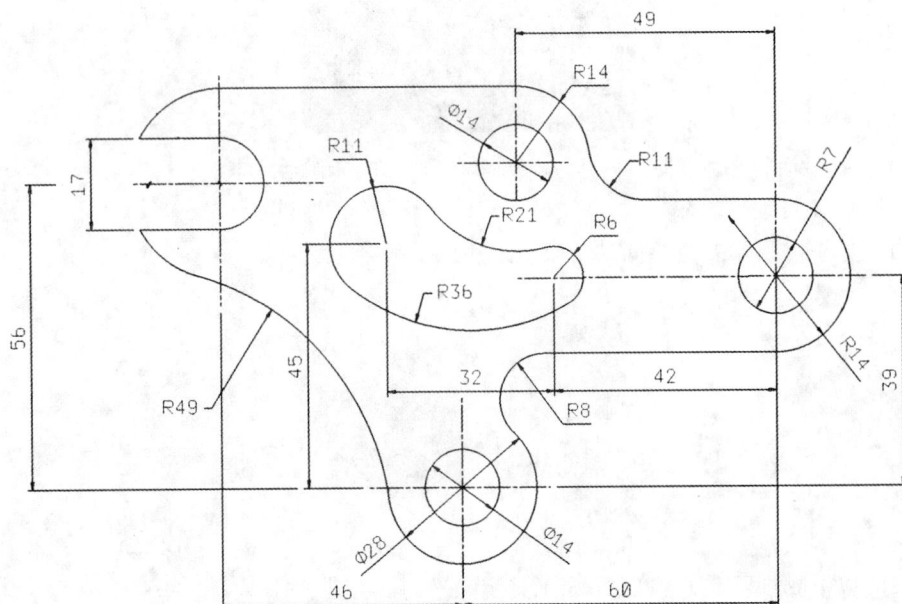

三、制作模型

要求：根据三维标注的轴侧图画出实体，并给出完整的工程图（含有图框）。。

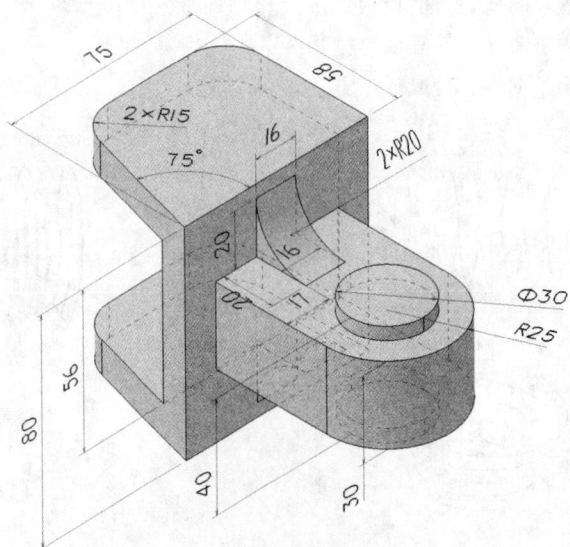

四、制作模型

要求：根据三视图画出实体。

五、装配零件

根据所给零件，完成装配。

参考文献

[1] 高志华，刘国涛，郭圣路，等．CATIA 从入门到精通．北京：电子工业出版社，2011

[2] 朱新涛，许祖敏，徐峰，等．CATIA 机械设计从入门到精通．北京：机械工业出版社，2011

[3] 雷源艳．CATIA V5 中文版基本操作与实例进阶．北京：科学出版社，2008

[4] 张玉琴，张绍忠，张丽荣．AutoCAD 上机实验指导与实训．北京：机械工业出版社，2007

[5] 李学志，李若松．CATIA 实用教程．北京：清华大学出版社，2004

[6] 鲁君尚，张安鹏，冯志殿，等．无师自通之 CATIA V5 电子样机．北京：北京航空航天大学出版社，2008

[7] 马伟，张海英，雷贤卿，等．CATIA V5 R16 曲面造型及逆向设计．北京：科学出版社，2009

[8] 盛选禹，盛选军．CATIA V5 运动和力学分析实例教程．北京：化学工业出版社，2008

[9] 王锦，彭岳林，朱宇．无师自通之 CATIA V5 曲面设计．北京：北京航空航天大学出版社，2007

[10] 乔建军，王挺，等．中文版 CATIA V5 经典学习手册．北京：科学出版社，2010

[11] 李成，韩海玲，李方方．CATIA V5 从入门到精通．北京：人民邮电出版社，2013

[12] 詹熙达．CATIA V5R20 钣金设计实例精解．北京：机械工业出版社，2012

[13] 詹熙达．CATIA V5R20 钣金设计教程．北京：机械工业出版社，2013

[14] 北京兆迪科技有限公司．CATIA V5R21 钣金设计教程．北京：机械工业出版社，2013

[15] 盛选禹，盛选军．CATIA V5 钣金设计实例教程．北京：化学工业出版社，2008